住房和城乡建设部"十四五"规划教材
高等职业教育土建类专业"互联网+"数字化创新教材

智慧建筑运维

陆晓峰　崔玉美　主　编
陈　斌　吴玲倩　副主编
李　风　黄　亮　主　审

中国建筑工业出版社

图书在版编目（CIP）数据

智慧建筑运维 / 陆晓峰，崔玉美主编；陈斌等副主编. -- 北京：中国建筑工业出版社，2024.12.（住房和城乡建设部"十四五"规划教材）（高等职业教育土建类专业"互联网＋"数字化创新教材）. -- ISBN 978-7-112-30431-8

Ⅰ. TU18

中国国家版本馆 CIP 数据核字第 2024VA1264 号

本书是住房和城乡建设部"十四五"规划教材，是一本校企合作共同编写的教材，结合了最新的研究成果、建设方案和工程实施案例编写。全书共分 10 章，分别是：智慧建筑概述、智慧建筑运维关键技术、信息通信系统、建筑设备智慧管理系统、智慧消防管理系统、智慧安全防范管理系统、智慧停车系统、智慧会议系统、能源管理系统、BIM 综合运维系统。本书力求反映智慧建筑运维管理中的新技术、新理念、新工艺、新要求和新方法，紧扣实际工作的知识和技能要求，注重教材的实用性和可操作性。

本书可作为高等职业院校现代物业管理、房地产经营与管理、建筑智能化工程技术以及其他相关专业职业本科、专科教材，也可以作为智能楼宇管理员职业培训的参考教材，还可作为智慧建筑建设和运维人员的参考手册。

为了更好地支持相应课程的教学，我们向采用本书作为教材的教师提供课件，有需要者可与出版社联系。建工书院：http://edu.cabplink.com，邮箱：jckj@cabp.com.cn，2917266507@qq.com，电话：(010) 58337285。

责任编辑：聂　伟
责任校对：张　颖

住房和城乡建设部"十四五"规划教材
高等职业教育土建类专业"互联网＋"数字化创新教材

智慧建筑运维

陆晓峰　崔玉美　主　编
陈　斌　吴玲倩　副主编
李　风　黄　亮　主　审

*

中国建筑工业出版社出版、发行（北京海淀三里河路 9 号）
各地新华书店、建筑书店经销
北京鸿文瀚海文化传媒有限公司制版
北京云浩印刷有限责任公司印刷

*

开本：787 毫米×1092 毫米　1/16　印张：22　字数：543 千字
2025 年 1 月第一版　　2025 年 1 月第一次印刷
定价：**60.00** 元（附数字资源及赠教师课件）
ISBN 978-7-112-30431-8
（43759）

版权所有　翻印必究

如有内容及印装质量问题，请与本社读者服务中心联系
电话：(010) 58337283　QQ：2885381756
（地址：北京海淀三里河路 9 号中国建筑工业出版社 604 室　邮政编码：100037）

出版说明

党和国家高度重视教材建设。2016年，中办国办印发了《关于加强和改进新形势下大中小学教材建设的意见》，提出要健全国家教材制度。2019年12月，教育部牵头制定了《普通高等学校教材管理办法》和《职业院校教材管理办法》，旨在全面加强党的领导，切实提高教材建设的科学化水平，打造精品教材。住房和城乡建设部历来重视土建类学科专业教材建设，从"九五"开始组织部级规划教材立项工作，经过近30年的不断建设，规划教材提升了住房和城乡建设行业教材质量和认可度，出版了一系列精品教材，有效促进了行业部门引导专业教育，推动了行业高质量发展。

为进一步加强高等教育、职业教育住房和城乡建设领域学科专业教材建设工作，提高住房和城乡建设行业人才培养质量，2020年12月，住房和城乡建设部办公厅印发《关于申报高等教育职业教育住房和城乡建设领域学科专业"十四五"规划教材的通知》（建办人函〔2020〕656号），开展了住房和城乡建设部"十四五"规划教材选题的申报工作。经过专家评审和部人事司审核，512项选题列入住房和城乡建设领域学科专业"十四五"规划教材（简称规划教材）。2021年9月，住房和城乡建设部印发了《高等教育职业教育住房和城乡建设领域学科专业"十四五"规划教材选题的通知》（建人函〔2021〕36号）。为做好"十四五"规划教材的编写、审核、出版等工作，《通知》要求：（1）规划教材的编著者应依据《住房和城乡建设领域学科专业"十四五"规划教材申请书》（简称《申请书》）中的立项目标、申报依据、工作安排及进度，按时编写出高质量的教材；（2）规划教材编著者所在单位应履行《申请书》中的学校保证计划实施的主要条件，支持编著者按计划完成书稿编写工作；（3）高等学校土建类专业课程教材与教学资源专家委员会、全国住房和城乡建设职业教育教学指导委员会、住房和城乡建设部中等职业教育专业指导委员会应做好规划教材的指导、协调和审稿等工作，保证编写质量；（4）规划教材出版单位应积极配合，做好编辑、出版、发行等工作；（5）规划教材封面和书脊应标注"住房和城乡建设部'十四五'规划教材"字样和统一标识；（6）规划教材应在"十四五"期间完成出版，逾期不能完成的，不再作为《住房和城乡建设领域学科专业"十四五"规划教材》。

住房和城乡建设领域学科专业"十四五"规划教材的特点，一是重点以修订教育部、住房和城乡建设部"十二五""十三五"规划教材为主；二是严格按照专业标准规范要求编写，体现新发展理念；三是系列教材具有明显特点，满足不同层次和类型的学校专业教学要求；四是配备了数字资源，适应现代化教学的要求。规划教材的出版凝聚了作者、主审及编辑的心血，得到了有关院校、出版单位的大力支持，教材建设管理过程有严格保障。希望广大院校及各专业师生在选用、使用过程中，对规划教材的编写、出版质量进行反馈，以促进规划教材建设质量不断提高。

住房和城乡建设部"十四五"规划教材办公室

2021 年 11 月

前　言

随着科技的发展和人们生活水平的提高，我们对建筑功能和舒适性的要求也越来越高。建设安全、高效、节能、环保的建筑已经成为一个非常迫切的需求。智慧建筑应运而生，它融合了各种先进的信息技术，实现了建筑的智能化和信息化管理。智慧建筑，作为建筑管理领域的前沿研究方向，正以惊人的速度改变着我们对建筑的传统认知。在这个充满科技创新的时代，智慧建筑为提高建筑运行效率、节能减排、增强安全管理等方面带来了巨大的变革。本书旨在系统而详细地介绍智慧建筑的各个方面，深入剖析其关键技术与系统应用。

本书结合了最新的研究成果、建设方案和工程实施案例详尽地介绍了智慧建筑的相关理论和实践知识，使得读者能够全面了解智慧建筑的各个方面。本书分为10个章节，全面而详细地介绍智慧建筑的相关知识。

第1章对智慧建筑的基本概念、发展历程进行全面解析，为读者构建起对智慧建筑整体框架的认知。然后分析智慧建筑运维管理的基本内容和系统建设的要点。

第2章重点介绍了物联网、云计算、大数据、人工智能、BIM等主流技术。这些技术为智慧建筑提供了硬件基础、软件平台和数据分析能力。此外，各类传感器、执行器和通信技术也是构建智能系统不可或缺的一部分。

第3章深入介绍信息通信系统在智慧建筑中的作用，探讨其在数据传输、信息采集和联网方面的关键角色。

第4章至第9章则将依次深入研究建筑设备管理、消防管理、安全防范管理、停车管理、会议系统以及能源管理等各个方面的智慧应用，使读者能够系统地了解智慧建筑在不同领域的实际运用。

第10章深入探讨BIM综合运维系统，这一系统不仅是智慧建筑的重要组成部分，更是推动建筑运营管理向数字化、智能化发展的关键引擎。

通过本书的学习，读者将能够全面把握智慧建筑管理的核心概念和关键技术，为应对未来建筑管理的挑战提供坚实的理论基础和实践指导。让我们共同踏上这场智慧建筑的探索之旅，引领建筑管理的新时代。

本书由陆晓峰、崔玉美主编，并对全书进行统稿。第1章、第4章、第7章由上海城建职业学院陆晓峰编写，第2章、第3章由上海城建职业学院陈斌编写，第5章、第6章由上海城建职业学院崔玉美编写，第8章由上海城建职业学院陆晓峰和上海仪电鑫森科技发展有限公司薛敏共同编写，第9章、第10章由上海城建职业学院吴玲倩编写。上海东湖物业管理有限公司总经理正高级经济师李凤和上海城建职业学院城市运营管理学院院长黄亮教授任本书主审。

  本书是一本校企合作共同编写的教材，除了企业工程师直接参与编写外，在编写中还与相关企业的技术人员进行了深入研讨，并参考了有关智能楼宇、智能建筑、智慧建筑方面的工程案例、项目建设方案、文献资料等，在此向技术人员和资料的作者表示衷心感谢！

目 录

| 第 1 章 | 智慧建筑概述 | 001 |

1.1 智慧建筑的内涵 …… 002
  1.1.1 智慧建筑的由来 …… 002
  1.1.2 智慧建筑的概念与特点 …… 007
  1.1.3 智慧建筑的架构及设备 …… 008
  1.1.4 智慧建筑的应用领域 …… 012

1.2 智慧建筑运维管理 …… 013
  1.2.1 智慧建筑运维概述 …… 013
  1.2.2 智慧建筑运维管理的主要内容 …… 015
  1.2.3 新技术背景下运维管理的创新模式 …… 017

1.3 智慧建筑综合管理平台 …… 018
  1.3.1 综合管理平台的架构 …… 018
  1.3.2 综合管理平台的优势 …… 019
  1.3.3 智慧应用及服务 …… 020

1.4 智慧建筑运维职业岗位 …… 023
  1.4.1 智慧建筑运维相关职业标准简介 …… 023
  1.4.2 智能楼宇管理员 …… 024

本章小结 …… 026
本章实践 …… 026

| 第 2 章 | 智慧建筑运维关键技术 | 028 |

2.1 信息化应用系统 …… 029
  2.1.1 信息化应用系统分类 …… 029
  2.1.2 各类信息化应用系统功能 …… 030
  2.1.3 智慧建筑信息化应用系统配置 …… 031

2.2 物联网技术 …… 032
  2.2.1 物联网的概念 …… 032
  2.2.2 物联网技术体系架构 …… 033
  2.2.3 物联网核心技术 …… 034

2.2.4 物联网技术典型应用场景 ········· 036
2.3 云计算技术 ········· 037
2.3.1 云计算的定义 ········· 037
2.3.2 云计算的特征 ········· 037
2.3.3 云计算服务模式 ········· 038
2.4 大数据技术 ········· 038
2.4.1 什么是大数据 ········· 038
2.4.2 智慧建筑的大数据特征 ········· 039
2.4.3 大数据分析技术在智慧建筑中的应用 ········· 039
2.5 人工智能技术 ········· 041
2.5.1 人工智能的定义 ········· 041
2.5.2 人工智能的关键技术 ········· 041
2.5.3 人工智能在智慧建筑方面的应用 ········· 042
2.6 BIM 技术 ········· 043
2.6.1 BIM 的概念 ········· 044
2.6.2 BIM 的特点 ········· 044
2.6.3 BIM 技术的优势 ········· 046
本章小结 ········· 047

第 3 章 信息通信系统 ········· 048

3.1 综合布线系统 ········· 049
3.1.1 综合布线系统概述 ········· 049
3.1.2 综合布线系统的结构及相关术语 ········· 051
3.1.3 线缆与端接器件 ········· 052
3.1.4 综合布线系统设计 ········· 060
3.2 信息通信系统 ········· 062
3.2.1 通信网概述 ········· 062
3.2.2 通信网类型及拓扑结构 ········· 063
3.2.3 计算机网络系统 ········· 064
3.3 无线通信网络 ········· 070
3.3.1 无线通信网络概述 ········· 070
3.3.2 常见的无线通信网络 ········· 071
本章小结 ········· 074
本章实践 ········· 074

第 4 章 建筑设备智慧管理系统 ········· 078

4.1 建筑设备自动化系统概述 ········· 079

	4.1.1 建筑设备的概念及内容	079
	4.1.2 建筑设备自动化系统	080
	4.1.3 集散控制系统	082
	4.1.4 现场总线控制系统	084
	4.1.5 BAS 的通信网络结构	088

4.2 建筑设备自动化系统相关设备 ... 090
4.2.1 常用检测设备 ... 090
4.2.2 执行设备 ... 093
4.2.3 控制设备 ... 094

4.3 BAS 子系统及智慧管理应用 ... 098
4.3.1 给水排水系统 ... 098
4.3.2 供配电系统 ... 100
4.3.3 冷热源系统 ... 103
4.3.4 空调系统 ... 106
4.3.5 智慧照明系统 ... 111
4.3.6 智慧电梯系统 ... 113

4.4 建筑设备智慧运维 ... 118
4.4.1 智能建筑管理系统 ... 118
4.4.2 建筑设备智慧运维系统 ... 121
4.4.3 建筑设备智慧管理的未来 ... 122

本章小结 ... 124
本章实践 ... 124

第 5 章 智慧消防管理系统 ... 127

5.1 火灾的危害 ... 128

5.2 智慧消防管理系统概述 ... 129
5.2.1 智慧消防管理 ... 129
5.2.2 智慧消防管理系统的功能要求 ... 130
5.2.3 智慧消防管理系统的组成 ... 131

5.3 消防管理系统的主要设备 ... 134
5.3.1 火灾探测器 ... 134
5.3.2 火灾报警控制器 ... 138
5.3.3 火灾报警联动控制设备 ... 140

5.4 智慧消防系统的管理与维护 ... 145
5.4.1 智慧消防报警系统的日常管理 ... 145
5.4.2 智慧消防设备的日常维护与管理 ... 146
5.4.3 消防设备常见故障分析及解决方法 ... 147

本章小结 ·· 149
本章实践 ·· 150

第6章 智慧安全防范管理系统 ··· 155

6.1 智慧安全防范系统概述 ··· 156
  6.1.1 安全防范系统的概念 ··· 156
  6.1.2 安全防范系统的发展历史 ·· 158
  6.1.3 安全防范的三种基本手段 ·· 158
  6.1.4 安全防范系统三个基本要素的关系 ··· 159
  6.1.5 智慧安全防范系统的功能要求 ·· 160
  6.1.6 安全防范系统的组成 ··· 161

6.2 智慧视频监控系统 ··· 162
  6.2.1 视频监控系统概述 ·· 162
  6.2.2 前端设备 ·· 165
  6.2.3 传输网络 ·· 168
  6.2.4 终端设备 ·· 169
  6.2.5 某园区视频安防监控系统案例 ·· 172

6.3 智慧入侵报警系统 ··· 173
  6.3.1 入侵报警系统概述 ·· 173
  6.3.2 入侵报警前端探测器 ··· 174
  6.3.3 报警主机 ·· 179
  6.3.4 报警控制中心 ·· 179
  6.3.5 某园区入侵报警系统应用案例 ·· 179

6.4 门禁管理系统 ··· 181
  6.4.1 门禁管理系统的概念 ··· 181
  6.4.2 门禁管理系统的功能 ··· 183
  6.4.3 门禁管理系统的组成 ··· 183
  6.4.4 某公司门禁管理系统的应用 ··· 186

6.5 访客对讲系统 ··· 188
  6.5.1 访客对讲系统的概念 ··· 188
  6.5.2 访客对讲系统的组成 ··· 188
  6.5.3 访客对讲系统的功能 ··· 190

6.6 电子巡更系统 ··· 193
  6.6.1 电子巡更系统的概念 ··· 193
  6.6.2 电子巡更系统的类型 ··· 193
  6.6.3 电子巡更系统的发展趋势 ·· 196

6.7 智慧安全防范管理系统的运行与维护 ··· 197

	6.7.1 安防人员管理制度	197
	6.7.2 智慧安全防范系统的日常运行与维护	197
本章小结		198
本章实践		199

第 7 章　智慧停车系统　204

7.1 智慧停车的发展背景　205
- 7.1.1 智慧停车的产生背景　205
- 7.1.2 智慧停车相关概念　207
- 7.1.3 智慧停车国内外发展现状　208
- 7.1.4 智慧停车技术发展及典型应用　209

7.2 智慧停车系统概述　213
- 7.2.1 智慧停车系统的功能　213
- 7.2.2 智慧停车系统的体系结构　213
- 7.2.3 智慧停车场设备和关键技术　217
- 7.2.4 智慧停车服务　219

7.3 出入口管理系统　220
- 7.3.1 出入口系统的分类　220
- 7.3.2 出入口系统组成　222
- 7.3.3 出入口系统布局方案　225
- 7.3.4 出入口车辆管理流程　228

7.4 诱导寻车系统　235
- 7.4.1 系统结构　236
- 7.4.2 诱导系统布局方案　237
- 7.4.3 诱导系统的功能　239
- 7.4.4 诱导系统工作流程　241

7.5 智慧停车系统运维管理　243
- 7.5.1 智慧停车运维的目标和方法　243
- 7.5.2 建立智慧停车运维体系　244
- 7.5.3 智慧停车系统运维的工作任务　247

本章小结　248

本章实践　249

第 8 章　智慧会议系统　254

8.1 智慧会议系统概述　255
- 8.1.1 智慧会议系统的概念　255
- 8.1.2 智慧会议系统的关键技术　257

8.1.3 智慧会议系统的组成 ··· 257
　　8.1.4 智慧会议系统的设备体系 ··· 259
8.2 智慧会议显示系统 ··· 260
　　8.2.1 显示大屏 ··· 260
　　8.2.2 视频切换子系统 ·· 262
8.3 智慧会议音频系统 ··· 265
　　8.3.1 会议音频系统概述 ·· 265
　　8.3.2 发言讨论子系统 ·· 266
　　8.3.3 扩声子系统 ·· 268
8.4 智慧会议中央控制系统 ·· 273
　　8.4.1 中央控制系统概述 ·· 273
　　8.4.2 中控系统的控制方式 ··· 274
　　8.4.3 中控系统的组成 ·· 275
8.5 智慧会议扩展模块 ··· 281
　　8.5.1 投票表决模块 ··· 281
　　8.5.2 同声传译模块 ··· 283
　　8.5.3 桌牌显示模块 ··· 284
　　8.5.4 视频会议模块 ··· 285
　　8.5.5 会议录播模块 ··· 285
本章小结 ·· 286
本章实践 ·· 287

第9章　能源管理系统 ·· 290

9.1 智慧能源 ··· 290
　　9.1.1 智慧能源概念 ··· 291
　　9.1.2 发展智慧能源的意义 ··· 292
9.2 建筑能源管理 ·· 293
　　9.2.1 能源现状分析 ··· 293
　　9.2.2 建筑能源管理类型 ·· 294
　　9.2.3 建筑能源管理技术 ·· 295
9.3 能耗管理的内容 ··· 298
　　9.3.1 能耗统计与分析 ·· 299
　　9.3.2 能耗管理与优化 ·· 301
9.4 某智慧建筑能源管理系统平台案例解析 ··· 302
本章小结 ·· 306
本章实践 ·· 306

第 10 章　BIM 综合运维系统 ··· 308

10.1　BIM 的研究与应用现状 ··· 309
- 10.1.1　国外 BIM 的研究现状 ··· 309
- 10.1.2　BIM 在国内的发展历程 ··· 311
- 10.1.3　BIM 技术的应用研究 ··· 312
- 10.1.4　BIM 的发展趋势 ··· 312

10.2　智慧建筑 BIM 综合运维系统 ··· 314
- 10.2.1　运维管理 ··· 315
- 10.2.2　运维管理和物业管理的区别 ··· 317
- 10.2.3　智慧建筑运维管理的特征 ··· 318
- 10.2.4　现有智慧建筑运维管理存在的问题 ··· 318
- 10.2.5　BIM 技术在智慧建筑运维管理中的价值 ··· 321

10.3　BIM 技术在智慧建筑运维管理中的引入 ··· 324
- 10.3.1　智慧建筑 BIM 综合运维系统的内容 ··· 324
- 10.3.2　智慧建筑 BIM 运维管理系统的框架 ··· 326

10.4　BIM 综合运维系统案例解析 ··· 329
- 10.4.1　医院建筑概况 ··· 329
- 10.4.2　BIM 智慧运维系统建设 ··· 329

本章小结 ··· 333
本章实践 ··· 334

参考文献 ··· 335

第 1 章 智慧建筑概述

Chapter 01

知识导图

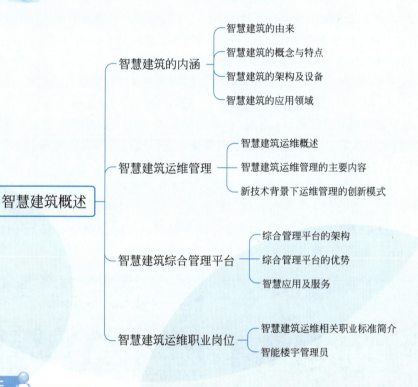

知识目标

1. 掌握智慧建筑的概念、特点，了解智慧建筑的应用方向和领域；
2. 掌握智慧建筑运维的概念、任务、方法和内容；
3. 熟悉智慧建筑综合管理平台的架构和智慧应用。

技能目标

1. 能够探讨智慧建筑技术核心及未来发展；
2. 能够根据智慧建筑运维管理的内容提出简单的管理方案；
3. 能够根据相关职业标准做简单的课程学习规划。

1.1 智慧建筑的内涵

1.1.1 智慧建筑的由来

1. 智慧建筑的发展基础

智慧建筑的发展基础之一是自动化技术，工业革命对智慧建筑的发展产生了深远影响。1883年沃伦·约翰逊（Warren S. Johnson）发明了电动远程温度计（也称为室内电动恒温器），开启了建筑设备自动化的历史。传统的温度计是一个用来感知系统温度的装置，在当时，它只是在降温时激活锅炉房指示灯的简单装置，用来提醒管理人员往锅炉房中加煤来维持建筑中的温度。电动远程温度计不仅可以监测温度，还可实现自动调节温度，这是智慧建筑核心设备传感器和执行器的雏形，为智慧建筑的发展奠定了自动化的基础。

1946年，第一台通用型计算机ENIAC（Electronic Numerical Integrator And Computer，电子数字积分计算器）（图1-1）在美国宾夕法尼亚大学现世并正式投入运行，为智慧建筑的发展奠定了计算机控制技术的基础，计算机技术与自动控制技术的结合，成为智慧建筑设备自动化的关键。

1969年，美国国防部高级研究计划局（ARPA）建立了个分散式计算机网络ARPANET（图1-2），人类踏入了网络时代，计算机网络技术是智慧建筑的神经系统，是信息交换不可缺少的关键技术。智慧建筑内部的设备控制、数据交换等都离不开计算机网络技术，这也是智慧建筑的技术基础。

图1-1　第一台通用型计算机ENIAC

图1-2　分散式计算机网络ARPANET

21世纪以来，随着物联网、大数据、人工智能等新兴技术的飞速发展，智慧建筑的发展也进入了快车道，这些技术也构成了智慧建筑的关键技术。

2. 从智能建筑到智慧建筑

（1）国外智能建筑的发展

1984年，美国联合科技集团UTBS在美国康涅狄格州哈特福市建成了当时全球第一栋智能大厦。这座 33 层高的建筑，总面积达 10 万 m^2，改造自一座老旧的金融大厦。在这栋楼里，客户无需自行配置任何设备，就可以获得语音通信、文字处理、电子邮件、市场行情等服务。大厦实现了空调、供水、防火、供配电等系统的自动化和计算机化管理，使客户享受到舒适、便利和安全的环境。改造后的大厦在出租率和经济效益上也获得了长足提升。自从"智能建筑"一词在美国媒体上首次出现后，很快便在全球范围内流传开来，掀起了一股智能建筑热潮。日本、新加坡、欧洲等国家或地区纷纷仿效，建设智能化的现代建筑。

一般而言，智能建筑的发展可概括为五个历史阶段：

1980—1985 年，智能建筑处于分散自动化阶段，各个子系统如安防、门禁、空调等可实现自动化独立运行，没有实现集成。

1985—1990 年，智能建筑局部集成阶段，部分子系统开始集成，如安防与门禁集成，暖通空调集成，实现数字、语音、视频通信的统一网络。

1990—1995 年，智能建筑集成阶段，建筑自动化系统和通信系统实现集成，可通过调制解调器在内部局域网中远程操作建筑设备系统。

1995—2002 年，计算机集成阶段，建立基于计算机的建筑集成平台，可通过互联网远程操作建筑设备系统。

2002 年至今，进入企业和城市级集成阶段，智能建筑系统与其他建筑和信息系统实现融合，不再局限于单个建筑，不受地理位置限制，可实现更大范围的集成。

（2）我国智能建筑的发展

我国智能建筑的发展起步于 1986 年，以"智能化办公大楼可行性研究"项目（国家"七五"科技攻关项目）为标志，该项目在 1991 年通过鉴定。1989 年，北京发展大厦建成，标志着中国大陆第一栋智能建筑的出现，该楼实现了办公自动化、建筑自动化和计算机网络等功能，但三大系统之间没有实现统一的集成控制。1993 年建成的广东国际大厦是国内较早具有相对完善 3A（办公自动化 OA、建筑自动化 BA、通信自动化 CA）系统的系统集成的智能化商务大楼。

在 2000 年以前，我国智能建筑发展速度不是非常快，初期智能建筑主要服务于涉外酒店、高档公共建筑和特殊需求的工业建筑，技术依赖进口，主要涉及设备控制、管理、计算机网络、消防报警等系统，但各系统相对独立。2000 年以后，随着我国经济的高速发展，我们用极短的时间完成了从引进技术到自主创新进的过程，智能建筑发展进入了快车道。

进入 21 世纪，我国的智能建筑经历了 4 个阶段的技术革新：

智能建筑 1.0：以自动化及通信技术在建筑中规模化应用为代表，实现对各类设备和系统的监测和控制。

智能建筑 2.0：以网络技术在建筑中规模化应用为代表，实现对各类设备和系统的联网和远程管理。

智能建筑 3.0：以信息化及大数据技术在建筑中规模化应用为代表，实现对各类设备和系统的数据采集和分析，提供优化方案和决策支持。

智能建筑 4.0：以云计算及人工智能技术在建筑中规模化应用为代表，实现对各类设备和系统的云端集成和智能化管理，提供自动化和智能化的服务。这一阶段标志着我国的智能建筑产业进入了智慧时代。

（3）智慧建筑时代的到来

随着我国城市化进程加快，公共建筑规模增大，设备复杂多样，环境要求提高，安防风险增加，海量数据的分析需求，传统智能建筑难以满足人民日益增长的美好生活需要，建筑从智能时代进入智慧时代势在必行。

同时，随着5G、物联网、大数据、云计算、人工智能等技术的快速发展和广泛应用，"AI+"的趋势已经形成，从"智能"到"智慧"的转型升级也是大势所趋。智慧建筑是指在智能建筑的基础上，充分利用人工智能等新兴技术，为建筑赋予更高层次的认知、学习、推理、创新等能力，使其具有整体自适应和自进化的特性，并在智能建筑的基础上，进一步整合云计算、大数据、物联网等先进技术，打破信息孤岛，实现数据集成、分析判断和管控策略，提升建筑的智慧化水平。智慧建筑不仅关注单个系统或设备的功能性和效率性，而且关注整体系统或设备之间的协同性和协调性，以及与人类使用者之间的互动性和体验性，旨在打造一个更加人性化、生态化、可持续化的未来生活环境。

关于智慧建筑（Smart Building）这一词语的来源，英国谢菲尔德大学的阿·巴克曼在2014年撰文对什么智慧建筑进行了定义（What is a Smart Building），这是有据可查的较早地提出智慧建筑概念的文章。国内比较明确提出智慧建筑这一概念的是2017年由阿里研究院发布的《智慧建筑白皮书》，白皮书中对智慧建筑是这样描述的："建筑将成为一个具有感知和永远在线的'生命体'、一个拥有大脑的自进化智慧平台、一个人机物深度融合的开放生态系统，可以集成一切为人类服务的创新技术和产品。"

如图1-3所示，建筑的发展历程涵盖了从传统建筑、智能建筑到智慧建筑的多个阶段。每个阶段都代表了当时的主流技术和创新，为建筑的进一步发展提供了基础。随着新

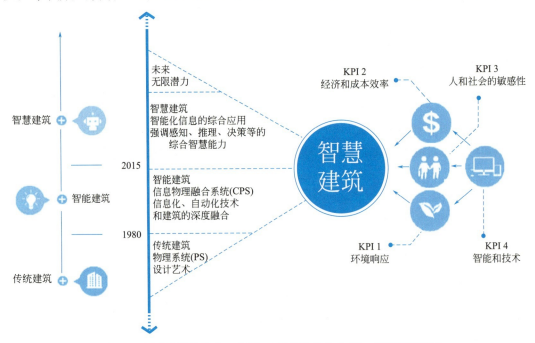

图1-3 智慧建筑的演进（来源：《智慧建筑白皮书》，阿里研究院）

技术的不断涌现，未来建筑的发展将更加智慧化，为人们提供更加舒适、安全、可持续的居住和工作环境。

3. 中国智慧建筑行业的发展趋势

中国的智慧建筑行业经历了从无到有、从小到大，从依赖进口到自主研发以及出口海外的转变。在过去的几十年里，建筑变得越来越智能化，城市也变得更加宜居。这个行业已经发生了巨大的变化，实现了立足建筑行业、服务城市发展，立足国内、面向国际的跨越式发展。另外，智慧建筑是智慧城市的重要组成部分，也是建筑业转型升级的重要方向。以下从四个方面探讨智慧建筑业未来的发展趋势。

(1) 政策驱动和市场需求推动智慧建筑的发展

近年来，我国政府出台了一系列政策和规划，支持和引导智慧城市、绿色建筑、数字化转型等领域的发展，为智慧建筑提供了良好的政策环境。例如，《关于促进智慧城市健康发展的指导意见》《关于推动智能建造与建筑工业化协同发展的指导意见》《"十四五"新型城镇化实施方案》《"十四五"数字经济发展规划》等文件，都明确提出了加快推进智慧城市和智能建筑的目标和措施。

同时，随着我国经济社会的快速发展，人们对于建筑品质、舒适度、安全性、节能性等方面的需求不断提高，也为智慧建筑的发展提供了广阔的市场空间。

(2) 新技术和新模式创新智慧建筑的发展

在技术层面，人工智能、物联网、云计算、大数据、5G等新一代信息技术在智慧建筑领域得到了广泛应用和融合，为智慧建筑提供了强大的技术支撑。例如，人工智能可以通过深度学习、机器视觉、自然语言处理等手段，实现对建筑数据的分析、预测、决策和控制，提高建筑运维效率和效果；物联网可以通过传感器、终端设备、网络平台等设备和技术，实现对建筑内外环境和设备状态的实时感知和监测，提高建筑安全性和可靠性；云计算可以通过云平台、云服务、云存储等手段，实现对海量建筑数据的集中管理和处理，提高建筑资源利用率和服务水平；大数据可以通过数据挖掘、数据可视化、数据共享等手段，实现对多源异构建筑数据的整合分析和价值挖掘，提高建筑知识创新能力和决策支持能力；5G具有高速率、低时延、大连接等特点，可实现对多媒体数据和远程控制信号的高效传输和交互，提高建筑通信质量和用户体验。

在模式层面，对数字孪生、BIM+GIS+IoT+AI等新型模式在智慧建筑领域进行了探索和应用，为智慧建筑提供了新颖的思路和方法。例如，数字孪生通过数字化技术，将真实的建筑物理实体和其运行过程在虚拟空间中进行复制和模拟，形成与实体一一对应的数字模型，从而实现对建筑的全生命周期的动态管理和优化；BIM+GIS+IoT+AI是指将建筑信息模型（BIM）、地理信息系统（GIS）、物联网（IoT）和人工智能（AI）等技术进行有机结合，形成一个多维度、多层次、多功能的智慧建筑综合平台，从而实现对建筑的全方位、全过程、全要素的智能化集成和管理。

(3) 新业态和新场景拓展智慧建筑的发展

在业态层面，随着社会经济的发展和人们生活方式的变化，新型业态和新型需求不断涌现，为智慧建筑的发展提供了新的契机和挑战。例如，智慧社区是指利用智慧建筑技术，对社区内的住宅、商业、公共服务等设施进行智能化改造和管理，实现社区居民的便捷生活、安全保障、健康养老、文化娱乐等多方面需求；智慧医院是指利用智慧建筑技术，对医院内的诊疗、护理、药品、设备等资源进行智能化配置和管理，实现医疗质量的提升、医疗效率的提高、医疗风险的降低等多方面目标；智慧校园是指利用智慧建筑技术，对校园内的教学、科研、管理等活动进行智能化支持和服务，实现教育质量的改善、教育创新的促进、教育公平的保障等多方面愿景。

在场景层面，随着科技创新的推进和应用场景的丰富，新型场景不断涌现，为智慧建筑的发展提供了新的空间和需求。例如，在设计和建造阶段，可以运用数字化技术捕捉建筑静态数据，对能源使用等情况进行详细模拟，从而在空间布局和能耗管理等方面找到最佳方案；在运行和维护阶段，可以运用物联网技术获取建筑动态数据，对设备故障等问题进行及时预警和处理，从而提高运维效率和效果；在改造和更新阶段，可以运用人工智能技术分析建筑历史数据，对改造方案进行智能推荐和评估，从而提高改造质量和价值。

（4）新机遇和新挑战共促智慧建筑的发展

随着技术的不断发展，智慧建筑的前景充满了希望和潜力，行业面临重要的发展机遇。智慧建筑的发展可以有效满足以下6个需求：

① 能源效率和环保：智慧建筑有望成为实现能源效率和减少碳排放的关键手段。通过智能化的能源管理和监控，建筑能够根据需求进行精细调控，最大限度地减少能源浪费。

② 用户体验提升：随着智慧建筑技术的发展，用户在办公、居住和其他环境中的体验将得到显著提升。能够根据个人喜好和需求对智能照明、温控、安全系统等进行智能调节，创造更舒适的环境。

③ 城市智慧化发展：智慧建筑是构建智慧城市的关键要素之一。随着城市化的加速，智慧建筑将有助于优化城市资源分配、交通流动、环境监测等方面，提升城市整体的智能化水平。

④ 数据驱动决策：智慧建筑中的传感器和系统产生大量实时数据，这些数据可以用于分析和预测，支持决策制定。从设备维护到资源管理，数据驱动将提高效率和准确性。

⑤ 跨学科创新：智慧建筑的发展推动了多学科领域的合作和创新，涵盖了建筑设计、信息技术、环境科学等多个领域。这种合作将促进技术不断进步。

⑥ 新商机和就业机会：智慧建筑产业的增长将带来新的商机和就业机会，涵盖了软件开发、系统集成、数据分析、技术培训等多个领域。

虽然智慧建筑具有广阔的发展前景和巨大的发展潜力，但也面临着一些挑战和问题。

① 技术整合难题：智慧建筑涉及多个系统的集成，如能源管理、安防、环境控制等。不同系统的技术标准和通信协议可能不同，导致系统整合困难，增加了项目实施的复杂性。

② 隐私与安全问题：智慧建筑中涉及大量的传感器和数据，但数据隐私和安全成为重要的考虑因素。未经充分保护的数据可能被恶意利用，威胁用户的隐私和安全。

③ 高成本投入：智慧建筑的技术设备、传感器和系统的安装、维护和更新成本相对较高，这可能限制一些项目的实施，尤其是在预算有限的情况下。

④ 人员技能和培训：实施和管理智慧建筑需要专业人员具备跨领域的技术和管理能力，现有的人才可能难以满足快速发展的技术需求，需要持续培训和学习。

⑤ 环境保护方面的考虑：虽然智慧建筑可以实现能源效率和可持续性目标，但某些

技术的生产和处理可能对环境产生负面影响，因此，在智慧建筑的实施中需要平衡技术创新和环境保护。

综合来看，尽管智慧建筑面临一些挑战，但随着技术的不断进步和社会的发展需求，其前景依然广阔。智慧建筑将在提升能源效率、改善用户体验、推动城市智慧化等方面发挥重要作用，为建筑领域和社会创造更多的价值。

展望未来，随着支持智慧建筑的各项技术不断成熟，智慧建筑在建筑行业中的应用空间将不断扩大。

1.1.2 智慧建筑的概念与特点

1. 智慧建筑的概念

智慧建筑（Smart Building），又称智慧楼宇，是从智能建筑（Intelligence Building）升级和发展而来，是对建筑予以"智慧"新内涵，即运用包括物联网、人工智能、大数据等计算机和信息技术以及社会、人文、管理科学等所有具有创新性的科学技术的成果，用于建筑的建设、管理和运营之中，使其成为安全、舒适、高效、节能的工作和生活环境，同时与智慧城市其他功能融为一体的建筑。

2. 智慧建筑的内涵

智慧建筑可实现建筑物的智能化管理和控制，以提高建筑物的运行效率、安全性、舒适性和节能性，可从以下几个方面进一步理解：

（1）智慧建筑是信息化和智能化建筑的高级形态，它通过先进的信息技术手段，实现建筑内各系统的深度信息集成，进行精细化的监控管理，以达到安全、高效、舒适、节约的目标。

（2）智慧建筑的核心是建立完善的建筑物联网系统，通过各类传感器、执行器、控制器和网络设备，实现建筑设备系统之间的信息互联互通。

（3）借助云计算、大数据、人工智能等技术手段，智慧建筑可对海量建筑数据进行高效计算与智能分析，以实施精细化的建筑运营管理，同时运用BIM、数字孪生等技术，实现建筑虚拟与真实的双向映射，为建筑全生命周期的管理与决策提供支持。

3. 智能建筑与智慧建筑的区别

智能建筑和智慧建筑是比较相近的两个概念，但它们之间是存在差异的。智能建筑主要侧重于自动化控制和智能化管理，通过各种智能化设备和系统来实现建筑的智能化运营。而智慧建筑是智能建筑的升级版，更加注重数字化、信息化和智能化技术的应用，通过更加先进的智能化设备和系统，实现建筑的智慧化运维和管理。

具体而言，智能建筑和智慧建筑在技术应用、集成程度和智能化水平等方面存在一些差异，以下是它们的主要区别：

（1）技术应用

智能建筑主要应用通信技术、自动化技术和信息技术，而智慧建筑则进一步融合了人工智能、大数据、物联网和云计算等新兴技术，以实现更高级别的智能化。

（2）集成程度

智能建筑主要关注建筑设备的实时监控和管理，而智慧建筑则更注重建筑系统的集成和互联,将建筑设备、传感器、智能终端等集成到一个统一的管理平台,实现更高效的资源管理和服务提供。

(3) 智能化水平

智能建筑实现了对建筑设备的自动化控制,可以根据预设的程序进行操作,但缺乏灵活性和自适应性。智慧建筑则具有更高的智能化水平,能够通过人工智能和机器学习等技术进行自我学习和调整,以更好地适应环境和用户需求的变化。

总之,智能建筑是智慧建筑的基础,而智慧建筑则是智能建筑的升级版,具有更高级别的智能化和更高效的管理能力。

4. 智慧建筑的优势

智慧建筑是建筑行业发展的重要趋势,是在建筑全生命周期内利用各种先进信息技术手段,实现建筑运行智能化、信息化、绿色化、集成化的高端建筑形态,与传统建筑相比,具有以下优势:

(1) 提升建筑运营管理水平

相比传统建筑,智慧建筑通过智能化的监控和控制系统,实现了建筑运营管理的精细化。各类建筑系统能够实时监测和快速响应,大幅提高了建筑管理的自动化程度,降低了人工运维成本。

(2) 确保建筑安全性

智慧建筑中的智慧消防系统、智慧安防系统等能够实时监测安全隐患,并快速响应降低事故损失,这大幅提高了建筑的安全性。

(3) 提升用户体验和满意度

智慧建筑能够根据用户需求主动调节室内环境,提供个性化服务,这极大地提升了建筑的便利性和舒适性,用户满意度更高。

(4) 实现建筑节能环保

各类智能化系统协同工作,持续优化建筑节能策略,有效降低建筑能源消耗,实现了建筑的可持续发展。

(5) 降低后期运维成本

智慧建筑通过预测性维护和远程智能化监控,能够降低后期人工运维成本,优化建筑全生命周期运营成本。

(6) 推动产业进步与升级

智慧建筑推动了建筑产业的智能化升级和数字化转型,对建筑企业提高产品附加值,提升市场竞争力具有重要作用,同时也将推动关联产业的发展和进步。

总体而言,智慧建筑以提高建筑运营管理智能化水平为目标,具有建筑智能化、信息化、绿色化、生命周期化管理等特征,它不仅大幅提高了建筑的便利性、安全性和舒适性,还显著降低了建筑能耗和后期运维成本。

1.1.3 智慧建筑的架构及设备

1. 智慧建筑的组成

智慧建筑是从智能建筑升级和发展而来的,其系统组成延续了传统的智能建筑的框架体系，一般由建筑设备自动化系统（BAS，Building Automation System）、通信自动化系统（CAS，Communication Automation System）、办公自动化系统（OAS，Office Automation System）、消防自动化系统（FAS，Fire Automation System）和安全防范自动化系统（SAS，Safe Automation System）五个系统组成，简称为建筑智能化 5A 系统。目前随着信息技术发展的浪潮，分支的子系统也越来越多，不过大体都可以按 5A 系统进行分类。

同时需要指出，国际上把符合 5A 标准的建筑定义为智能建筑，但是在国内也常用 3A 系统来描述智能建筑，与 5A 系统的主要区别是把建筑设备自动化（BA）、消防自动化（FA）和安全防范自动化（SA）合并统称为建筑设备自动化系统（BAS），并通过建筑管理系统（BMS，Building Management System）进行统一管理和运维。

每个系统的功能和作用参见表 1-1。

智能建筑 5A 系统的功能和作用　　　　　　　　表 1-1

系统	功能	作用
建筑设备自动化系统（BAS）	控制建筑内的机械和电气设备，如暖通空调、照明、电力系统等；监测设备的运行状态和性能，实时调整设备以提高能源效率；集成传感器和控制器，以根据环境条件和需求自动调整设备操作	提高建筑能源效率，降低运营成本，提供室内环境的控制和舒适性，自动化设备运行，减少人工干预
通信自动化系统（CAS）	管理建筑内的通信和网络基础设施，包括电话、互联网、局域网等；提供视频会议、数据传输和通信设备的集成；确保通信网络的安全性和可用性	促进信息传递和沟通，提高工作效率，支持远程办公和远程监控，维护通信网络的稳定性和安全性
办公自动化系统（OAS）	集成办公设备和软件，管理办公室设备和办公流程，包括打印机、复印机、文件管理系统等；提供日程安排、邮件管理和文档处理工具	简化日常办公工作流程，提高办公室工作效率，减少纸质文档使用，提供更好的文件管理和信息共享
消防自动化系统（FAS）	监测建筑内的火警和烟雾；控制火警报警设备、灭火系统和紧急疏散系统；向相关人员发送警报和通知	提供建筑火警监测和报警功能，帮助迅速应对火警，减少人员伤亡和财产损失，遵守消防安全法规和标准
安全防范自动化系统（SAS）	监控建筑内外的安全摄像头和传感器；控制入侵检测系统、门禁系统和安全闸机；响应安全事件，并记录相关数据	提供建筑的物理安全和访问控制；防止非法入侵和安全事件；监控和记录安全事件

2. 智慧建筑的核心技术

智慧建筑作为智能建筑的升级版，是在智能建筑的基础上，结合新技术的应用，形成的一种新的建筑形态。它不仅具备传统智能建筑的所有功能，还结合了物联网技术、大数据技术、云计算技术、人工智能技术、建筑信息模型（BIM）技术、数字孪生技术、可视化技术、5G 与无线通信技术等新兴技术，实现了更加智能化、高效化、绿色的建筑管理，以下是智慧建筑的核心技术的介绍。

（1）物联网技术

在建筑内部广泛布置各类物联网传感器，如温湿度传感器、烟雾传感器、光敏传感器等，将建筑物理信息数字化，实现建筑信息的互联互通。

（2）大数据技术

通过大数据平台，对来自建筑物联网的海量数据进行高速存储、管理和智能分析，实现建筑运行状态评估。

（3）云计算技术

通过云计算平台实现建筑运营相关数据的存储、管理、计算和服务，实现建筑信息资源的共享。

（4）人工智能技术

通过机器学习、深度学习等人工智能算法，实现建筑设备运行状态预测、故障预警、智能控制等。

（5）建筑信息模型（BIM）技术

通过建立建筑信息模型，对建筑设计、施工、运营的全生命周期信息进行数字化管理。

（6）数字孪生技术

建立建筑物及建筑系统的虚拟模型，实现对建筑运行状态的模拟仿真，以进行各种模拟分析，辅助建筑运维管理。

（7）可视化技术

通过虚拟现实、增强现实等技术，实现建筑运维管理的虚拟化和情景化。

（8）5G 与无线通信技术

实现建筑内通信网和物联网高速、稳定、安全连接的数据传输。

3. 建筑设备智慧化管理

基于以上的核心技术，智能建筑系统可以对建筑内的各类设备进行智能化集成，实现智慧化管理，具体包括以下几个方面：

（1）设备信息化

建筑设备智慧管理需要对设备进行数字化编码和标识，建立设备信息库，实现设备的可识别、可追溯、可查询。

（2）设备感知化

建筑设备智慧管理需要通过传感器、终端设备、网络平台等手段，实现对设备的实时监测和控制，收集设备的运行数据和状态信息。

（3）设备分析化

建筑设备智慧管理需要通过云计算、大数据、人工智能等技术，对设备数据进行分析和处理，提取设备的运行规律和故障特征，实现设备的故障预测和预防。

（4）设备动态优化

建筑设备智慧管理需要通过优化算法、智能控制器、执行器等，对设备进行动态调节和优化，实现设备的节能降耗和性能提升。

4. 智慧建筑的系统架构

要实现以上智慧化管理，通常可以从以下四个层次构建智慧建筑的系统架构（图1-4）。将智慧建筑系统分为管理服务平台、智慧应用系统、数据传输网络、智能感知层四个层次，形成一个完整的智慧建筑解决方案，有助于系统模块化和层次化管理，提高灵活性和可扩展性。

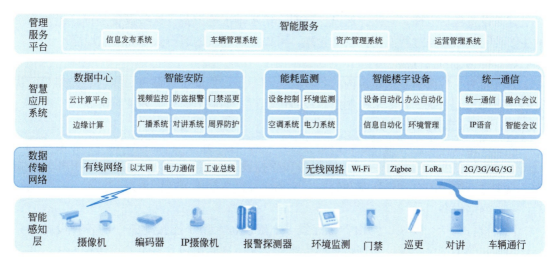

图 1-4　智慧建筑系统架构图

（1）管理服务平台

管理服务平台集成了建筑的全生命周期管理，实现智慧化的运营和决策。平台通过云技术和微服务架构构建，可以灵活扩展。平台内提供智能化的信息发布系统、车辆管理系统、资产管理系统、运营管理系统等功能模块。使用大数据和人工智能技术，构建建筑数字孪生系统，实现建筑运行的预测化维护与优化。

（2）智慧应用系统

在建筑内部，部署各类提升效率和体验的智慧化应用系统，这些系统深度感知建筑的运行状态，并实时响应需求变化。应用系统之间通过服务框架进行互联互通，核心的应用系统包括智能楼宇设备、智能安防、能耗监测等，数据中心和统一通信作为基础模块也包括在应用系统中。

（3）数据传输网络

构建高速、可靠、安全的有线网络和无线网络，承载建筑内各类终端、传感器、控制器产生的海量数据，以及系统和应用之间的数据交换与通信需求。有线网络包括以太网、电力通信、工业总线等，无线网络包括 2G/3G/4G/5G、Wi-Fi、Zigbee、LoRa 等，网络系统支撑建筑内所有用户的日常办公和社交需求。

（4）智能感知层

智慧建筑系统配备了大量的环境传感器、状态传感器、视频摄像头等设备，分布在建筑物内外，持续感知建筑运行状态和周边环境信息。智能执行设备负责对管控系统进行实时响应和执行。广泛的感知设备和执行设备构成建筑的"神经系统"。

5. 智慧建筑主要设备

具体到设备层面，智慧建筑系统从控制终端设备到控制对象设备，涵盖了建筑设备、网络设备、现场控制设备等多种类别的设备，这些设备通过有效连接和集成，可以实现建筑的自动化、智能化和高效化运行，提供更加舒适、安全和节能的居住和工作环境。智慧建筑系统中常见的设备如下：

(1) 建筑设备

建筑设备包括电梯、空调、通风、照明、给水排水等设备，这些设备是智慧建筑系统的主要控制对象，通过智能化控制和管理，可以提高建筑的运行效率和节能性能。

(2) 传感器和执行器

传感器用于检测和感知建筑内的各种状态和参数，如温度、湿度、压力、光照等，执行器则根据控制系统的指令来控制建筑设备的运行，如调节温度、开关照明等。

(3) 现场控制设备

现场控制设备是指可编程逻辑控制器（PLC）、直接数字控制器（DDC）、智能网关等设备，这些设备直接连接传感器、控制器和受控设备，可以不需要通过中心服务器的指令，自主进行简单的自动化控制和管理，实现建筑设备的本地化监控。

(4) 网络设备

网络设备包括交换机、路由器、无线 AP 等设备，用于连接建筑内的各种设备和系统，组成建筑的网络系统，实现信息的传输和交换，同时也包含各类协议转换网关，实现传感控制设备与建筑管理平台的连接与数据交换。

(5) 控制中心设备

控制中心设备一般包括硬件设备和软件系统两部分，硬件设备包括服务器、存储设备、运算处理设备等，用于存储和计算庞大的数据，并实现建筑设备和系统的集中监控；软件系统包含建筑设备管理系统平台、设备状态实时监控系统、数据分析决策系统等，实现建筑运行全面监测与优化管理。

(6) 智能终端设备

智能终端设备包括手机、平板、智能手表等设备，这些设备可以通过应用程序联网接入控制中心，与建筑内的各种设备进行连接和控制，实现远程管理和操作。

1.1.4 智慧建筑的应用领域

智慧建筑运维管理可以使建筑管理更为高效、稳定、安全，其在各个领域都发挥着重要作用。

1. 商务和办公场所

智慧建筑在商务和办公场所的应用非常广泛。通过智能照明系统、温度和湿度控制，以及能源管理，智慧建筑能够创造更加舒适、高效的工作环境；智能化的办公室设施管理，如会议室预订系统和员工定位系统，可以提升工作效率和员工满意度。

2. 医疗和医院设施

在医疗领域，智慧建筑可以提供更加安全、舒适的环境。自动化的温控系统可以保持手术室和病房的适宜温度，智能照明系统可以根据病人和医护人员的需求进行调节；同时，智能监测系统可以帮助医院提供更好的安全和卫生保障。

3. 居住和住宅区

智慧建筑在住宅领域的应用不断增加。通过智能家居系统，居民可以远程控制家中的照明、电器、安防等设备，提高生活便利性；智能楼宇管理系统可以监测楼宇能耗，优化能源利用，从而实现节能减排。

4. 教育和学校设施

智慧建筑在教育领域的应用有助于创造更好的学习环境。智能照明系统可以根据教室内外的自然光线进行调节,提供更适合学习的环境;智能安全系统可以增强学校的安全性,例如通过人脸识别技术进行门禁管理。

5. 零售和商业中心

智慧建筑技术可以帮助零售业提供更好的购物体验。智能照明和定位系统可以为消费者提供导航服务,帮助他们更轻松地找到目标商品。此外,智能能源管理系统可以帮助商业中心降低运营成本。

6. 运输和交通枢纽

智慧建筑在交通领域的应用有助于优化城市交通系统。智能停车系统可以指导驾驶员找到可用的停车位,减少交通堵塞;智能公共交通系统可以提供实时的出行信息,帮助人们更有效地规划出行路线。

7. 工业和生产设施

智慧建筑技术在工业领域可以提高生产效率和安全性。智能监测系统可以实时监测设备状态,预测维护需求,减少停工时间;智能能源管理系统可以优化工厂的能源消耗,降低生产成本。

8. 文化和娱乐设施

智慧建筑在文化和娱乐场所的应用可以提升用户体验。智能音响和照明系统可以为音乐会、剧院等活动创造更好的氛围;智能导览系统可以帮助游客更好地了解展览和文化场所。

智慧建筑的应用领域涵盖了商务、医疗、居住、教育、零售、交通、工业等多个领域。通过将先进技术与建筑融合,智慧建筑为不同领域提供了更高效、便捷、可持续的解决方案。

1.2 智慧建筑运维管理

1.2.1 智慧建筑运维概述

1. 智慧建筑运维的概念

建筑运维管理是建筑在竣工验收完成并投入使用后,整合建筑内人员、设施及技术等关键资源,通过运营充分提高建筑的使用率,降低它的经营成本,增加投资收益,并通过维护尽可能延长建筑的使用周期而进行的综合管理。

随着人们生活和工作环境水平不断提高,建筑实体功能多样化的不断发展,运维管理发展成为集多种手段对建筑实体进行综合管理,为客户提供规范化、个性化服务,并对有关数据进行归类汇总、整理分析、定性与定量评价、发展预测等。这也充分表明了运维管理正在朝着数字化、系统化、智慧化的方向发展,智慧运维应运而生。

智慧建筑运维管理是传统运维管理的扩展和提升，它结合了智慧建筑中智能化、网络化技术以实现数字化管理。它综合了物联网技术、三维建筑模型技术、地理信息技术和工程技术的基本原理，将智慧建筑运营和维护过程中相关的资产管理，设备管控，工作响应，计划制定，人力资源，财务成本，空间管理，外包和商业智能连通起来，显著提升建筑的用户体验，并有效提高运营和维护收益。

2. 智慧建筑运维的历史和发展

（1）智慧建筑运维的历史

随着建筑功能的不断增加，运维管理涉及的专业和范围越来越广，管理内容繁杂，最原始的手工操作模式，已经直接影响了运维管理的管理水平和持续发展。建筑使用人对运维效率和质量的要求不断提升，促使运维管理必须采用信息技术、物联网技术等管理手段，来进一步提高管理的质量和效率。传统建筑的智慧化改造升级的加快和新智慧建筑的不断拔地而起，更促进了智慧建筑运维的发展。

20世纪90年代，随着互联网技术的出现，出现了针对建筑设备远程监控的简单应用。这标志着智慧建筑运维模糊概念的出现。

21世纪初，BIM、物联网等技术逐渐成熟。各类智慧建筑运维管理的解决方案开始出现，但大多停留在概念阶段。

2010年后，云计算、大数据分析等技术广泛应用，智慧建筑运维技术开始融入建筑全生命周期，出现了基于云端管理和数据分析的智慧建筑试点项目，有力地提升了建筑的运营效率，智慧建筑运维的理念被快速推广开来。

2015年后，5G、AI等技术加速成熟，促进了智慧建筑运维技术的快速发展。通过技术融合、平台整合等方式，实现了统一融合的管理平台，管理更便捷、使用更方便，智慧建筑运维从高等级标志性建筑慢慢向普通建筑普及，使智慧建筑运维系统成为新建建筑的标配系统平台。

（2）智慧建筑运维的发展前景

随着智能建筑行业的发展，智慧运维需求也会逐渐上升，市场规模也会随之逐渐增大。目前，智慧建筑运维还处于起步阶段，越来越多的企业认为，保持高效率的设施运维管理对其主营业务的发展是必不可少，将起到强有力的支撑。

世界各国针对智能建筑运行维护正逐步制定国家层面的标准体系，我国也在积极推进相关标准规范的建立和完善。为保证建筑设备监控系统工程经济合理、安全适用、稳定可靠，有利于公众健康、设备安全和建筑节能，进一步为实现建筑智能化系统有效运行，住房和城乡建设部推出了《建筑智能化系统运行维护技术规范》JGJ/T 417—2017和《绿色建筑运行维护技术规范》JGJ/T 391—2016等标准。

随着科技的发展，智慧建筑运维逐渐成为建筑行业的重要趋势。智慧建筑运维通过采集各种建筑数据，利用物联网、云计算、大数据等技术，实现建筑设备、系统的远程监控、故障预警和优化运营。相比传统建筑运维模式，智慧建筑运维提高了运维效率，降低了运维成本，实现了建筑的精细化管理。

展望未来，随着相关技术的持续进步，智慧建筑运维系统将向集成化、开放化、服务化方向发展，实现建筑运维过程的全面智慧化，大幅提升建筑运营管理效率与水平。

3. 智慧建筑运维的优势

传统建筑在执行运维管理过程中会遇到许多问题。如建筑种类与属性的不同导致运维管理需要了解各行业领域的专业知识，专业化地制定策略；信息化与智能化的缺乏使运维管理无法依据建筑状态实时调整和规范运维服务；运维操作人工完成比重大，极易导致任务在执行过程中产生疏漏，丧失准确性；在运维过程中会产生大量的资料、数据，需整改的记录表单、建筑图纸非常多，且移交的时候非常困难；数字化概念的缺乏使后续查阅建筑资产资料时，难以对其进行全面的查阅，需不断重复核查了解建筑目前的状况。

面对以上种种问题，智慧建筑运维孕育而生，其运用先进科技将数字化、信息化等特性结合起来，整体提升建筑运维的管理水平。智慧建筑的运维有其自身的优势，主要体现在精细化、集约化、智能化、信息化和定制化等方面。

（1）精细化

智能运维系统基于信息技术和业务标准化流程，以精细化控制为手段，使用科学的方法对客户业务流程进行分析和跟进，找到控制点并进行有效优化、重组和控制，以实现整体质量、成本、进度和服务的最佳管理目标。

（2）集约化

智能运维致力于优化过程，空间规划，能源管理和其他服务，通过对资源和能源的集约利用以及对客户资源和能源的密集运营和管理，降低客户的运营成本，增加利润，最终提高客户营运能力。

（3）智能化

充分利用高新技术，并依托高效的传输网络实现智能运维和服务。智能运维的具体表现形式有智能设备控制，智能办公，智能安全系统，智能能源管理系统，智能资产管理维护系统，智能信息服务系统等，将所有子系统集成到用于管理和控制的统一平台中。

（4）信息化

使用多样化的信息技术手段来实现业务运营的信息化，能确保管理和技术数据的分析和处理的准确性，从而做出科学的决策，同时降低成本、提高效率。

（5）定制化

每个建筑都有不同的个性化智慧运维需求，基于智慧运维系统可以为客户量身定制智慧运维方案，合理规划空间过程，提高资产价值，并最终实现客户的业务目标。

1.2.2 智慧建筑运维管理的主要内容

随着科技的快速发展，智慧建筑已成为现代城市发展的重要趋势。为了提高建筑的运营效率和服务质量，可以把以下几个模块纳入智慧建筑运维的管理体系中。

1. 设备管理

设备管理是智慧建筑运维的重要组成部分。为了确保设备的稳定运行和延长使用寿命，可以采用以下方法：

（1）建立设备档案和管理信息系统，使设备的购买、使用、维修和报废等信息数字化；

(2) 采用物联网技术，实时监测设备的运行状态和性能，及时发现并解决问题；

(3) 通过系统采集设备的运行状态，按需进行维护和保养，预防设备故障发生；

(4) 采用智能化的管理设备及软件，提高设备管理效率。

2. 安防管理

安防管理是智慧建筑运维的重要环节。为了确保建筑内部的安全，可以采用以下方法：

(1) 安装视频监控系统和入侵检测系统，实时监测建筑内部情况，及时发现并应对安全事件；

(2) 引入智能化的消防系统，提高火灾防控能力；

(3) 采用授权管理系统，对进出建筑的人员进行身份验证和管理；

(4) 加强与安全主管部门的信息共享，共同应对安全挑战。

3. 预警管理

智慧建筑运维在预警系统方面的应用主要是根据气象、环境等因素自动触发预警信息，提高建筑的应急响应能力。

(1) 建立完善的预警系统，可以实时监测环境变化和异常情况，及时发出预警信息，提醒相关人员采取应对措施。

(2) 通过智慧运维平台，可以实现预警信息的精准推送，提高预警系统的实时性和准确性。

(3) 运用大数据和云计算技术，可以对历史数据进行分析和挖掘，提高预警系统的预测能力和决策支持作用。

4. 空间管理

空间管理是指在充分利用空间资源的基础上，通过楼宇自动化控制系统、安全防范系统、智能家居系统等技术的应用，提高空间利用效率和居住舒适度。为了实现这一目标，可以采用以下方法：

(1) 基于BIM模型合理规划建筑空间布局，提高空间利用效率；

(2) 引入智能化的楼宇自动化系统，实现设备的远程控制和自动化运行；

(3) 采用智能安全防范系统，保障建筑内部的安全；

(4) 应用智能家居系统，提高居住舒适度和生活品质。

5. 能源管理

在智慧建筑中，能源管理是至关重要的一环。通过合理利用可再生能源，如太阳能、风能和水力等，以及优化能源消耗的计量、监测和管理，可以降低建筑运营的能源成本，提高能源利用效率。为了实现这一目标，可以采用以下方法：

(1) 安装智能计量表和监控设备，实时监测能源消耗情况；

(2) 利用节能技术和绿色建筑材料，提高建筑能效；

(3) 引入可再生能源技术，如太阳能光伏发电和风能等；

(4) 建立能源管理信息系统，对能源数据进行汇总和分析，为决策提供支持。

6. 数据管理

数据管理是智慧建筑运维的基石。为了充分利用数据资源，提高决策效率和管理水平，可以采用以下方法：

(1) 建立完善的数据采集和分析体系，为决策提供数据支持；
(2) 采用大数据和人工智能技术，对海量的建筑数据进行挖掘和分析；
(3) 建立数据安全管理制度，保障数据的安全性和隐私性；
(4) 加强数据的可视化和可理解性，让决策者更容易获取和理解数据信息。

7. 智能化决策

智慧建筑运维在智能化决策方面的功能主要有以下几个方面：

(1) 利用人工智能技术，对建筑运维数据进行智能分析，为决策者提供智能化的决策支持。

(2) 通过建立智能化的决策系统，可以自动生成针对不同场景的优化方案和决策建议，提高决策效率和准确性。

(3) 利用机器学习技术，可以对历史数据进行学习和分析，提高决策系统的自学习和自适应能力。

(4) 结合专家系统和技术，可以实现决策系统的智能化和自动化处理，提高决策效率和管理水平。

总之，智慧建筑运维在建筑管理的多个方面都发挥着重要作用。通过引入现代化的技术手段和管理方法，可以不断提高智慧建筑运维的管理水平和效率，为人们的工作和生活提供更为便捷舒适的环境。

1.2.3 新技术背景下运维管理的创新模式

智慧建筑运维创新模式有很多，根据不同的技术和应用场景，可分为以下几种：

1. 基于 BIM 和数据驱动的智能运维模式

这种方法利用建筑信息模型（BIM）和数据分析技术，对建筑运维过程进行优化和决策支持。例如，通过 BIM 可以实现对建筑本体数据和实时数据的集成和管理，通过数据立方模型可以实现对运维数据的多维度分析，通过机器学习方法可以实现对运维数据的挖掘和预测。

2. 基于 AI 和物联网的智能运维模式

这种方法利用人工智能（AI）和物联网（IoT）技术，使建筑运维过程自动化和智能化。例如，通过 AI 可以实现对建筑数据的分析、预测、决策和控制，提高运维效率和效果；通过 IoT 可以实现对建筑内外环境和设备状态的实时感知和监测，提高建筑安全性和可靠性。

3. 基于数字孪生和类脑 AI 的智能运维模式

这种方法利用数字孪生和类脑 AI 技术，对建筑运维过程进行动态管理和优化。例如，通过数字孪生可以实现对真实建筑物理实体和其运行过程在虚拟空间中进行复制和模拟，形成与实体一一对应的数字模型；通过类脑 AI 可以实现对建筑系统的自感知、自认知、自预知和自调控能力，辅助人类进行建筑的智慧化管理。

随着技术不断进步，这些运维模式也在不断迭代，在实践中，一般会把不同的技术根据实际需求融入相关系统模块中，以实现更高效、更智能的建筑运维管理。

1.3 智慧建筑综合管理平台

1.3.1 综合管理平台的架构

1. 平台整体架构体系

智慧建筑管理一般会基于一个平台系统，平台的开发要对应各智慧建筑的具体需求，也要契合建筑管理方（物业公司）的运营管理流程，下面将简单介绍一下典型的智慧建筑综合管理平台架构。

智慧建筑综合管理平台，需要结合智慧建筑的运营需求、安全管理需求、设备管理运维需求等设计功能，一般应该包括基础设施、网络传输、数字平台、智慧应用四个层级，如图 1-5 所示，通过整合不同的子系统，实现设施设备管理、设备运维管理、空间管理、数据分析等应用，并能把相关重点数据展现到综合大屏上，供管理人员进行统一指挥、协同管理。

图 1-5 智慧建筑综合管理平台架构图

需要注意的是，根据智慧建筑软硬件条件和运营企业的具体情况，管理平台的架构可能有所不同，此架构只是一种比较典型的架构。

2. 系统建设的原则

在设计综合管理系统的整体体系架构时，需要遵循一定的原则，具体可以参考以下几个方面：

（1）系统通用性原则

采用行业标准技术，可扩展的系统架构和开放式语言，可以方便地在异构平台之间移植系统。

（2）低耦合、高内聚原则

系统连接到各种企业系统，以实现数据集成、门户集成、身份认证集成、单点登录等功能，通过扩展的统一管理平台进行数据耦合，保持统一的非结构化文档库和管理界面，形成统一的安全控制机制和开放接口标准。

（3）稳定性及可扩展性原则

通过增加内容服务器组、工作流服务器和其他管理核心模块，系统可以轻松地满足扩展后的大量业务处理需求，同时适应未来业务量、非结构化数据类型和更多业务流程的拓展，同时确保系统可靠运行。

（4）业务适应性原则

系统能够适应各种业务流程的应用，并通过自身配置适应政策法规、业务规则和组织结构更改带来的处理流程的变化。

（5）符合国际标准的原则

为了方便与其他系统的集成，该系统设计时遵循工作管理系统（Work flow Management System，WfMS）的工作流国际标准、国内后勤管理标准以及数据收集和处理的各种国际规范。

1.3.2　综合管理平台的优势

1. 便捷管理，为决策者提供可靠依据

借助可视化管理平台，用户可以更加直观、全面、准确地掌握建筑和物业设施的基本信息和用途，管理人员可以快速查询和计算各种类型的建筑信息，并及时向主管报告，为管理决策提供了可靠的基础。通过建筑设施资产运营和维护管理平台，管理部门可以发布策略、活动、警报和公告，便于大多数用户实时查看。

2. 直观的虚拟场景，辅助设备运行维护

通过建立标准化操作流程和建造标准的设备维护系统，利用3D虚拟场景的强大空间分析功能来指导日常检查和维护工作，从而提高视觉操作和设备维护的效率，并采取相应措施确保维护质量，降低设备故障率从而间接节省维护成本。

3. 简化操作流程，实行单一集中管理模式

现在大多数建筑的房产和资产由多个部门共同管理，操作过程较复杂，各部门之间可能会出现分责不明或管理混乱的情况。利用智慧化管理平台不仅可以避免这些情况，还可以将松散的管理模型转换为集中的中央管理模型，简化操作流程、提高管理效率，以实现房地产和资产资源管理的和谐统一。

4. 实行动态管理，数据信息更加全面准确

智慧建筑综合管理平台不仅可以有效地管理房地产资源，还允许用户实时跟踪和更新数据，从而为决策者提供更全面、准确的数据信息。当有关房屋资产、用户位置的信息以及其他信息发生变化时，操作员可以在管理平台上及时查看和修改调整更改后的数据，以确保数据的完整性、统一性和准确性，实现房产信息动态管理。

5. 基于新技术应用，实现设备智能管控与维护

依托人工智能、大数据、物联网等新兴技术，智能设备可完成大量人工服务。例如，用户可以使用传感器来监视本地耗能设备，如空调系统、新风系统、电梯系统、大型电机、电源和配电设备等。智能化的能源管理降低了能耗，提高了设备的运行效率。同时，设备的异常运行可以得到及时的修复和处理，而无需等待设备故障后再修理或更换，从而延长了设备的使用寿命。

另外，管理工程人员通过随身携带的平板电脑或智能手机进行巡检，在读取不同设备的电子标签或条形码之后，平板电脑或智能手机会自动读取电子标签的编码并自动记录准确的日期和时间，并自动提示该设备是否需要维护。管理工程人员根据维保工作计划进行巡检记录并测试结果。若发现设备故障，工程人员可以通过移动设备记录问题并拍照，将其上传到管理平台，系统将自动生成内部工单进行派工维修处理。

借助面向业主、租户、商户的客户服务系统，呼叫中心可以通过运营和维护管理平台生成报告事件，向移动端发送订单或完成对移动端系统的回访等工作。系统会自动将派工单推送到管理工程人员的移动端设备，工程人员可以直接处理派工请求，也可以选择上门服务并拍照反馈，并将处理结果及时传回运维平台。报修客户也可通过服务系统及时了解服务处理情况并做满意度评价。

1.3.3 智慧应用及服务

智慧建筑综合管理平台中最核心的一个内容是智慧应用部分，主要包括设施设备管理、设备运维管理、空间管理、数据分析等。其中最为重要的是设施设备管理，这是智慧建筑管理的核心功能。

1. 设施设备运维系统

根据建筑物规模的大小，运维系统一般包括以下三个核心功能，这些功能相互协作，共同服务于智慧建筑。

（1）设施设备管理

这是运维系统的核心模块。一般包括设备基础资料的统计、设备运行状态监控、设备远程控制、设备历史数据查询等。

通过这个功能，管理人员能够实时查询设备的档案资料、使用信息、工作状态等，同时可以远程控制设备的运行，设置系统运行的自动化程序，统计设备的使用能耗等。

基于系统的信息管理功能，能够查询、保存、维护设备档案，能够进行能源计量，记录设备运行的历史数据等。系统还应可以对建筑物内部各种设备资料和图纸、设备维护和维修记录、易耗品和备件的库存进行电子化管理。

系统可实现对智慧建筑设施管理系统、建筑设备监控系统、安全技术防范系统等进行集成。集成系统具有接管上述各智能化应用系统操控的能力，具有对上述各应用系统进行操作、监控、设置、修改、查询等功能。

（2）设施设备生命周期运维

这个模块主要是针对设施设备的日常维护、故障维修等，以保障设备的正常运行。其主要包括设备保养、设备台账、工单管理、告警统计、巡检计划制订等功能。

在维护管理方面，系统能够在设备维护检修到期前进行预警，以声音或闪烁提示，并给出实施地点、所需的准备工作信息，自动生成设备维护检修单。当各系统设备工作出现异常情况时，系统可立即调出相应位置的布防图，显示报警设备的位置和状态等，并用多种形式如声音、颜色、闪烁等进行报警，同时提示相应的处理方法。

系统可以针对不同设备制订相应的维修计划，提醒用户对设备进行定期维护，确保资产设备保持最佳运转状态，延长了设备的使用期限，降低了维护成本。系统应具备业务统计和预警功能，实时查看设备统计信息和设备维护工作的执行情况，为接下来的设备维护做好准备，控制维护成本，为企业的规范化运作提供可参照的依据。

（3）业务管理

除了设备的管理和维护，运维系统一般会接入配套的业务服务模块，如房产管理、物业维修及二次装修管理、收费管理、保洁管理、租赁管理、裙楼会议中心管理、停车场管理、来访者管理等基本服务功能，以及面向客户的综合信息服务，如提供面向客户服务网站或 App，处理客户投诉、客户查询、来访者登记信息等。

2. 智慧应用的展示平台

基于一体化的管理架构，智慧建筑综合管理平台一般会建立一个统一的展示平台，管理人员实时监视、管理整个智慧建筑运行，如图 1-6 所示。展示平台一般会在智慧建筑的综合指挥中心进行大屏展示，也可以通过授权的计算机设备、移动设备等接入系统查看。

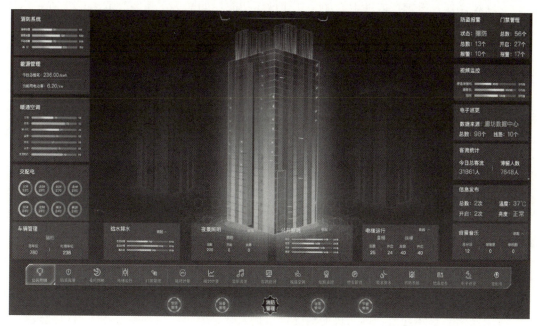

图 1-6　智慧建筑信息展示平台

根据智慧应用展示的需求，展示大屏可以集成相关的展示内容，可通过配套平台软件或通过浏览器登录访问。

（1）接入设备

提供运维管理系统软件或平台网站，可以通过软件接入、浏览器方式登录等方式浏览、监控、查询智慧建筑管理的各功能模块，并展示数据大屏的内容。

系统一般可以设置桌面端程序或浏览器、微信公众号、微信小程序、手机端 App 等多种接入服务，以实现不限空间、不限设备、不限时间的便捷服务功能。

（2）展示设计要点

设计智慧运维可视化大屏时，可以考虑以下几个要点：

显示关键指标：确定需要展示的关键指标，如设备运行状态、故障数量、维修进度等。这些指标应该能够直观地反映设备运维的整体情况和关键问题。

数据可视化：将数据以图表、图形等形式进行可视化展示，使信息更易于理解和分析。选择合适的图表类型，如折线图、柱状图、饼图等，以及颜色、大小等视觉元素来突出重点。

实时更新：确保大屏上的数据能够实时更新，以反映最新的设备运维情况。可以通过数据接口或传感器等方式实现数据的实时获取和更新。

布局和组织：合理的布局和组织可以帮助用户快速获取信息。可以将相关指标和图表进行分组，按照重要性和关联性进行排列，同时留出足够的空白和间距，以提高可读性和易用性。

警报和提醒：在大屏上设置警报和提醒功能，当某些关键指标超出设定的阈值时，自动发出警报并提示相关人员。这样可以及时发现和解决潜在的问题，提高设备的可靠性和安全性。

交互和操作：考虑在大屏上添加交互和操作功能，如筛选、搜索、放大缩小等，以便用户能够根据自己的需求进行数据的查看和分析。

可定制性：根据不同用户和场景的需求，设计可定制的大屏界面，使用户能够根据自己的需求选择展示的指标和图表类型。

响应式设计：考虑大屏的显示尺寸和分辨率，确保界面在不同设备上的显示效果良好，适应不同屏幕大小和比例。

总的来说，智慧运维可视化大屏的设计应该注重信息的可视化、实时性和易用性，使用户能够直观地了解设备运维情况，并能够快速采取相应的措施。

（3）展示内容

大屏具体的展示信息，与各系统平台的功能以及建筑管理单位的需求有关，基于本章列举的架构（图1-5），大屏展示包括综合态势、人员态势、车辆态势、应急指挥调度、能耗态势、设备态势、工单统计、告警统计等数据。

综合态势：显示整个建筑物的综合态势，包括安全、环境、设备等方面的总体情况。可以通过图表、地图等方式展示建筑物内部各个区域的实时情况，以及各系统平台的运行状态。

人员态势：显示建筑物内人员的情况，包括人数、分布、行动轨迹等。可以通过热力图等方式展示人员的动态，以及人员的位置和数量等信息。

车辆态势：显示建筑物内的车辆情况，包括车辆数量、位置、行动轨迹等。可以通过地图、列表等方式展示车辆的实时状态和动态。

应急指挥调度：显示建筑物内的应急指挥调度情况，包括任务分配、人员调度、车辆调度等。可以通过流程图、列表等方式展示应急指挥调度的实时状态和动态。

第 1 章　智慧建筑概述

能耗态势：显示建筑物内的能耗情况，包括电力、水、燃气等各方面的能耗数据。可以通过图表、地图等方式展示能耗的实时状态和动态。

设备态势：显示建筑物内的设备情况，包括设备数量、位置、运行状态等。可以通过图表、地图等方式展示设备的实时状态和动态。

工单统计：显示建筑物内的工单情况，包括工单数量、类型、完成情况等。可以通过列表、图表等方式展示工单的实时状态和动态。

告警统计：显示建筑物内的告警情况，包括告警数量、类型、发生时间等。可以通过列表、图表等方式展示告警的实时状态和动态。

1.4　智慧建筑运维职业岗位

1.4.1　智慧建筑运维相关职业标准简介

依据《中华人民共和国职业分类大典（2022 年版）》，与智慧建筑运维相关的职业有智能楼宇管理员（4-06-01-04）、中央空调系统运行操作员（4-06-01-02）、建筑信息模型技术员（4-08-08-23）、电工（6-31-01-03）、信息通信网络终端维修员（4-12-02-03）、数字孪生应用技术员（4-04-05-10）等，详见表 1-2。

智慧建筑运维相关职业一览表　　　　表 1-2

职业编号	职业名称	职业描述	主要工作任务
4-06-01-04	智能楼宇管理员	从事建筑智能化系统操作、调试、检测、维护等工作的人员	1. 布设、检修、维护信息通信线缆和无线网络，进行网络系统的局部调整设计和组网； 2. 操作火灾自动报警与消防联动控制系统，维护自动灭火设备； 3. 维护、操作卫星电视与有线电视（CATV）系统，安装、连接数字电视机顶盒及多功能会议设备； 4. 安装、测试、维护、管理综合布线系统； 5. 调试、维护建筑设备监控系统； 6. 操作、维护周界监控系统，检修小区闭路监控系统，排除故障
4-06-01-02	中央空调系统运行操作员	从事中央空调系统运行、保养、维修工作的人员	1. 按照中央空调运行方案，运行值机； 2. 操作、检测、调节参数，统计能耗量，管理中央空调系统； 3. 监测中央空调系统的新风系统和水系统； 4. 检测、调试、维护、保养中央空调系统的设备、仪器、仪表，更换耗材和零部件，排除故障，处理安全事故； 5. 填写中央空调系统的运行、调试、维护、检修记录

续表

职业编号	职业名称	职业描述	主要工作任务
4-08-08-23	建筑信息模型技术员	使用计算机软件进行工程实践过程中的模拟建造，改进其全过程中工程工序的人员	1. 进行项目中建筑、结构、暖通、给水排水、电气专业等建筑信息模型的搭建、复核、维护管理工作； 2. 协同其他专业建模，并做碰撞检查； 3. 通过室内外渲染、虚拟漫游、建筑动画、虚拟施工周期等，进行建筑信息模型可视化设计； 4. 施工管理及后期运维
6-31-01-03	电工	使用工具、量具和仪器、仪表，安装、调试与维护、修理机械设备电气部分和电气系统线路及器件的人员	1. 安装、调试、维护、保养电气设备； 2. 架设与接通送、配电线路与电缆； 3. 进行电气设备大修、中修、小修，修理、更换有缺陷的零部件； 4. 安装、调试与修理室内电器线路和照明灯具； 5. 维护保养电工工具、器具及测试仪表
4-12-02-03	信息通信网络终端维修员	从事信息通信网络终端设备安装、配置、检测和维修等工作的人员	1. 安装、开通信息通信网络终端； 2. 测试、调整通信终端设备主要技术指标； 3. 测试通信终端设备性能运用状况； 4. 分析故障原因，排除故障； 5. 安装、调试及配置通信终端设备软硬件； 6. 联网配置通信终端设备
4-04-05-10	数字孪生应用技术员	使用仿真技术工具和数字孪生平台，构建、运行、维护数字孪生体，监控、预测并优化实体系统运行状态的人员	1. 安装、部署数字孪生平台，搭建并维护数字孪生体的开发环境、运行环境及验证环境； 2. 应用数字化仿真建模技术及工具，导入、配置、构建数字孪生模型，部署并维护数字孪生模型； 3. 应用机器学习、增强现实、虚拟现实、混合现实等技术，建立数学孪生模型与物理实体的数据映射关系； 4. 运用虚拟调试、自适应优化和数字化模拟验证技术，进行数字孪生体调试优化及功能验证； 5. 应用数字孪生平台，采集并处理物理实体数据，驱动数字孪生体； 6. 进行数字孪生体的维护更新、优化升级，提供诊断、预测预警建议

从表 1-2 可知，智慧建筑涉及的职业较多，涵盖了建筑设备、信息网络、BIM 技术、数字孪生等多个方面，但综合来看，智能楼宇管理员职业与智慧建筑运维岗位的匹配度最高，下面就智能楼宇管理员的定义、职业等级、职业要求等进行详细介绍。

1.4.2　智能楼宇管理员

1. 智能楼宇管理员定义

智能楼宇管理员是从事建筑智能化系统操作、调试、检测、维护等工作的人员。可以理解为：从事或将要从事智慧建筑工程设计施工及建筑智能设备管理使用、建筑智能化工程、建筑通信工程、计算机网络工程、物业服务智能化系统管理工作、智能楼宇工程监理以及智能化系统生产/销售/安装等的专业人员。

工作内容包括：
(1) 管理与维护建筑综合布线系统；
(2) 监控、使用、维护建筑设备；
(3) 管理通信和网络系统；
(4) 使用与改进智慧建筑管理系统；
(5) 管理火灾报警与安全防范系统；
(6) 智能楼宇工程测试，项目管理和验收等。

2. 职业等级的划分

根据从业人员职业活动范围、工作责任和工作难度的不同。职业技能等级共分为五级，由低到高分别为：五级/初级技能、四级/中级技能、三级/高级技能、二级/技师、一级/高级技师。

(1) 职业技能五级：能够独立完成建筑智能化系统值机的日常操作；能够识别系统基本运行状态；能够协助处理常见报警事件；能够完成日常运行的记录。

(2) 职业技能四级：能够独立完成建筑智能化系统主要设备及通信链路的巡检和保养；能够独立处理报警事件；能够合作处理常见故障；能够完成相关资料的更新；能够使用相关的工机具和仪器仪表。

(3) 职业技能三级：能够独立完成部分建筑智能化系统及相关设备常见故障的诊断和处理；能够维护常用系统软件；能够制订维护和保养计划，提出预防措施和改进建议；能够指导和培训本等级以下技能人员；能够使用和保养相关的仪器仪表。

(4) 职业技能二级：能够编制部分建筑智能化系统及相关设备的升级改造和优化方案；能够排除较复杂的系统及相关设备故障；能够制定技术操作规程；能够分析运行数据，定期撰写系统运行维护技术报告；能够制定应急预案和大型活动保障方案；能够指导和培训本等级以下技能人员。

(5) 职业技能一级：能够建立建筑智能化系统运行维护管理体系；能够完成相关技术评估；能够独立处理和解决高难度的技术问题，提出系统及相关设备运行维护的创新建议；能够组织技术攻关和工艺革新活动；能够组织开展系统的专业技术培训。

3. 职业要求和职业技能构成

根据《智能楼宇管理员职业技能标准》JGJ/T 493—2022，智能楼宇管理员职业要求和职业技能分为安全生产知识、理论知识、操作技能三个模块。

(1) 安全生产知识

安全生产知识应包括安全基础知识和施工现场安全操作知识。安全生产知识是在社会的生产经营中，为避免发生人员伤亡和财产损失的事故而采取的预防和控制措施，以保证从业人员的人身安全，保证生产经营活动得以顺利进行必须掌握的相关知识。《智能楼宇管理员职业技能标准》JGJ/T 493—2022 是在国家政策指导下制定的，根据工程实践经验，结合国情进行综合分析，提出科学、合理的安全要求，做出相应的规定。安全生产知识主要内容包括生产操作人员必须自觉接受上岗前的安全教育和培训的知识；熟悉国家工程建设相关的法律法规，熟悉安全生产的相关规定，掌握安全操作技能知识，掌握安全操作规程，了解一般事故处理的相关规定，具备一定的现场事故处理能力等。

(2) 理论知识

理论知识是指从事本职业本等级工作时，所应具备的理论知识结构和水平要求。理论知识是指完成技术工种工作应具备的基本理论和专业理论知识，包括基本知识、专业知识和相关知识理论等内容。其包括文化基础知识、技术业务知识、工具设备知识、工艺技术知识、材料性能知识、经营管理知识、质量标准知识、安全防护知识以及其他相关方面的知识。

(3) 操作技能

操作技能是指从事本职业本等级工作时，应具有的实际技术业务操作能力构成和水平要求。一般包括实际操作能力、工具设备使用与维护能力、数据统计和分析能力、故障诊断和排除能力、事故处理应变能力，也包括领会指令能力，语言及文字表达能力，创新和指导能力，应用计算能力及其他相关能力。操作技能形成的基本途径是练习。

本章小结

本章介绍了智慧建筑的发展趋势、核心设备、运维管理、综合管理平台以及应用和服务等方面的内容。智慧建筑的核心技术包括物联网技术、大数据技术、云计算技术、人工智能技术、建筑信息模型（BIM）技术、数字孪生技术以及可视化技术等。通过智慧建筑的运维管理，可以实现设备管理的精细化、集约化、智能化和信息化，提高决策效率和准确性。同时，智慧建筑综合管理平台需要遵循系统通用性原则、低耦合、高内聚原则、稳定性及可扩展性原则、业务适应性原则以及符合国际标准的原则。此外，还需要建立基于BIM和数据驱动的智能运维模式、基于AI和物联网的智能运维模式以及基于数字孪生和类脑AI的智能运维模式。最后，本章还介绍了智能楼宇管理员职业等级的划分以及职业要求和职业技能构成。在未来的发展中，智慧建筑将会越来越普及，其应用范围也将越来越广泛，为人们的生活和工作带来更多的便利和智能化体验。

本章实践

实训项目　智慧建筑综合调研实训

实训要求：

1. 探寻智慧建筑的应用方向和领域；
2. 了解智慧建筑在不同领域的应用案例；
3. 了解智慧建筑的运维流程和方法；
4. 了解智能建筑运维的相关职业，为未来的职业规划提供参考。

实训任务：

1. 文献调研：收集关于智慧建筑的论文、报告及案例，了解其历史、发展现状和未来趋势；
2. 实地考察：参观现有的智慧建筑，了解其建筑结构、设备配置及运行情况，与相关技术人员交流，了解智慧建筑的运维流程和方法；
3. 网络搜索：利用互联网搜索智慧建筑的典型案例，了解其在不同领域的应用情况；

4. 小组讨论：与小组成员共同探讨智慧建筑的相关问题，相互学习，共同进步；
5. 报告撰写：根据调研结果和分析结果，撰写报告。

实训成果：

以 3~5 人的小组为单位，完成一份关于智慧建筑的调研报告，并做小组汇报。

码1-1
第1章
自测题目

第 2 章
智慧建筑运维关键技术

知识导图

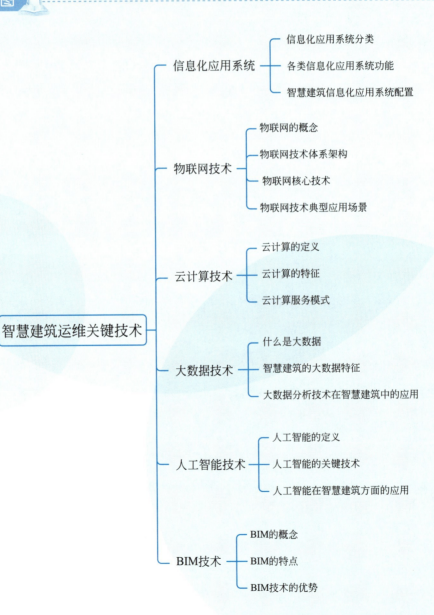

第 2 章 智慧建筑运维关键技术

> **知识目标**
>
> 1. 了解信息化应用系统的概念、分类；
> 2. 掌握各类信息化应用系统的功能；
> 3. 了解信息化应用系统的配置；
> 4. 掌握物联网技术的概念及体系架构；
> 5. 了解物联网技术典型应用场景；
> 6. 理解云计算、大数据、人工智能、BIM 技术的定义及特征。
>
> **技能目标**
>
> 1. 能够应用信息化系统管理智慧建筑；
> 2. 能够运用物联网、云计算、大数据、人工智能、BIM 等新技术对智慧建筑管理进行创新。

2.1 信息化应用系统

信息化是以现代通信、网络、数据库技术为基础，将所研究对象各要素汇总至数据库，供特定人群生活、工作、学习以及辅助决策等。以信息化为基础，按照各行各业的需求所设计的应用系统即信息化应用系统。

信息化应用系统（Information Application System，IAS）是为了满足建筑的信息化应用功能需要，利用信息技术和智能化设备，对建筑进行智能化管理和控制的系统。它通过将建筑内部各种设备、系统和网络连接起来，实现自动化控制、监测和管理，提高建筑的舒适性、安全性和能源效率。

在智慧建筑中，各类信息化应用系统发挥着重要作用，满足建筑物运行和管理的信息化需要，为建筑运维管理业务运营提供支撑和保障。

2.1.1 信息化应用系统分类

信息化应用系统应对建筑环境设施的规范化管理和主体业务高效的信息化运行提供完善的服务。根据应用领域的不同，信息化应用系统可以分为三类：通用应用系统、管理应用系统和业务应用系统（图 2-1）。其具体包括公共服务、智能卡应用、物业运营管理、信息设施运行管理、信息安全管理、通用业务、专业业务等智慧建筑所需要的应用系统。

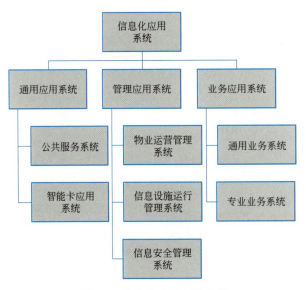

图 2-1 信息化应用系统分类

2.1.2 各类信息化应用系统功能

1. 公共服务系统

公共服务系统应具有对建筑物各类公共服务事务进行信息化管理的功能。该系统能够同时进行常规管理和应急管理，为常规服务和应急服务提供电子平台。

常规管理主要包括日常事务信息收集、整理、归档与分发，以及日常事务信息的发布、监督、跟踪、反馈与调整等常规公共运作。

应急管理则要求公共服务系统在紧急情况下、危机状态下，能够对应急信息的监测、收集、处理形成快速、高效、规范的应急机制，为事件与危机化解提供信息化和高效化的技术支持。

2. 智能卡应用系统

智能卡具有智能性及便于携带的特点，目前在各个领域被广泛使用，如电信领域的移动电话 SIM 卡，交通领域的公交一卡通，智慧建筑中的 IC 卡门锁及门禁系统，公共事业的水电费业务卡等。

按照智能卡的结构特点，可分为非加密存储卡、加密存储卡、CPU 卡和超级智能卡。按照读写方式，可分为接触式 IC 卡和非接触式 IC 卡两类。

3. 物业运营管理系统

物业管理涉及领域很广泛，为满足智慧建筑物业管理需要，物业运营管理系统应具有对建筑的物业经营、运行维护进行管理的功能，包括房产管理、住户管理、财务管理、设备管理、保安管理、环境绿化管理、物业办公管理等。

4. 信息设施运行管理系统

智慧建筑的信息设施运行管理系统具有对建筑物信息设施的运行状态、资源配置、技术性能等进行监测、分析、处理和维护的功能。一般包括信息网络系统、综合布线系统、无线对讲系统、电话交换系统、公共广播系统、会议系统等。

随着智慧建筑不断发展，建筑内信息设施越来越多，技术越来越先进。通过信息设施运行管理系统，可以对设备进行全面监测，包括设施的运行状态、技术状况、服务质量等，及时发现存在的问题，提高设施的使用效率。

5. 信息安全管理系统

信息安全管理系统是指为了保护组织信息资产而建立的一系列策略、程序和措施，它是一个综合性的框架，旨在确保组织的信息资产得到适当保护，以防止信息泄露、损坏或未经授权的访问。

信息安全管理系统通过采用防火墙、加密、虚拟专用网（VPN）、安全隔离和病毒防治等各种技术有效保护信息资产，降低信息安全风险，提升组织的整体安全水平。

6. 通用业务系统

通过信息化系统，将大量繁琐、零散的工作交给计算机系统处理，通过对常规性事务进行管理、集成、合理部署，提高工作效率。

工作流管理系统就是一种通用业务系统，该系统可以完成工作量的定义和管理，按照在系统中预先定义好的工作流逻辑进行工作流实例执行。工作流管理系统不是企业业务系统，而是为企业业务系统的运行提供一个软件支撑环境。

7. 专业业务系统

根据建筑种类的不同，满足其所承担的具体工作职能及工作性质的基本功能为目标而设立的专业化工作业务信息化应用系统称为专业业务系统。

例如，商场经营信息管理系统分为前台销售实现卖场零售管理，后台进行物流、库存管理，科学合理订货，提高商品周转率，降低库存等；而图书馆信息化应用系统主要实现电子浏览查询、图书订购、图书咨询服务、图书借阅等功能。

2.1.3 智慧建筑信息化应用系统配置

智慧建筑信息化应用系统配置应包括基础设施层、服务层、管理层及标准规范体系和安全管理体系等（图2-2）。

（1）基础设施层。由基础硬件支撑平台（布线设施、网络设施、服务器设施、存储设施等）和信息设施运行数据及支撑平台组成。

硬件系统主要包括计算机主机及外部设备、数据通信及网络设备，声音、图形图像处理设备（如扫描仪、摄像机、投影仪等），信息存储设备（如硬盘、云存储器等）及其他设备。

软件系统主要包括计算机操作系统、网络软件、数据库软件、办公自动化软件（文字处理、电子表格、演示文稿等）、电子邮件支持软件及其他应用软件。

（2）服务层。由信息设施运行数据综合分析数据库和若干相应的系统运行支撑服务模块组成。信息设施运行数据综合分析数据库涵盖应用系统信息点标识、交换机配置与端口信息、服务器配置运行信息和操作系统配置信息等。系统运行支撑服务模块宜包括资源配置、预警定位、系统巡检、风险控制等其他应用服务程序，为进行设施维护管理、系统运

图 2-2 信息化应用系统配置

行管理，对信息化基础设施中软、硬件资源的关键参数进行实时监测，监测网络链路、网络设备、服务器主机等。

（3）管理层。由设施维护管理、系统运行管理及主管协调管理人员，通过职能分工权限分配规定等，提供系统面向业务的全面保障。

（4）标准规范体系和安全管理体系。标准规范体系是整个系统建设的技术依据，应遵循国家相关技术标准及规范，形成一套完整、统一的标准规范体系。安全管理体系是整个系统建设的重要支柱，贯穿整个体系架构各层的建设过程中。

2.2 物联网技术

2.2.1 物联网的概念

早在 1995 年，比尔·盖茨在《未来之路》一书中就已经提及物联网概念。但是，"物联网"概念真正提出是在 1999 年，在美国召开的移动计算和网络国际会议上提出"传感网是 21 世纪人类面临的又一个发展机遇"，在此次会议上 MIT Auto-ID 中心的 Ashton 教授在研究射频识别（RFID）时首先提出"物联网"（Internet of Things，IoT）的概念，提出了结合物品编码、RFID 和互联网技术的解决方案。这也被国内外普遍认为是最早的物联网定义。

国际电信联盟（ITU）在《ITU 互联网报告 2005：物联网》报告中对物联网的定义是物联网主要解决物品到物品（Thing to Thing，T2T）、人到物品（Human to Thing，H2T）、人到人（Human to Human，H2H）之间互联。其中，H2T 是指人利用通用装置

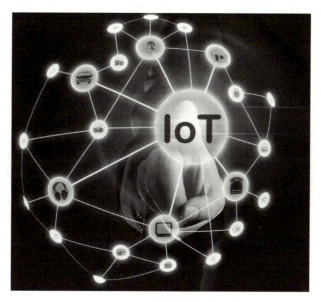

图 2-3 物联网技术

与物品之间的连接；H2H 是指人与人之间不依赖个人计算机而进行互联。物联网是连接物品的网络，可以解释为人到人、人到机器、机器到机器。本质上，人到机器、机器与机器的交互，大部分是为了实现人与人之间的信息交互。

中国 2010 年的政府工作报告中也指出了物联网的另一种定义。物联网是指通过信息传感设备，按照约定的协议，把任何物品与互联网连接起来，进行信息交换和通信，以实现智能化识别、定位、跟踪、监控和管理的一种网络。

尽管关于物联网的定义有多种形式，但人们对物联网的概念有一定的共识，给出普遍认可的物联网定义：物联网是通过各种信息传感设备，如射频识别（RFID）、传感器、全球定位系统（GPS）、智能摄像头等，和各种通信手段，如有线、无线、长距、短距，按约定的协议，实现人与人、人与物、物与物在任何时间、任何地点的连接，从而进行信息交换和通信，以实现智能化识别、定位、跟踪、监控和管理的庞大网络系统（图 2-3）。

2.2.2 物联网技术体系架构

从上述的物联网定义，可以清楚知道物联网的数据信息采集到处理可以通过全面感知、可靠传输到智能处理三个步骤实现，如图 2-4 所示。

全面感知：利用 RFID、传感器、二维码等随时随地获取物体的信息。

可靠传输：通过各种电信网络和互联网的融合，将物体的信息实时准确地传递出去。

智能处理：利用云计算、模糊识别等智能计算技术，对海量的数据和信息进行分析和处理，对物体实施智能化控制。

因此物联网的体系架构可以分为三层：感知层、网络层和应用层。感知层对物理世界感知、识别并控制。网络层实现信息的传递。应用层在对信息计算和处理的基础上可实现在各行业的应用。

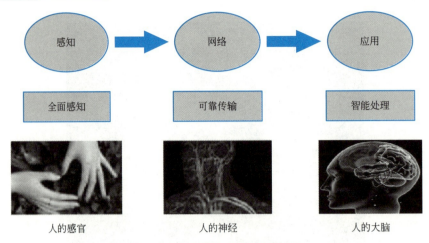

图 2-4　物联网数据信息处理流程

2.2.3　物联网核心技术

1. 感知层关键技术

（1）传感器技术

传感器位于物联网末梢，通常由敏感元件和转换元件组成，敏感元件是指传感器能够直接感受或响应被测量的部分；转换元件是指传感器中能将敏感元件感受或响应的被测量转换成有用输出信号的部分。

传感器可以对外界模拟信号进行探测，将声、光、温、压等模拟信号转化为适合计算机处理的数字信号，以达到信息的传送、处理、存储、显示、记录和控制的要求，使物联网中的节点充满感应能力，通过与信息平台的相互配合实现自检和自控的功能。

（2）射频识别（RFID）技术

射频识别技术又称电子标签，通过无线电信号识别特定目标并读写相关数据的无线通信技术。RFID 技术市场应用成熟，标签成本低廉，但 RFID 一般不具备数据采集功能，多用于物品的甄别和属性的存储，且在金属和液体环境下应用受限。

RFID 是一种简单的无线系统，系统由一个阅读器和很多标签组成（图 2-5）。

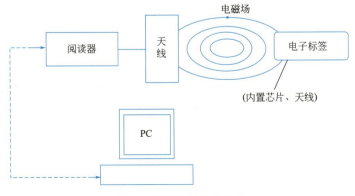

图 2-5　RFID 系统的组成

RFID 技术的基本工作原理是标签进入磁场后，接收解读器发出的射频信号，凭借感应电流所获得的能量发送存储在芯片中的产品信息，或主动发送某一频率的信号；解读器读取信息并解码后，送至中央信息系统进行有关数据处理。

（3）北斗卫星导航系统

北斗卫星导航系统（以下简称北斗系统）是中国自行研制的全球卫星导航系统，为全球用户提供全天候、全天时、高精度的定位、导航和授时服务的国家重要时空基础设施。

北斗系统由空间段、地面段和用户段三部分组成。北斗系统空间段由若干地球轨道卫星组成；北斗地面段包括主控站、时间同步/注入站和监测站等若干地面站，以及星间链路运行管理设施；北斗用户段包括北斗兼容其他卫星导航系统的芯片、模块、天线等基础产品，以及终端产品、应用系统与应用服务等。

北斗系统提供服务以来，已在交通运输、水文监测、气象测报、通信授时、公共安全等领域得到广泛应用。

2. 网络层关键技术

（1）无线传感网络技术

其基本功能是将一系列空间分散的传感器单元通过自组织的无线网络进行连接，从而将各自采集的数据通过无线网络进行传输汇总，以实现对空间分散范围内的物理或环境状况的协作监控，并根据这些信息进行相应的分析和处理。

（2）移动通信技术

采用蜂窝无线组网方式，在终端和网络设备之间通过无线通道连接起来，进而实现用户在活动中可相互通信。其主要特征是终端的移动性，并具有越区切换和跨本地网络自动漫游功能。蜂窝移动通信业务是指由基站子系统和移动交换子系统等设备组成蜂窝移动通信网，提供语音、数据、视频、图像等业务。

（3）Internet（因特网）技术

Internet 技术是以相互交流信息资源为目的，基于一些共同的协议，并通过许多路由器和公共互联网连接而成，它是一个信息资源和资源共享的集合。凡是使用 TCP/IP 协议，并能与 Internet 中任意主机进行通信的计算机，无论是何种类型，采用何种操作系统，均可看成是 Internet 的一部分，可见 Internet 覆盖范围之广，物联网也被认为是互联网的进一步延伸。

3. 应用层关键技术

（1）环境监测和对象跟踪

利用多种类型的传感器和分布广泛的传感器网络，实现对某个对象的实时状态的获取和特定对象行为的监控。如使用分布在市区的各个噪声探头监测噪声污染；通过二氧化碳传感器监控大气中二氧化碳的浓度；通过 GPS 标签跟踪车辆位置，通过交通路口的智能摄像头捕捉实时交通流量等。

（2）对象的智能标签

通过二维码、RFID 等技术标识特定的对象，用于区分对象个体，例如在生活中我们使用的各种智能卡和条码标签，其基本用途就是获得对象的识别信息；此外，智能标签还可以用于存储对象物品所包含的扩展信息，如智能卡上的余额，二维码中所包含的网址和名称等。

（3）对象的智能控制

物联网基于云计算平台和智能网络，可以依据传感网络用获取的数据进行决策，改变对象的行为，或进行控制和反馈。例如根据光线的强弱调整路灯的亮度，根据车辆的流量自动调整红绿灯的时间间隔等。

2.2.4 物联网技术典型应用场景

物联网的应用涉及人类社会生活的方方面面，因此物联网被称为继计算机和互联网之后的第三次信息技术革命。信息时代，物联网应用无处不在（图2-6）。

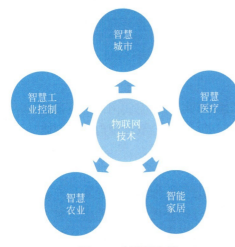

图2-6 物联网应用

1. 物联网在城市管理方面的应用

公共交通方面，物联网技术构建的智能公交系统通过综合网络通信，地理信息系统（GIS）、卫星定位及电子控制手段，集运营调度、电子站牌发布、IC卡收费管理于一体。通过系统可以详细掌握每辆公交的运行状况，在站台可以通过定位准确掌握下一辆公交到站时间，查询最佳公交换乘方案。

交通控制方面，通过检测设备，在道路拥堵或特殊情况时，系统自动调配红绿灯，并向交通参与者预告拥堵路段，推荐最佳行驶路线。

智慧建筑管理方面，建筑物内的灯光照明自动调节亮度，实现节能环保，建筑物的运作状况也可通过物联网推送给管理者。

2. 物联网在工业控制方面的应用

工业是物联网应用的重要领域，对于具有环境感知能力的各类终端借助物联网通信、人工智能等技术可以大幅提高制造效率，改善产品质量，降低产品成本和资源消耗，将传统工业提升到智能工业新阶段。

3. 物联网在农业方面的应用

将物联网技术运用到传统农业中实现智慧农业，运用传感器和软件通过移动平台或者电脑平台对农业生产进行控制，使传统农业具有"智慧"。例如，物联网传感器应用农业环境的信息采集和控制，可以检测农作物生长环境，自动调节环境的温湿度，当土壤过于干燥时，自动进行浇灌等。

4. 物联网在医疗方面的应用

智慧医疗系统借助简易实用的家庭医疗传感设备，对家中病人或老人的生理指标进行自测，并将生成的生理指标数据通过宽带网络或4G/5G无线网络传送给护理人或有关医疗单位。

智慧医疗系统在人们生活中日益重要，可以准确掌握病人病情，提高诊断的准确性，方便医生对病人的情况进行有效跟踪，提升医疗服务质量，有效提高医院包括药品和医疗器械在内的医疗资源管理和共享。

5. 物联网在智能家居方面的应用

智能家居是基于物联网技术，由硬件、软件、云计算平台构成的一个家庭生态圈，实现远程控制设备、设备与设备之间互通、设备自我学习等功能。通过收集、分析用户行为数据为用户提供个性化的生活服务，提升家居安全性、便利性、舒适性、艺术性，使家居生活更加安全、舒适、便捷，实现环保节能的居住环境。

2.3 云计算技术

2.3.1 云计算的定义

美国国家标准与技术研究院（NIST）定义：云计算是一种模型，它可以实现随时随地、便捷地、随需应变地从可配置计算机资源共享池中获取所需的资源（网络、服务器、存储、应用及服务），资源能够快速供应并释放，使管理资源的工作量和与服务提供商的交互减小到最低限度。

云计算通过互联网按需访问计算机资源，即应用程序、服务器（物理服务器和虚拟服务器）、数据存储、开发工具、网络功能等，这些资源托管在云服务提供商（简称CSP）管理的远程数据中心上。

互联网这片"云"上的各种计算机共同组成数个庞大的数据中心及计算中心。它可以被看成是网格计算和虚拟化技术的融合，即利用网格分布式计算处理的能力，将IT资源构筑成一个资源池，再加上成熟的服务器虚拟化、存储虚拟化技术，以便用户可以实时地监控和调配资源。

2.3.2 云计算的特征

从上述云计算的定义可以看出，云计算后端具有非常庞大、可靠的云计算中心，对于云计算使用者来说，在付出少量成本的前提下，即可获得较高的用户体验。具体来说云计算具有以下几大特征：

1. 以互联网为中心

云计算中心提供商以互联网为中心，将存储和运算能力分布在网络所连接的各个节点之中，从而弱化终端的计算能力，使互联网的计算架构由"服务器+客户端"向"云服务平台+客户端"演进。

2. 灵活性

使用户能够快速和廉价地利用技术基础设施资源。服务的实现机制对用户透明，用户无需了解云计算的具体机制，就可以获得需要的服务。用户可以从任何地方，利用个人电脑、移动终端等设备，通过互联网收集所需的信息，获得所需的服务。

3. 经济性

云计算的基础设施通常是由第三方提供的，用户不需要为了一次性或非经常性的计算任务购买昂贵的设备。云服务提供商按月收取费用提供资源或根据使用量收取费用。

4. 可靠性

云计算系统由大量商用计算机组成机群向用户提供数据处理服务，利用多种硬件和软件冗余机制，使得它适合业务连续性和灾难恢复。

2.3.3 云计算服务模式

大多数云计算服务都归为四大类：IaaS（基础结构即服务）、PaaS（平台即服务）和SaaS（软件即服务）和无服务器计算，它们互为构建基础。

1. IaaS（基础结构即服务）

提供基础的计算机资源，如虚拟机、存储和网络。用户可以根据自己的需求自定义配置和管理操作系统、应用程序和数据。

2. PaaS（平台即服务）

即云计算服务，它们可以按需提供开发、测试、交付和管理软件应用程序所需的环境。PaaS旨在让开发人员能够更轻松地快速创建Web或移动应用，而无需考虑对开发所必须的服务器、存储空间、网络和数据库基础结构进行设置或管理。

3. SaaS（软件即服务）

通过Internet交付软件应用程序的方法，通常以订阅为基础按需提供。使用SaaS时，云提供商托管并管理软件应用程序和基础结构，并负责软件升级和安全修补等维护工作，用户通过Internet连接到应用程序。

4. 无服务器计算

无服务器计算与PaaS重叠，侧重于构建应用功能，无需花费时间管理服务器和基础结构。云提供商负责配置、维护、扩展和管理服务器基础设施。无服务器体系结构具有高度可缩放和事件驱动特点，且仅在出现特定函数或事件时才使用资源。

2.4 大数据技术

2.4.1 什么是大数据

大数据（Big Data），又称海量数据，是指大规模数据的集合。这里的"规模"不仅体现在数据量之庞大，还体现在其结构复杂、类型众多两个方面。大数据是传统数据处理应用软件不足以处理的大或复杂的数据集的术语。

高德纳咨询公司对大数据给出了这样的定义："'大数据'是指海量的、高速增长的和多样化的信息资产。这类信息资产需要新的数据处理方式以提升决策力、洞察力以及流程优化能力"。

在 2001 年,当时的麦塔集团的研究指出数据增长有 3 个方向的挑战和机遇:大量(Volume)、高速(Velocity)、多样(Variety),合称"3V"或"3Vs"。

在被誉为"大数据时代预言家"的维克托·迈尔·舍恩伯格和肯尼斯·库克耶编写的《大数据时代》中,大数据指不用诸如随机分析法(抽样调查)这样的捷径,而采用所有数据进行分析的方法。大数据的属性除了包含上述的"3V"外,还包含第 4 个属性,即价值(Value),这是指大数据的价值密度低。此后,著名的维拉诺瓦大学(Villanova University)在"4V"之外定义第 5 个"V",即真实性(Veracity)。

2.4.2 智慧建筑的大数据特征

在智慧建筑中,大数据具有以下特征:

1. 多样性

智慧建筑中涉及的数据来源广泛,包括传感器、监控设备、能源管理系统等多种设备和系统,产生的数据类型多样,如温度、湿度、光照、能耗等。

2. 实时性

智慧建筑中的数据通常是实时生成和传输的,可以实时监测建筑内各种参数的变化,及时做出相应的调整和优化。

3. 大规模

智慧建筑中产生的数据量庞大,涉及的设备和系统众多,数据规模往往达到海量级别,需要大数据技术来进行存储、处理和分析。

4. 高速性

智慧建筑中的数据传输速度要求较高,需要快速地采集、传输和处理数据,以实现对建筑运行状态的实时监控和调整。

5. 多维度

智慧建筑中的数据涉及多个维度,如时间、空间、能源等,需要综合考虑多个因素进行分析和决策。

6. 高价值性

智慧建筑中的大数据可以提供有价值的信息和洞察,帮助建筑管理者优化能源利用、提高运行效率、改善室内环境等,从而降低成本、提升用户体验。

7. 隐私保护

智慧建筑中的大数据涉及用户的隐私信息,需要采取适当的隐私保护措施,确保数据的安全和合规性。

2.4.3 大数据分析技术在智慧建筑中的应用

随着人类社会进入移动互联网时代,移动社交媒体、移动电子商务、传感器技术日益普及,各种结构化与非结构化数据汇聚成大数据洪流,其增长速度对存储和处理技术提出了新的挑战。大数据洪流中蕴藏着巨大的潜在价值,正如维克托·迈尔·舍恩伯格教授所说:"大数据的真实价值就像漂浮在海洋中的冰山,第一眼只能看到冰山的一角,绝大部分都隐藏在表面之下。"传统数据分析方法通常无法处理如此大量而且又不规则的非结构化数据,对大数据的处理需要新的方法。通过大数据分析方法对大数据进行分析、预测,会使得决策更为精确,释放出更多数据隐藏价值。

大数据分析的基本步骤如图2-7所示。

图2-7 大数据分析步骤

1. 数据采集

数据采集是利用多个数据库接收来自客户端的数据,并且用户可以通过这些数据库进行简单的查询和处理工作。对于智慧建筑来说,在建筑内安装了大量的传感器和监控设备,对建筑内的各项数据进行实时采集和监测,包括温度、湿度、能耗、水质等指标。同时还可以采集建筑设备的运行状态和故障信息。

2. 数据导入和预处理

虽然数据采集端本身会有很多数据库,但是如果要对这些海量数据进行有效分析,应该将这些来自前端的数据导入一个集中的大型分布式数据库,或者分布式存储集群,并且可以在导入基础上做一些简单的清洗和预处理工作。

现实世界中的数据大多不完整或不一致,故无法直接进行数据分析或者分析效果不理想,而数据预处理则是对采集的数据进行填补、平滑、合并、规格化、检查一致性等处理。

3. 数据存储

将各部门和单位采集到的大量数据进行整合和共享,建立一个统一的数据共享云平台,以便随时访问和分析,提高数据的利用效率和决策效果。

4. 数据分析与挖掘

通过对采集到的数据进行分析和挖掘,可以发现建筑运维中存在的问题和潜在风险,并通过预测模型预测设备的寿命和维修周期,提前进行维护和修复,避免设备故障造成损失。

通过大数据技术,可以建立设备运行的数据库,记录设备的维修历史、维修成本、设备详细参数等信息,同时对设备运行的异常情况进行诊断和预警,当设备出现故障或异常情况时,系统可以自动发出警报,提醒运维人员进行处理。利用大数据分析技术,对设备的运行情况进行监测和优化,提高设备的能耗和运行效率。

5. 数据可视化

数据分析的结果就是走向实际应用,如果分析的结果正确但是没有采用适当的解释方法,则所得到的结果很可能让用户难以理解,甚至可能会误导用户。描述和解释数据的方法很多,传统方式是以文本形式输出结果或者直接在计算机终端上显示结果。这种方法面对小数据量是一种很好的选择,但是大数据时代这种方式就显得捉襟见肘了。如果能将复杂的数据以某种可视化手段展示在人们可以观察的二维或者三维空间中,不仅有助于人们理解数据分析的结果,还有助于人们从不同的视角去观察这些数据。可视化技术作为解释大量数据最有效的手段之一率先被科学与工程计算领域采用。

2.5 人工智能技术

2.5.1 人工智能的定义

随着互联网技术的高速发展,大数据已经成为影响生产力的重要因素和行业资源,大数据时代的到来使得人工智能技术变得越来越智能化。如今,人工智能已经融入人们日常生活的方方面面。例如,早晨起床,智能音箱小爱同学会告诉我们一天的天气,手机导航会给我们规划出行线路等。2022年11月ChatGPT的问世更是引起人们的关注,人工智能已经发展到了一个新的阶段。

人工智能(Artificial Intelligence),英文缩写为AI。它是研究、开发用于模拟、延伸和扩展人的智能的理论、方法、技术及应用系统的一门新的技术科学。

人工必须是人创造的东西。关于什么是"智能",涉及诸如意识(Consciousness)、自我(Self)、思维[Mind,包括无意识的思维(Unconscious Mind)]等问题。人工智能就是人创造的能够获取和应用知识和技能的能力的程序、机器或者设备。

尼尔逊教授对人工智能下了这样一个定义:"人工智能是关于知识的学科——怎样表示知识以及怎样获得知识并使用知识的科学。"

而美国麻省理工学院的温斯顿教授认为:"人工智能就是研究如何使计算机去做过去只有人才能做的智能工作。"

这些说法反映了人工智能学科的基本思想和基本内容。即人工智能是研究人类智能活动的规律,构造具有一定智能的人工系统,研究如何让计算机去完成以往需要人的智力才能胜任的工作,也就是研究如何应用计算机的软硬件来模拟人类某些智能行为的基本理论、方法和技术。

2.5.2 人工智能的关键技术

人工智能是智能学科重要的组成部分,它企图了解智能的实质,并生产出一种新的能以人类智能相似的方式做出反应的智能机器,该领域的研究包括机器人、语言识别、图像识别、自然语言处理和专家系统等。

1. 计算机视觉

计算机视觉,简称CV(Computer Vision),是指通过把图像数据转换成机器可识别的形式,从而实现对视觉信息的建模和分析,并做出相应的决策。

2. 机器学习

机器学习是关于如何根据经验学习新知识的计算机科学技术。通过机器学习机器可以根据大量经验训练出一个模型,从而实现自动决策或从数据推断出结论。

3. 深度学习

深度学习是一种利用复杂的神经网络来开发 AI 系统的技术。它可以模拟人脑的认知能力,将复杂的数据进行分类和分析,并生成准确的结果。

4. 自然语言处理技术

自然语言处理技术是一门通过建立计算机模型,理解和处理自然语言的学科,是指用计算机对自然语言的形、音、义等信息进行处理并识别的应用。

5. 人机交互

人机交互主要研究系统与用户之间的交互关系。系统可以是各种各样的机器,也可以是计算机系统和软件。人机交互界面通常是用户可见部分,用户通过人机交互界面与系统交流,并进行操作。

2.5.3 人工智能在智慧建筑方面的应用

近年来,随着人工智能与机器人技术的快速发展,AI 与建筑呈现出紧耦合的趋势。一些智能机器人进入家庭、公共建筑物空间,辅助或代替人类完成清洁、搬运物品、智能控制等工作。

随着科技的迅猛发展,人工智能技术在各个领域的应用也日益广泛。其中,智慧建筑成了人工智能技术的一个重要应用领域。智慧建筑利用先进的传感器、网络和计算技术,通过自动化和智能化的方式,提供更加高效、舒适和可持续的建筑环境。人工智能在智慧建筑上的主要应用如下:

1. 能源管理

智慧建筑通过感知和分析建筑内外环境的数据,实现对能源的智能控制和优化。例如,智慧建筑可以根据天气预报和建筑内外温度的变化,自动调整空调和供暖系统的运行模式,以达到节能和舒适的目的。智慧建筑还可以利用人工智能算法分析建筑内部的能源消耗模式,并提供优化建议,帮助建筑管理人员更好地管理能源使用,降低能源浪费。

2. 安全管理

智慧建筑可以通过人工智能算法识别和分析建筑内外的安全风险,并采取相应的措施进行预警和处理。例如,智慧建筑可以通过视频监控系统和人脸识别技术,实时监测建筑内外的人员活动,并自动识别异常行为,及时报警。

此外,智慧建筑还可以通过智能门禁系统,根据员工的身份和权限,自动控制出入口的开关,提高建筑的安全性。

3. 设备管理

智慧建筑可以通过人工智能算法对建筑内部的设备进行监测和管理,实现设备的自动化控制和维护。例如,智慧建筑可以通过传感器监测设备的运行状态和能耗,预测设备的故障和维护需求,并自动调度维修人员进行维护。

智慧建筑还可以通过人工智能算法分析设备的使用模式和效率,提供优化建议,帮助建筑管理员提高设备的使用效率和寿命。

然而，人工智能技术在智慧建筑中的应用也面临一些挑战和问题。首先，人工智能技术需要大量的数据支持，但是在智慧建筑中获取和整理大量的数据并不容易。其次，人工智能技术的算法和模型需要不断优化和更新，以适应不断变化的建筑环境和需求。此外，智慧建筑中的人工智能技术也需要考虑隐私和安全的问题，确保用户的个人信息和建筑的安全不受侵犯。

总之，人工智能技术在智慧建筑中的应用为建筑行业带来了许多的创新和改进。通过智能化的能源管理、安全管理和设备管理，智慧建筑可以提供更加高效、舒适和可持续的建筑环境。

2.6 BIM 技术

BIM（Building Information Modeling）即建筑信息模型，是建筑设施的物理与功能特征的数字化表示，它作为共享的建筑信息资源，为建筑全生命周期的各种决策提供了可靠的基础。BIM 技术，是一项建筑业信息技术，可以自始至终贯穿建筑的全生命周期，实现全过程信息化、智能化，为建筑的全过程精细化管理提供强大的数据支持和技术支撑（图 2-8）。

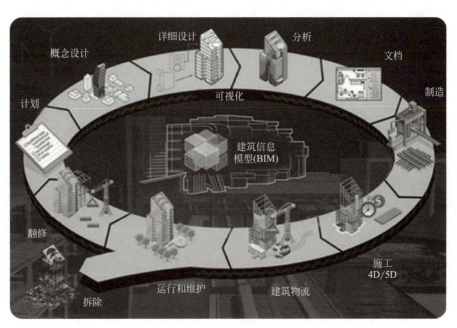

图 2-8　BIM 技术应用

信息技术已经成为智慧建筑的重要工具手段，以云计算、移动应用、大数据、BIM 等为代表并快速发展的信息技术，为现代建筑业的发展奠定了技术基础。2015 年 6 月 16 日，住房和城乡建设部印发《关于印发推进建筑信息模型应用指导意见的通知》，明确自 2016 年起政府投资的 2 万 m^2 以上大型公共建筑以及申报绿色建筑项目的设计、施工和运维均要采用 BIM 技术。

2.6.1　BIM 的概念

国际智慧建造组织（building SMART International，简称 bSI）对 BIM 的定义包括以下三个层次：

第一个层次是 Building Information Model，中文为"建筑信息模型"，bSI 对这一层次的解释为：建筑信息模型是一个工程项目物理特征和功能特性的数字化表达，可以作为该项目相关信息的共享知识资源，为项目全生命周期内的所有决策提供可靠的信息支持。

第二个层次是 Building Information Modeling，中文为"建筑信息模型应用"，bSI 对这一层次的解释为：建筑信息模型应用是创建和利用项目数据在其全生命周期内进行设计、施工和运营的业务过程，允许所有项目相关方通过不同技术平台之间的数据互用在同一时间利用相同的信息。

第三个层次是 Building Information Management，中文为"建筑信息管理"，bSI 对这一层次的解释为：建筑信息管理是指通过使用建筑信息模型内的信息支持项目全生命周期信息共享的业务流程组织和控制过程，建筑信息管理的效益包括集中和可视化沟通、更早进行多方案比较、可持续分析、高效设计、多专业集成、施工现场控制、竣工资料记录等。

不难理解，上述三个层次的含义是有递进关系的，也就是说，首先要有建筑信息模型，然后才能把模型应用到工程项目建设和运维过程中，有了好模型应用，建筑信息管理才会成为有源之水、有本之木。

2.6.2　BIM 的特点

BIM 具有可视化、协调性、模拟性、优化性和可出图性五大特点。

1. 可视化

可视化即"所见即所得"，对于建筑行业来说，可视化的作用是非常大的，例如经常拿到的施工图纸，只是各个构件的信息在图纸上采用线条绘制表达，但是其真正的构造形式就需要建筑业参与人员去自行想象了。对于一般简单的东西来说，这种想象也未尝不可，但是近几年建筑形式各异，复杂造型在不断推出，那么这种光靠人脑去想象的东西就未免有点不太现实了。所以 BIM 提供了可视化的思路，将以往的线条式的构件以三维的立体实物图形展示在人们的面前。

可视化的结果不仅可以用来展示效果图及生成报表，更重要的是，项目设计、建造、运营过程中的沟通、讨论、决策都在可视化的状态下进行。

2. 协调性

协调性是建筑业中的重点内容，不管是施工单位还是业主及设计单位，无不在做着协调及相配合的工作。一旦项目在实施过程中遇到了问题，就要将各有关人士组织起来开协调会，找出问题发生的原因及解决办法，然后做出变更，或采取相应补救措施等，从而使问题得到解决。那么只能在出现问题后再进行协调吗？在设计时，往往由于各专业设计师之间的沟通不到位，而出现各种专业之间的碰撞问题，例如在布置暖通等管线时此处有结构设计的梁等构件妨碍管线的布置，这是施工中常遇到的。像这样的碰撞问题的协调解决就只能在问题出现之后再进行解决吗？BIM的协调性服务就可以帮助处理这种问题，也就是说BIM可在建筑物建造前期对各专业的碰撞问题进行协调，生成协调数据。当然BIM的协调作用也并不是只能解决各专业间的碰撞问题，它还可以进行如电梯井布置与其他设计布置及净空要求的协调、防火分区与其他设计布置的协调、地下排水布置与其他设计布置的协调等。

3. 模拟性

模拟性并不是只能模拟设计出的建筑物模型，还可以模拟不能够在真实世界中进行操作的事物。在设计阶段，BIM可以对设计上需要进行模拟的一些东西进行模拟实验，例如：节能模拟、紧急疏散模拟、日照模拟、热能传导模拟等；在招标投标和施工阶段可以进行4D模拟（三维模型加项目的发展时间），也就是根据施工的组织设计模拟实际施工，从而来确定合理的施工方案。同时还可以进行5D模拟（在4D模拟基础上加入造价控制），从而实现成本控制；后期运营阶段可以模拟日常紧急情况的处理方式，例如地震发生时人员逃生模拟及火警时消防人员疏散模拟等。

4. 优化性

事实上整个设计、施工、运营的过程就是一个不断优化的过程，当然优化和BIM也不存在实质性的必然联系，但在BIM的基础上可以更好优化。优化受两方面因素制约：即信息、复杂程度。没有准确的信息做不出合理的优化结果，BIM提供了建筑物的实际存在的信息，包括几何信息、物理信息、规则信息，还提供了建筑物变化以后的实际状况。项目复杂到一定程度，参与人员本身的能力无法掌握所有的信息，必须借助一定的科学技术和设备的帮助。现代建筑物的复杂程度大多超过参与人员本身的能力极限，BIM及与其配套的各种优化工具提供了对复杂项目进行优化的可能。基于BIM的优化可以做下面的工作：

（1）项目方案优化：把项目设计和投资回报分析结合起来，设计变化对投资回报的影响可以实时计算出来；这样业主对设计方案的选择就不会主要停留在对形状的评价上，而更多地可以使得业主知道哪种项目设计方案更有利。

（2）特殊项目的设计优化：例如裙楼、幕墙、屋顶、大空间到处可以看到异型设计，这些设计看起来占整个建筑的比例不大，但是占投资和工作量的比例往往很大，而且其通常施工难度较大和施工问题较多。对这些内容的设计方案进行优化，可以带来显著的效果。

5. 可出图性

运用BIM技术，可以进行建筑各专业平面图、立面图、剖面图、详图，以及一些构件加工的图纸输出。但BIM并不是为了出设计图纸，而是通过对建筑物进行了可视化展示、协调、模拟、优化后，帮助建设方出如下图纸：

（1）综合管线图（经过碰撞检查和设计修改，消除了相应错误以后）；
（2）综合结构留洞图（预埋套管图）；
（3）碰撞检查侦错报告和建议改进方案。

2.6.3　BIM 技术的优势

BIM 所追求的是根据业主的需求，在建筑全生命周期之内，以最少的成本、最有效的方式得到性能最好的建筑。因此，在成本管理、进度控制及建筑质量优化方面，相比于传统建筑工程方式，BIM 技术有着非常明显的优势。

1. 成本

美国麦格劳-希尔建筑信息公司（McGraw-Hill Construction）指出，2013 年最有代表性的国家中，约有 75% 的承建商表示他们对 BIM 项目投资有正面回报率。可以说 BIM 对建筑行业带来的最直接的利益就是成本的减少。

不同于传统工程项目，BIM 项目需要项目各参与方从设计阶段开始紧密合作，并通过多方位的检查及性能模拟不断改善并优化建筑设计。同时，由于 BIM 本身具有的信息互联特性，可以在改善设计过程中确保数据的完整性与准确性。因此，可以大大减少施工阶段因图纸错误而需要设计变更的问题。47% 的 BIM 团队认为施工阶段图纸错误与遗漏是影响高投资回报最直接的原因。

此外，BIM 技术对造价管理方面有着先天性优势。众所周知，价格是随市场经济的变动而变化，价格的真实性取决于对市场信息的掌握。而 BIM 可以通过与互联网的连接，在根据模型所具有的几何特性，实时计算出工程造价。同时，由于所有计算都是由计算机自动完成，可以避免手动计算时所带来的失误。因此，项目参与方所获得的预算量非常贴近实际工程，控制成本更为方便。

对于全生命周期费用，因为 BIM 项目大部分决策是在项目前期由各方共同进行的，前期所需费用会比传统建筑工程有所增加。但是，在项目经过某一临界点之后，前期所做的努力会给整个项目带来巨大的利益，并且将持续到最后。

2. 进度

传统进度管理主要依靠人工操作来完成，项目参与方向进度管理人员提供、索取相关数据，并由进度管理员负责更新并发布后续信息。这种管理方式缺乏及时性与准确性，对于工期影响较大。

对于 BIM 项目，由于各参与方是在同一平台，利用统一模型完成项目，因此可以非常迅速地查询到项目进度，并制定后续工作计划。特别是在施工阶段，施工方可以通过 BIM 对施工进度进行模拟，以此优化施工组织方案，从而减少施工误差和返工，缩短施工工期。

3. 质量

建筑物的质量可以说是一切目标的前提，不能因为赶进度而忽视。建筑质量的保障不仅可以给业主及使用者带来舒适环境，还可以大幅降低运营费用、提高建筑使用效率，最终贡献于可持续发展。BIM 的信息化与协调化都是以最终建筑的高质量为首要目标，即通过最优化的设计、施工及运营方案展现设计理念的实际建筑。

设计阶段，设计师与工程师可通过 BIM 进行建筑仿真模拟，并根据结果提高建筑物性能。施工阶段的施工组织模拟，可以为施工方提出注意点，防止出现缺陷。

当然，再好的建筑物，如果没有后期维护将很难保持其初期质量。运维阶段，通过运用 BIM 与物联网技术，可以实时监控建筑物运行状态，以此为依据在最短时间内定位故障位置并进行维修。

本章小结

智慧建筑运维关键技术包括信息化应用系统、物联网技术、云计算技术、大数据技术、人工智能技术、BIM 技术。

信息化应用系统是以信息设施系统和建筑设备管理系统等智能化系统为基础，为满足建筑物的各类专业化业务、规范化运营及管理的需要，由各类信息设施、操作程序和相关应用设备等组合而成的系统。信息化应用系统通常分为通用应用系统、管理应用系统、业务应用系统等。

物联网、云计算、大数据、人工智能、BIM 这些新技术的发展已经掀起了世界信息产业发展的第三次浪潮，并引发生产和生活方式的巨大变革。物联网技术是智慧建筑的技术基础，可以全面提升智慧建筑的感知能力，也是智慧城市中物联网发展的具体应用，技术与应用的完美结合。

通过物联网传感技术可以对建筑物进行全面感知，智慧建筑的各个应用系统实现各自功能会产生众多繁而杂的数据，智慧建筑运营平台架构的基础设施采用云计算技术，可以实时掌握建筑设备中各个子系统的运行情况，实现系统的自动优化运行。

大数据技术使智慧建筑具有基本分析与决策能力。人工智能技术则让智慧建筑具有"判断能力"和"自学习能力"，支撑智慧建筑的深度发展。BIM 三维可视化模型结合物联网、数字化管理平台有助于在智慧建筑运维过程中实时监控运行数据，在精准感知建筑楼宇运行状态和实时分析的基础上，科学决策，智能精准执行。运维管理人员在平台上获取和跟踪相关资产、物料数据，实现全过程精细化管理。

码2-1
第2章
自测题目

第 3 章

信息通信系统

Chapter 03

知识导图

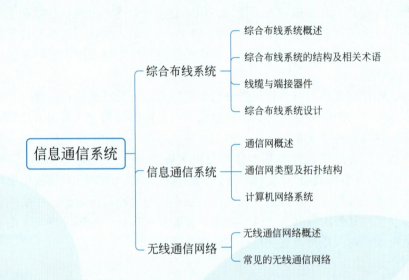

知识目标

1. 了解综合布线系统各个子系统组成；
2. 理解综合布线系统相关术语；
3. 掌握综合布线系统设计要点；
4. 了解信息通信网拓扑结构；
5. 掌握计算机网络系统组成；
6. 了解无线通信网络相关技术。

技能目标

1. 能够进行综合布线系统中各类线缆的端接；
2. 能够正确配置通信网络中常见设备；
3. 能够组建一般的小型无线通信网络。

3.1 综合布线系统

智慧城市基于物联网、云计算等新一代信息技术，令城市生活智能化，可高效利用资源，节约成本和能源，使服务交付和生活质量得到改进，减少对环境的影响，支持创新和低碳经济。

发展智慧城市的瓶颈主要是在智能建筑的运行方面，而综合布线在其中起到举足轻重的作用。综合布线根据智慧城市的信息化、网络化需求，为城市的信息数据接入和管控提供了全系列、全方位的服务，满足了智慧城市数据中心信息的传输应用。

从家庭和住宅建筑布线系统的管理，到建筑与建筑群布线系统的管理，再到社区和园区系统的管理，综合布线堪称智慧城市的血脉。

3.1.1 综合布线系统概述

1. 综合布线系统的概念

综合布线系统（Generic Cabling System，GCS）是一种模块化、结构化、高灵活性、存在于建筑物内和建筑群之间的信息传输通道。综合布线系统是在计算机和通信技术发展的基础上为进一步适应社会信息化的需要而发展起来的，同时也是智能建筑的发展基础。

《综合布线系统工程设计规范》GB/T 50311—2016 术语中布线的定义为：能够支持电子信息设备相连的各种缆线、跳线、接插软线和连接器件组成的系统。

这里的缆线既包括光缆，也包括电缆；跳线包括两端带头缆线，一端带头缆线及两端不带头缆线；连接器件包括光模块、电模块和配线架等。

由此可见，国家标准规定的综合布线系统里没有交换机、路由器等有电源设备，因此人们常说"综合布线系统是一个无源系统"。

根据国家标准中对综合布线系统的定义，一般认为综合布线系统就是用数据和通信电缆、光缆、各种软电缆及相关连接硬件构成的通用布线系统，是能支持语音、数据、影像和其他控制信息技术的标准应用系统。

2. 综合布线系统的发展过程

传统的布线（如电话线缆、有线电视线缆、计算机网络线缆等）都是由不同单位各自设计和安装完成的，采用不同的线缆及终端插座，各个系统相互独立。由于各个系统的终端插座、终端插头、配线架等设备都无法兼容，所以当设备需要移动或更换时，就必须重新布线。这样既增加了资金投入，也使建筑物内线缆杂乱无章，增加了管理和维护的难度。

20 世纪 80 年代末期，美国朗讯科技公司（原 AT&T）贝尔实验室的科学家们经过多年的研究，在该公司的办公楼和工厂试验成功的基础上，在美国率先推出了结构化布线系统（Structured Cabling System，SCS），其代表产品是 SYSTIMAX PDS（建筑与建筑群综合布线系统）。我国在 20 世纪 80 年代末期开始引入综合布线系统，20 世纪 90 年代中后期综合布线系统得到了迅速发展。

目前，现代化建筑中广泛采用综合布线系统，"综合布线"已成为我国现代化建筑工程中的热门课题，也是建筑工程、通信工程设计及安装施工相互结合的一项十分重要的内容。在建筑智能化领域，综合布线系统通常与信息网络系统、安全技术防范系统及建筑设备监控系统同步优化设计和统筹规划施工。

3. 综合布线系统特点

与传统布线技术相比，综合布线系统具有以下特点。

（1）兼容性

旧式建筑物中提供了电话、电力、闭路电视等服务，每项服务都要使用不同的电缆及开关插座。例如，电话系统采用一般的双绞线电缆，闭路电视系统采用专用的同轴视频电缆，计算机网络系统采用四对双绞线电缆。各个应用系统的电缆规格差异很大，彼此不能兼容，因此各个系统独立安装，布线混乱无序，直接影响美观和使用。

综合布线系统具有综合所有系统和互相兼容的特点，采用光纤或高质量的布线材料和接续设备，能满足不同生产厂家终端设备的需要，使语音、数据和视频信号均能高质量传输。

（2）开放性

综合布线系统采用开放式体系结构，符合多种国际上现行的标准，几乎对所有厂商的产品都是开放的，如计算机设备、网络交换机、扫描仪、网络打印机设备等，并支持所有通信协议。

（3）灵活性

传统布线系统的体系结构是固定的，不考虑设备的搬移或增加，因此设备搬移或增加后就必须重新布线，耗时费力。综合布线采用标准的传输线缆、相关连接硬件及模块化设计，所有的通道都是通用性的，所有设备的开通及变动均不需要重新布线，只需增减相应的设备并在配线架上进行必要的跳线管理即可。综合布线系统的组网也灵活多样，同一房间内可以安装多台不同的用户终端，如计算机、电话、机顶盒、电视等。

（4）可靠性

传统布线方式的各个系统独立安装，往往因为各应用系统布线不当而造成交叉干扰，无法保障各应用系统的信号高质量传输。综合布线采用高品质的材料和组合压接的方式构成一套高标准的信息传输通道，所有线缆和相关连接器件均通过ISO（国际标准化组织）认证，每条通道都要经过专业测试仪器对链路的阻抗、衰减、串扰等各项指标进行严格测试，以确保其电气性能符合认证要求。应用系统全部采用点到点端接，任何一条链路故障均不影响其他链路运行，从而保证整个系统可靠运行。

（5）先进性

综合布线系统采用光纤与双绞线电缆混合布线方式，合理地组成一套完整的布线体系。所有布线均采用世界上最新通信标准，链路均按8芯双绞线配置，超5类、6类、增强型6类以及7类双绞线电缆引到桌面，可以满足常用的100Mbps至1000Mbps数据传输的需求，特殊情况下，还可以将光纤引到桌面，实现千兆数据传输的应用需求。

（6）经济性

综合布线与传统的布线方式相比，是一种既具有良好的初期投资特性，又具有很高的性价比的高科技产品。综合布线系统可以兼容各种应用系统，又考虑了建筑内设备的变更及科学技术的发展，因此可以确保在建筑建成后的较长一段时间内，满足用户不断增长的应用需求，节省重新布线的额外投资。

3.1.2 综合布线系统的结构及相关术语

按照《综合布线系统工程设计规范》GB 50311—2016 规定，综合布线系统基本构成应包括建筑群子系统、干线子系统和配线子系统。综合布线系统，按工作区子系统、配线子系统、干线子系统、管理间子系统、设备间子系统、进线间子系统、建筑群子系统 7 个部分进行设计。综合布线系统构成模型如图 3-1 所示。

1. 工作区子系统

工作区子系统又称服务区子系统，它是由跳线与信息插座模块（TO）所连接的终端设备（TE）组成。其中信息插座包括墙面型、地面型、桌面型等，常用的终端设备包括计算机、电话机、摄像机、传感器等。

2. 配线子系统（水平子系统）

配线子系统也称为水平子系统。水平子系统应由工作区信息插座模块、模块到楼层管理间连接缆线、配线架、跳线等组成。实现工作区信息插座和管理间子系统的连接，包括工作区与楼层管理间之间的所有电缆、连接硬件（信息插座、插头、端接水平传输介质的配线架、跳线架等）、跳线线缆及附件。

3. 干线子系统（垂直子系统）

干线子系统又称垂直子系统，提供建筑物的干线电缆，负责连接管理间子系统到设备间子系统，实现主配线架与中间配线架，计算机、控制中心与各管理子系统间的连接，该子系统由所有的布线电缆组成，或由导线和光缆以及将此光缆连接到其他地方的相关支撑硬件组合而成。

4. 管理间子系统

管理间子系统也称为电信间或者配线间，一般设置在每个楼层的中间位置。对于综合布线系统设计而言，管理间主要安装建筑物配线设备，是专门安装楼层机柜、配线架、交换机的房间。管理间子系统也是连接垂直子系统和水平子系统。当楼层信息点很多时，可以设置多个管理间。

5. 设备间子系统

设备间在实际应用中一般称为网络中心或者机房，是在每栋建筑物适当地点进行网络管理和信息交换的场地。其位置和大小应该根据系统分布、规模以及设备的数量来具体确定，通常由电缆、连接器和相关支撑硬件组成，通过线缆把各种公用系统设备连起来。其主要设备有计算机网络设备、服务器、防火墙、路由器、程控交换机、楼宇自控设备主机等，它们可以放在一起，也可分别设置。

6. 进线间子系统

进线间是建筑物外部通信和信息管线的入口部位，并可作为入口设施和建筑群配线设备的安装场地。进线间是国家标准《综合布线系统工程设计规范》GB 50311—2016 在系统设计内容中专门增加的，要求在建筑物前期系统设计中要有进线间，满足多家运营商业

051

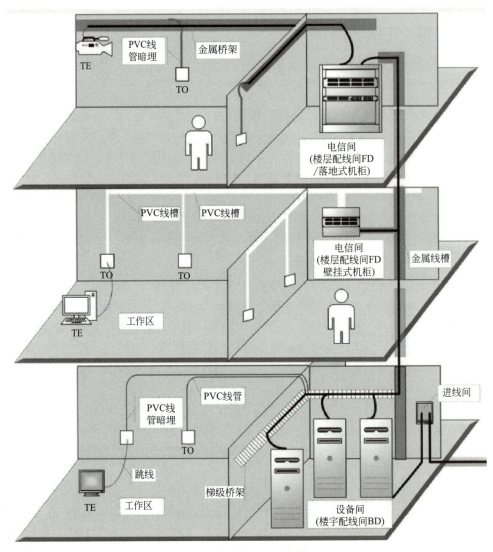

图 3-1 综合布线系统构成模型

务需要,避免一家运营商自建进线间后独占该建筑物的宽带接入业务。

7. 建筑群子系统

建筑群子系统也称为楼宇子系统,主要实现楼与楼之间的通信连接,一般采用光缆并配置相应设备,它支持楼宇之间通信所需的硬件,包括线缆、端接设备和电气保护装置。

3.1.3 线缆与端接器件

1. 铜缆

(1) 网络线缆

双绞线(Twisted Pair,TP)是一种综合布线工程中最常用的传输介质。双绞线由两根具有绝缘保护层的铜导线组成。把两根具有绝缘保护层的铜导线按一定节距互相绞在一起，可降低信号干扰的程度，每一根导线在传输中辐射出来的电波会被另一根线上发出的电波抵消。

1) 超五类网线（Cat.5e）。超五类网线衰减小，串扰少，并且具有更高的衰减与串扰的比值（ACR）和信噪比（Structural Return Loss）、更小的时延误差，性能得到很大提高。超五类网线主要用于千兆位以太网（1000Mbps），最高带宽可达100MHz。超五类网线结构如图3-2所示。

2) 六类网线（Cat.6）。六类非屏蔽双绞线的各项参数都有大幅提高，传输支持最高带宽也扩展至250MHz。六类网线在外形上和结构上与五类或超五类双绞线都有一定的差别，不仅增加了绝缘和随长度变化而旋转角度的十字骨架，并将双绞线的四对线分别置于十字骨架的四个凹槽内，保持四对双绞线的相对位置，提高双绞线的平衡特性和串扰衰减，而且电缆的直径也更大，能保证在安装过程中双绞线的平衡结构不遭到破坏。六类网线结构如图3-3所示。

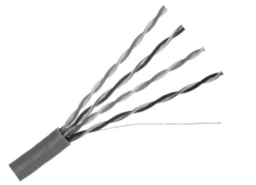

图3-2 超五类网线结构

图3-3 六类网线结构

3) 增强型六类网线（Cat.6A）。其性能达到EIA/TIA 568-B.2-1和ISO/IEC 11801：2002的标准，最高带宽达600MHz。通常为双屏蔽网络线缆（SFTP），在四对双绞线的外层存在一个铝箔屏蔽层和金属丝网屏蔽层。增强型六类网线结构如图3-4所示。

4) 七类网线。七类网线是ISO 7类/F级标准中最新的一种双绞线，它主要为了适应万兆位以太网技术的应用和发展。但它不再是一种非屏蔽双绞线（UTP）了，而是一种屏蔽双绞线（SFTP），因此它可以提供至少500MHz的综合衰减对串扰比和600MHz的整体带宽，是六类网线的2倍以上，传输速率可达10Gbps。在七类网线中，每一对线都有一个屏蔽层，四对线合在一起还有一个公共大屏蔽层。从物理结构来看，额外的屏蔽层使七类线有一个较大的线径。还有一个重要的区别在于其连接硬件的能力，七类系统的参数要求连接头在600MHz时，所有的线对提供至少60dB的综合近端串扰。七类网线结构如图3-5所示。

在网络布线领域，TIA/EIA-568A和TIA/EIA-568B是两个非常重要的国际标准，它们定义了双绞线电缆的两种不同的线序排列方式，广泛应用于以太网和其他局域网技术中（图3-6、图3-7）。这两个标准都由电信工业协会（TIA）和电子工业联盟（EIA）共同制

图 3-4　增强型六类网线结构

图 3-5　七类网线结构

定,旨在确保网络布线的一致性和兼容性。目前中国智能建筑工程实践中大多采用这两种标准布线。

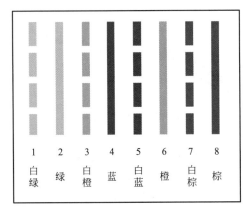

图 3-6　568A 线序

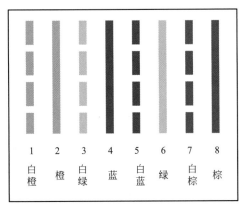

图 3-7　568B 线序

直通线通常在不同设备连接中使用,如要制作路由器与交换机之间的跳线,双绞线两端应使用同一标准的线序（568A—568A 或 568B—568B）。

交叉线通常使用在两种相同制式的设备连接,如要制作计算机与计算机之间的连接线,两端各使用一种标准的线序（568A—568B 或 568B—568A）。

目前很多网络设备已经可以自适应直通线和交叉线,但是制作过程中还是要尽量选择一致的制作标准。

（2）语音线缆

1）大对数线缆（图 3-8）。大对数即多对数的意思,指很多对的电缆组成一小捆,再由很多小捆组成一大捆。一般大对数线缆在综合布线系统工程中用作语音主干线缆。

第 3 章 信息通信系统

图 3-8 大对数线缆

大对数线缆线序要求如下：
主色：白、红、黑、黄、紫
配色：蓝、橙、绿、棕、灰
25 对大对数电缆色谱线序，以色带来分组，一个主色对应所有配色，一共 $5×5=25$ 对，主色在前、配色在后，见表 3-1。

25 对大对数色谱线序　　　　　　　　　　　　　　　表 3-1

白蓝	白橙	白绿	白棕	白灰
红蓝	红橙	红绿	红棕	红灰
黑蓝	黑橙	黑绿	黑棕	黑灰
黄蓝	黄橙	黄绿	黄棕	黄灰
紫蓝	紫橙	紫绿	紫棕	紫灰

50 对大对数电缆里有 2 种标识线，前 25 对用"白蓝"标识线缠着，后 25 对是用"白橙"标识线缠着，其色谱线序见表 3-2。

50 对大对数色谱线序　　　　　　　　　　　　　　　表 3-2

\multicolumn{10}{c	}{前 25 对"白蓝"标识线缠绕}
1	白蓝	2	白橙	3	白绿	4	白棕	5	白灰
6	红蓝	7	红橙	8	红绿	9	红棕	10	红灰
11	黑蓝	12	黑橙	13	黑绿	14	黑棕	15	黑灰
16	黄蓝	17	黄橙	18	黄绿	19	黄棕	20	黄灰
21	紫蓝	22	紫橙	23	紫绿	24	紫棕	25	紫灰
\multicolumn{10}{c	}{后 25 对"白橙"标识线缠绕}
26	白蓝	27	白橙	28	白绿	29	白棕	30	白灰
31	红蓝	32	红橙	33	红绿	34	红棕	35	红灰
36	黑蓝	37	黑橙	38	黑绿	39	黑棕	40	黑灰
41	黄蓝	42	黄橙	43	黄绿	44	黄棕	45	黄灰
46	紫蓝	47	紫橙	48	紫绿	49	紫棕	50	紫灰

2)电话线缆

电话线缆常见规格有 2 芯和 4 芯。2 芯采用模拟电话信号，4 芯采用数字电话信号。4 芯电话线多用于现在办公系统线路布线，四芯电话线用 2 芯备用 2 芯。

(3) 常见铜缆连接器件

1) 网络线缆连接器件

水晶头用于双绞线两端，按照应用场合分为 RJ45 和 RJ11 两种，RJ45 用于网络接口，RJ11 用于电话接口，如图 3-9 所示。

图 3-9 水晶头结构

信息模块是网络工程中经常使用的一种器材，且有屏蔽和非屏蔽之分。常见网络模块如图 3-10 所示。

图 3-10 常见网络模块

网络配线架是管理子系统中最重要的组件，是实现垂直干线和水平布线两个子系统交叉连接的枢纽，一般放置在管理区和设备间的机柜中。常见网络配线架如图 3-11 所示。

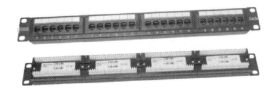

(a) 24 口模块式配线架　　　　　　　　　　(b) 24 口打线式配线架

图 3-11 常用网络配线架

2) 语音线缆连接器件

常见语音线缆端接分为 110 语音配线架和 25 口语音配线架两种，110 语音配线架如图 3-12 所示，25 口语音配线架如图 3-13 所示。

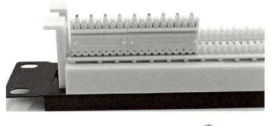

图 3-12　110 语音配线架　　　　　　　　图 3-13　25 口语音配线架

2. 光缆

光导纤维是一种由玻璃或塑料制成的纤维,可作为光传导的媒质,简称光纤。光导纤维电缆由一捆纤维组成,使用前由几层保护结构包裹,简称光缆。

光纤通常由石英玻璃制成,其横截面很小的双层同心圆柱体,也称为纤芯,其质地脆、易断裂,因此将光纤封装在塑料保护套中,使其能够弯曲而不断裂,如图 3-14 所示。

通常,光纤一端的发射装置使用发光二极管或一束激光将光脉冲传送至光纤,光纤另一端的接收装置使用光敏元件检测脉冲,达到信息传输的目的,传输原理是"光的全反射"。

光缆是数据传输中最有效的一种传输介质,它具有较宽的频带、电磁绝缘性能好、衰减较小、中继器的间隔距离较大、可以降低成本等优点。

光纤主要有两大类,即单模光纤和多模光纤。

(1) 单模光纤

单模光纤的纤芯直径很小,在给定的工作波长上没有模分散特性,只能以单一模式传输,传输频带宽,传输容量大,传输距离长,如图 3-15 所示。

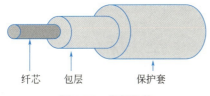

图 3-14　光纤结构　　　　　　　　　　　图 3-15　单模光纤

(2) 多模光纤

多模光纤是在给定的工作波长上,能以多个模式同时传输的光纤。与单模光纤相比传输性能较差,但是其成本比较低,一般用于建筑物内或地理位置相邻的环境,如图 3-16

所示。

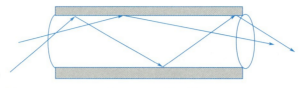

图 3-16　多模光纤

光缆又可以分为室内光缆、皮线光缆和室外光缆。

（1）室内光缆

室内光缆是敷设在建筑物内的光缆，主要用于建筑物内的通信设备、计算机、交换机、终端用户设备等的连接。

室内光缆一般采用非金属加强芯，由外护层、芳纶、紧套层、光纤组成，如图 3-17 所示，因此抗拉强度小，保护层较差，但更轻便、经济。室内光缆一般距离不长，可以用多模光纤。

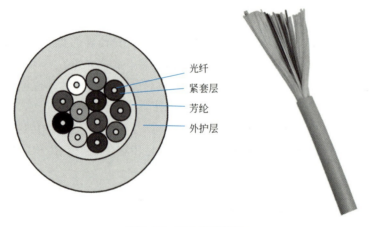

图 3-17　室内光缆结构

（2）皮线光缆

皮线光缆多为单芯、双芯结构，也可做成四芯结构，横截面呈 8 字形，加强件位于两圆中心，可采用金属或非金属结构，光纤位于 8 字形的几何中心，如图 3-18 所示。皮线光缆内光纤采用 G.657 小弯曲半径光纤，可以 20mm 的弯曲半径敷设，适合在楼内以管道方式或布明线方式入户。

工程中大规模使用皮线光缆，主要采用了两种接续方式：一种是以冷接子为主的光缆冷接技术（物理接续），另一种是以熔接机为工具的热熔技术。

（3）室外光缆

用于室外的光缆，持久耐用，能够经受风吹日晒、天寒地冻，外包装厚，具有耐压、耐腐蚀、抗拉等一些力学特性和环境特性。其主要使用于建筑物之间以及远程网络之间的互联。

常用室外光缆分成中心束管式光缆和层绞式光缆两种形式。

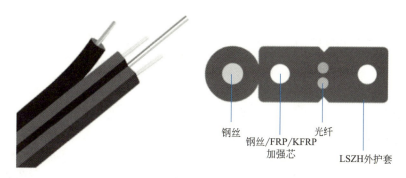

图 3-18　皮线光缆结构

中心束管式光缆中心为松套管，加强构件位于松套管周围，如常见的 GYXTWX 型光缆，光缆芯数较小，通常为 12 芯以下，如图 3-19 所示。在通信工程中，为了区分每一芯光纤给每芯裸纤染上不同颜色的油墨，行业标准的色谱排列如下：蓝、橙、绿、棕、灰、白、红、黑、黄、紫、粉红、青绿，在不影响识别的情况下允许使用本色代替白色。

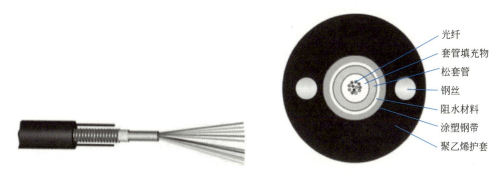

图 3-19　中心束管式光缆结构

层绞式光缆通过松套管的组合将多根光纤装入束管，以绞合的方式绞合在中心加强件上，如图 3-20 所示。此类光缆芯数较大，如 GYTA/GYTS，可以做到上千芯，通常为 24 芯、48 芯、60 芯，每根束管装 12 根光纤。

图 3-20　层绞式光缆结构

光缆连接器件主要作用是连接两根光纤，使光信号可以连续形成光通路。光纤连接器是可活动的、重复使用的，也是目前光通信系统中必不可少且使用量最大的无源器件。常见的光缆连接器件有光纤终端盒、光纤接线盒、光纤配线架、光纤收发器、光纤耦合器、LC/SC/FC/ST/MPO 等连接器，如图 3-21 所示。

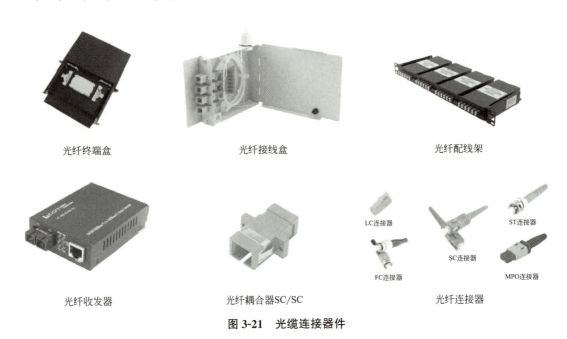

图 3-21　光缆连接器件

3.1.4　综合布线系统设计

1. 工作区子系统设计

工作区子系统由跳线与信息插座所连接的设备组成。

设计要点：

（1）从信息插座到终端之间的连线一般采用双绞线，终端设备与信息插座之间的距离不超过 5m。

（2）网卡接口类型与线缆接口类型保持一致。

（3）信息插座与电源插座应尽量保持 20cm 以上的距离，信息插座与地面保持 30cm 以上距离。

（4）所有工作区所需的信息模块、信息插座、面板数量准确，一般留有冗余。

2. 配线子系统设计

配线子系统，由信息插座模块、模块到管理间连接缆线、配线架、跳线等组成。

配线子系统设计步骤一般为，首先进行需求分析，与用户进行充分的技术交流和了解建筑物用途，然后要认真阅读建筑物设计图纸，确定工作区子系统信息点位置和数量，完成点数表，其次进行初步规划和设计，确定每个信息点的水平布线路径，最后确定布线材料规格和数量，列出材料规格和数量统计表。

设计要点：
(1) 确定介质布线方法和线缆的走向。
(2) 双绞线的长度一般不超过 90m。
(3) 尽量避免水平线路长距离与供电线路平行走线，应保持一定的距离（非屏蔽线缆一般为 30cm，屏蔽线缆一般为 7cm）。
(4) 线缆必须走线槽或在吊顶内布线，尽量不走地面线槽。
(5) 如在特定环境中布线要对传输介质进行保护，使用线槽或金属管道等。

3. 管理间子系统设计

管理间子系统主要由配线架、接入层交换机、机柜和电源组成。从建筑的角度出发，管理间一般也称为弱电间。

设计要点：
(1) 管理间数量的确定。每个楼层一般设置至少 1 个管理间，如果信息点数量大于 400 个，水平线缆长度超过 90m，可以增设管理间。
(2) 管理间面积不应小于 $5m^2$，也可根据工程中实际容量进行调整。管理间采用防火门，门宽大于 0.7m。
(3) 管理间提供不少于两个 220V 带保护接地的单相电源插座。
(4) 管理间环境要求温度应为 10~35℃，相对湿度宜为 20%~80%，一般应考虑网络交换机等设备发热对管理间温度的影响。

4. 干线子系统设计

干线子系统负责连接管理间子系统与设备间子系统，实现主配线架与中间配线架的连接，一般由光缆和大对数线缆构成。其是用户终端与设备间的桥梁，是建筑物内的主干线缆，一旦发生故障影响巨大。

干线子系统属于永久链路，因此在设计时，应根据工程的实际需求，留有适当的备份容量，并相互作为备份路由。

主干电缆和光缆所需的容量要求及配置应符合以下规定：
(1) 对语音业务，大对数主干电缆的对数应按每一个电话 8 位模块通用插座配置 1 对线，并在总需求线对的基础上至少预留约 10% 的备用线对。
(2) 对于数据业务应以集线器（HUB）或交换机（SW）群（按 4 个 HUB 或 SW 组成 1 群），或以每个 HUB 或 SW 设备设置 1 个主干端口配置。每个群网络设备或每 4 个网络设备宜考虑 1 个备份端口。主干端口为电端口时，应按 4 对线容量配置；为光端口时，则按 2 芯光纤容量配置。
(3) 当工作区至电信间的水平光缆延伸至设备间的光配线设备（BD/CD）时，主干光缆的容量应包括所延伸的水平光缆的容量。

5. 设备间子系统设计

设备间子系统是一个集中化设备区，连接系统公共设备及通过垂直干线子系统连接至管理间子系统，连接局域网、建筑自动化和安保系统等。

设备间子系统设计主要考虑设备间位置以及设备间的环境要求，需参照国家计算机用房设计标准。在设备间子系统设计时需要考虑各种设备尺寸与房间门尺寸的关系，设备还应分类分区安装，所有进出线缆采用不同颜色区分或者做好标识。线缆敷设可采用活动地板、墙壁沟槽、预埋管路、机架走线等方式。

另外，还应配置专用电源以及 UPS 不间断电源，依据《建筑物防雷设计规范》GB 50057—2010 有关规定，计算机网络中心设备间电源系统采用三级防雷设计。

6. 建筑群子系统设计

建筑群子系统也称为楼宇子系统，主要实现楼与楼之间的通信连接，一般采用光缆并配置相应设备，它支持楼宇之间通信所需的硬件，包括缆线、端接设备和电气保护装置。设计时应考虑布线系统周围的环境，确定楼间传输介质和路由，并使线路长度符合相关网络标准规定。

在建筑群子系统中室外缆线敷设，一般采用架空、直埋、管道和隧道四种方式。

3.2　信息通信系统

3.2.1　通信网概述

通信是人与人或人与自然之间通过某种行为或介质进行信息交流与传递，从广义上指需要信息的双方或多方在不违背各自意愿的情况下无论采用何种方法，使用何种介质，将信息从某方准确、安全地传送到对方。

狭义上讲，人们通过听觉、视觉、嗅觉、触觉等感官，感知现实世界而获取信息，进而传递信息，也就是将带有信息的信号通过某种系统由发送者传送给接受者，这种信息传递过程就是通信。

通信系统通常由信源、变换器、信道、噪声源、信宿组成。

信源即产生各种信息的信息源；变换器将信息源发出的信息变换成适合在系统中传输的信号；信道是信号的传输媒介；在信号传输过程中会受到系统内外各种干扰影响，如信道外部电磁场干扰，即噪声源；而信宿则是信息的接受者。

通信网是由一定数量的节点和连接这些节点的线组织在一起，按约定的信令或协议完成任意用户间的信息交换的通信体系，是由相互依存、相互制约的许多要素组成的有机整体，用以完成规定的功能。通信网的功能就是要适应用户呼叫的需要，以用户满意的程度传输网内任意两个或多个用户之间的信息。

通信网通常由业务网、传送网、支撑网组成。

1. 业务网

业务网负责向用户提供语音、数据、图像、多媒体、租用线、VPN 等各种通信业务，如常用的公共电话网、互联网、移动通信网等。

2. 传送网

传送网负责按需为交换节点、业务节点等之间提供信息的透明传输通道，包括分配互连通路和相应的管理功能，如网络性能监视、故障切换等。传送网独立于具体的业务网，它可为所有的业务网提供公共的传送服务。

3. 支撑网

支撑网不直接面向用户，而是负责提供业务网正常运行必须的信令、同步、网络管理、业务管理、运营管理等功能。

3.2.2 通信网类型及拓扑结构

1. 通信网的类型

1）按业务种类分：电话通信网、传真通信网、广播电视通信网、数据通信网、多媒体通信网等。

2）按所传输的信号形式分：数字信号网和模拟信号网。

3）按服务范围分：局域网（LAN）、城域网（MAN）和广域网（WAN）。

4）按所采用的传输介质分：有线通信网和无线通信网。

2. 通信网的拓扑结构

通信网络的拓扑结构是指网络中各个节点之间连接的方式和形式。

1）总线型

总线型网络的所有节点都连接到一个共享的传输线上，数据通过总线传输，如图 3-22 所示。这种网络结构成本低，但总线故障会导致整个网络瘫痪。

2）星型

星型网络的所有节点都直接连接到一个中心节点，中心节点负责转发和管理数据（图 3-23）。这种结构简单、易于管理，但中心节点故障会导致整个网络失效。

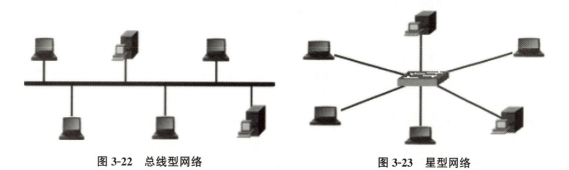

图 3-22　总线型网络　　　　　　　图 3-23　星型网络

3）环型

环型网络的所有节点通过一个环型链路连接，数据沿着环型链路传输（图 3-24）。这种结构没有中心节点，可以实现节点之间的直接通信，但节点故障会导致整个环路中断。

4）树型

树型网络的所有节点以层次结构连接，形成一个树状结构（图 3-25）。这种结构可以实现灵活的扩展和管理，但节点故障会影响整个分支。

5）网状型

网状型网络的所有节点都直接连接到其他节点，形成一个复杂的网状结构（图 3-26）。这种结构具有高度的冗余和可靠性，但成本较高。

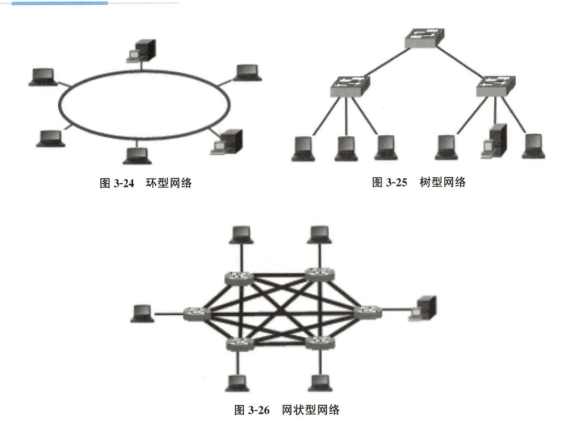

图 3-24　环型网络　　　　图 3-25　树型网络

图 3-26　网状型网络

3.2.3　计算机网络系统

1. 计算机网络系统概述

计算机网络技术是现代通信技术和计算机技术相结合的产物。关于计算机网络和网络系统的定义没有一个统一的标准，但是大部分都同意将它定义为一个通过通信设备和线路将多台计算机系统及相应外部设备连接起来，以达到资源共享或信息交流、传递目的的系统。

计算机网络系统由网络硬件、网络软件和通信线路所组成。在这个网络系统中通信线路是基础，硬件的选择对网络起着关键作用，而软件则是挖掘网络潜力的重要工具。

这个系统中的各个计算机系统，可以是功能独立，也可以是具有相同功能；其存放的地理位置各不相同；连接这些相互独立系统的通信设备和线路，无论是物理的，还是逻辑的，必然是在这些物理设备、线路的基础上构建起来的。而在物理连接的基础上，实现真正连接还需要网络软件和协议的支持，如各类网络操作系统、网络软件、网络通信协议等。

2. 计算机网络系统的特点

（1）资源共享。资源共享是当前解决资源稀缺，整合和优化资源，使资源利用率明显提高的重要手段。同样，它也是建立和完善计算机网络系统的主要目的。可共享的资源包括：软件、硬件、数据。近年来被广泛应用的云计算、云存储就是软、硬件和数据共享的典型代表。

（2）信息交流。通过网络系统来进行信息交流与交换已逐步成为人们日常生活、工作中一个不可或缺的信息沟通方式。信息沟通按互动性可分为以下几种方式：推式沟通（主动）、拉式沟通（被动）和推拉式沟通（互动）。这些沟通方式往往是可以互相转换的。

例如，很多公司在日常办公中，采用邮件或者公司内网网站来发布公司的一些公告，这就是信息的一种推式沟通方式。在不确定信息接收者数量、人群或者需要全员接收的时候可以选用这种沟通方式。反之，对于信息接收者来说，需要接收者主动去输入特定的接收地址来完成信息的这种传递，如上述邮件、公告的例子中，接收者需要登录自己的邮箱或者登录公司发布公告的网站来接收信息，这就是信息拉式沟通。

另一种典型的拉式沟通，很多人都有过类似经历，在一些电子政务网站，根据个人需求，选择相应的网页链接或下载链接来完成下一步的信息获取。同样是发邮件和网站公告的例子，公司相关部门发送了邮件或者发布了网站公告，员工对此进行了回复，这就是一个信息从传递到交流的完整过程。这样的沟通方式就是推拉式沟通，即信息的互动，典型应用有微信朋友圈、微博各类论坛等。

（3）协同办公。协同办公即分布式办公，解决因不同地理位置办公而产生的一系列问题。并行处理（Parallel Processing）与分布式处理（Distributed Processing）是计算机体系结构中两种提高系统处理能力的方法。并行处理是利用多个功能部件或多个处理器同时工作来提高系统性能或可靠性的计算机系统，这种系统至少包含指令级或指令级以上的并行。分布式处理则是将不同地点或具有不同功能的多台计算机通过网络连接起来，在控制系统的统一管理控制下，完成各种信息处理任务的计算机系统。

随着计算机技术和通信网络的高速发展，在线办公越来越普及。甚至很多办公软件在版本更新过程中，已考虑到并行处理可能会产生的一系列问题，并将其解决方案更新在新版本中。

（4）提高系统可靠性，均衡负载。通过网络系统将重要的信息、数据备份到不同计算机，或者在网络部署中，对关键节点的机器、设备和线路提供冗余，来进一步实现资源共享，提高系统的可靠性。在网络中，对于负载过重的资源设备，可以通过制定负载均衡策略来减轻这些设备的负担，优化系统。负载均衡的作用在于把不同客户端的请求，通过负载均衡策略分配到不同的服务器。通过更改请求的目的地址对请求进行转发，在服务器返回数据包的时候，更改返回数据包的源地址，保证客户端请求的目的地址和返回包地址是同一个地址。

（5）系统内各独立计算机的"自治"。互联的计算机是分布在不同地理位置的多台独立"自治计算机"。联网的计算机既可以为本地用户提供服务，也可以为远程用户提供网络服务。

3. OSI/RM 开放系统互联参考模型

OSI/RM（Open System Interconnection/Reference Model）是国际标准化组织（ISO）和国际电报电话咨询委员会（CCITT）联合制定的开放系统互联参考模型。它是一个逻辑上的定义和规范，把网络从逻辑上分为七层。每一层都有相应的物理设备及与本层相适应的协议，如路由器、交换机与 TCP/IP 协议簇。OSI 七层模型是一种框架性的设计方法，建立七层模型的主要目的是解决异构型网络互联时所遇到的兼容性问题，其最主要的功能就是帮助不同类型的主机实现数据传输。它的最大优点是将服务、接口和协议这三个概念明确地区分开来，通过七个层次化的结构模型使不同的系统、不同的网络之间实现可靠的传输与通信。

OSI 网络模型如图 3-27 所示。七层从低到高分别是：物理层、数据链路层、网络层、传输层、会话层、表示层和应用层。两个开放系统中的同等层之间的通信规则和约定称为协议。通常把 1~4 层协议称为下层协议，5~7 层协议称为上层协议。各层实现功能如下。

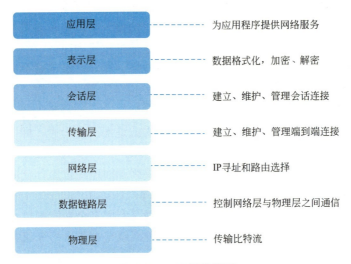

图 3-27　OSI 网络模型

物理层：解决硬件之间通信的问题，定义物理设备标准（网络接口类型、传输介质、传输速率等），将数字信号转换成模拟信号，到达目的地将模拟信号转换为数字信号，即传输比特流。

数据链路层：通过各种控制协议，将有差错的物理信道变为无差错的、可靠传输数据帧的数据链路。

网络层：通过路由选择算法，为报文通过通信子网选择最适当的路径。这一层定义的是 IP 地址，通过 IP 地址寻址，所以产生了 IP 协议。

传输层：提供建立、维护管理端到端连接的功能，选择网络层提供最合适的服务，在系统之间提供可靠、透明的数据传送，提供端到端的错误恢复和流量控制。

会话层：建立和管理应用程序之间的通信。

表示层：负责数据格式的转换，将应用处理的信息转换为适合网络传输的格式，或将来自下一层的数据转换为上一层能处理的格式。

应用层：即计算机用户工作层，各种应用程序和网络之间的接口，直接面向用户提供服务，用户希望在网络上完成各种工作。

4. 常见计算机网络设备

（1）网卡与调制解调器

网卡是计算机局域网中最重要的设备，是计算机连接网络中各种网络设备的接口，如图 3-28 所示。网卡工作在 OSI 模型的物理层和数据链路层，其主要功能就是将计算机数据转换为能通过介质传输的信号，实现介质访问控制协议，为逻辑链路控制层提供服务。

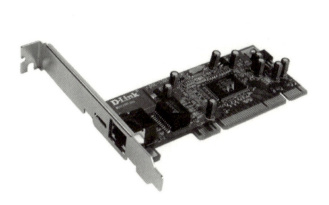

图 3-28　普通网卡（左）与无线网卡（右）

网卡与网络设备之间的通信通过电缆或双绞线以串行方式进行传输，网卡与计算机之间的通信则通过计算机主板上的总线实现。

网卡的工作内容包括两部分：一是接收网络上传来的数据包，解包后将数据传输给计算机；二是将本地计算机上的数据打包，然后传送到网络上。

通用网卡是普通计算机终端使用的设备，种类繁多，与计算机主板相关，可分为普通网卡、集成网卡和无线网卡三类。

调制解调器是 Modulator（调制器）与 Demodulator（解调器）的合称（图 3-29），根据 Modem 的谐音，称之为"猫"。它的作用是模拟信号和数字信号的"翻译员"。当计算机与调制解调器连接后，向 Internet 发送信息时，由调制解调器把数字信号转换成模拟信号，在线路上传输，此过程称为调制。当计算机从 Internet 接收数据时，通过线路从网络传来的信号是模拟信号，必须借助调制解调器把模拟信号转换成数字信号，此过程称为解调。

图 3-29　调制解调器

(2) 路由器与网关

路由是指通过相互连接的网络把数据从源结点传输到目标结点的活动,且传输过程中数据至少会经过一个或一个以上的中间结点。路由器(Router)工作在 TCP/IP 网络模型的 IP 层,如图 3-30 所示,是连接计算机网络中局域网、广域网的设备。路由器根据信道状况自动选择和设定路由,以最佳路径方式按顺序发送信号。网关(Gateway)工作在 OSI 参考模型第三层以上(包括第三层),又称网间连接器、协议转换器,实现异构网络互联。路由器可以连接不同类型的网络,能够选择数据传送路径并对数据进行转发的网络设备。

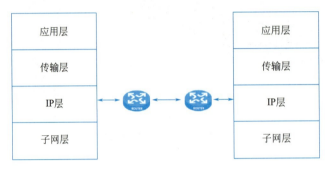

图 3-30　TCP/IP 网络模型

路由器用于连接多个逻辑上分开的网络即 IP 子网(也称为网段),同一 IP 子网中主机 IP 地址的网络地址是相同的。路由器不转发广播消息,而把广播消息限制在各自的 IP 子网内部。发送到其他网络的数据先被送到路由器,再由路由器转发出去。利用网络层定义的 IP 地址来区别不同的网络,可以实现网络互联和隔离,保持各个网络的独立性。

路由器在接收数据时,要对其传输路径进行选择。为了实现这一目标,路由器需要维护一个称为"路由表"的数据结构。路由表是用于确定数据包传输路径的表格。它记录了路由器所知道的网络和它们之间的连接关系。路由器使用路由表来决定将数据包发送到哪个接口和下一个跳节点,以使数据包能够正确到达目标网络。

路由表通常包含目标网络地址、子网掩码、下一跳地址、接口、跳数。路由表的更新是通过路由协议(如 OSPF、BGP 等)来完成。路由器通过与其他路由器交换路由信息,更新自己的路由表,并将这些信息传播给其他路由器。

网络中的设备相互通信主要是用它们的 IP 地址,路由器只能根据具体的 IP 地址来转发数据。IP 地址由网络地址和主机地址两部分组成。

在 Internet 中采用的是由子网掩码来确定网络地址和主机地址。子网掩码与 IP 地址一样都是 32 位的,并且这两者是一一对应的,子网掩码中"1"对应 IP 地址中的网络地址,"0"对应的是主机地址,网络地址和主机地址就构成了一个完整的 IP 地址。

在同一个网络中,IP 地址的网络地址必须是相同的。计算机之间的通信只能在具有相同网络地址的 IP 地址之间进行,如果想要与其他网段的计算机进行通信,则必须经过路由器转发出去。不同网络地址的 IP 地址是不能直接通信的,即便它们距离非常近,也不能进行通信。路由器的多个端口可以连接多个网段,每个端口的 IP 地址的网络地址都必须与所连接的网段的网络地址一致。IP 地址一般分为 A 类、B 类、C 类、D 类、E 类，见表 3-3。

IP 地址分类 表 3-3

类别	地址范围
A 类	1．0．0．0～126．255．255．255
B 类	128．0．0．0～191．255．255．255
C 类	192．0．0．0～223．255．255．255
D 类	224．0．0．0～239．255．255．255
E 类	240．0．0．0～255．255．255．255

由于 IPv4 最大的问题在于网络地址资源不足，严重制约了互联网的应用和发展，互联网工程任务组（IETF）设计了替代 IPv4 的下一代 IP 协议——IPv6。

IPv6 的地址长度为 128 位，是 IPv4 地址长度的 4 倍。IPv6 采用十六进制表示，通常有 3 种表示方法。

1）冒分十六进制表示法

格式为×：×：×：×：×：×：×：×，其中每个×表示地址中的 16b，以十六进制数表示。例如，ABCD：EF01：2345：6789：ABCD：EF01：2345：6789。这种表示法中，每个×的前导 0 可以省略。

2）0 位压缩表示法

在某些情况下，一个 IPv6 地址中间可能包含很长的一段 0，可以把连续的一段 0 压缩为"::"。但为了保证地址解析的唯一性，地址中"::"只能出现一次。例如，FF01：0：0：0：0：0：0：1101 可以压缩为 FF01::1101。

3）内嵌 IPv4 地址表示法

为了实现 IPv4-IPv6 互通，IPv4 地址会嵌入 IPv6 地址中，此时地址常表示为：×：×：×：×：×：×：d.d.d.d，前 96b 采用冒分十六进制表示，而后 32b 地址则使用 IPv4 的点分十进制表示。

（3）交换机

交换机（Switch）是计算机网络中一种常见的网络设备，用于连接服务器、计算机、网络设备以及其他网络终端设备，以实现数据的交换和传输，如图 3-31 所示。

图 3-31 交换机

交换机工作于 OSI 参考模型的第二层，即数据链路层。交换机内部的 CPU 会在每个端口成功连接时，通过网卡硬件地址（MAC 地址）和交换机端口对应，形成一张 MAC

表。如果目标 MAC 地址不存在于 MAC 表中，那么交换机会广播到所有端口，接收端口回应后交换机会"学习"新的 MAC 地址，并把它添加到内部 MAC 地址表中。

交换机传输数据时通过查找 MAC 地址表上的目标 MAC 地址将数据包从一个端口转发到另一个端口，从而实现局域网内不同设备之间的通信。

3.3 无线通信网络

3.3.1 无线通信网络概述

无线通信始于 1897 年意大利人马可尼在英吉利海峡行驶的船只之间进行的无线电报通信的演示。20 世纪 40 年代至 60 年代初期，公共无线移动通信系统问世。1946 年世界上第一个公共移动电话系统在美国的圣路易斯市投入使用。

无线通信网络是一种基于无线技术实现数据传输和通信的网络系统。它通过无线信号传输数据，实现设备之间的无线连接和通信，无需使用物理线缆。

无线网络包括允许用户建立远距离无线连接的全球语音和数据网络，也包括近距离无线连接进行优化的红外线技术及射频技术。无线网络和有线网络的用途十分类似，最大的不同在于传输媒介的不同，它利用无线电技术取代网线，可以与有线网络互为备份。

通常计算机组网的传输媒介主要依赖电缆或光缆，构成有线局域网。但有线局域网在某些场合要受到布线的限制：布线、改线工程量大，线路容易损坏，网络中的各节点不可移动。特别是要把距离较远的节点连接起来时，敷设专用通信线路的施工难度大、费用高、耗时长，与正在迅速扩大的联网需求不符。并且，对于局域网管理主要工作之一，是铺设电缆或检查电缆是否存在故障等耗时的工作，很容易让人烦躁，也不容易在短时间排除故障。再者，由于配合企业及应用环境不断地更新与发展，原有的企业网络必须配合重新布局，需要重新安装网络线路，因此成本很高，尤其是老旧大楼，配线工程费用就更高了。无线通信网络就是解决有线网络存在的以上问题而出现的，可以说架设无线局域网是最佳解决方案。

在实际应用中，无线网络可以分为有基础设施网和无基础设施网两大类。

有基础设施网需要固定基站，如人们使用的手机，它就需要高大的天线和大功率基站来支持，基站就是最重要的基础设施。另外，使用无线网卡上网的无线局域网，由于采用了无线接入点（AP）这种固定设备，也属于有基础设施网。

而无基础设施网内的节点是分布式的、自组织、多跳的。无基础设施网是由几个到上千个网络节点组成，节点间采用无线通信方式、动态组网、多跳的对等网络。在这种网络中，通信距离范围有限（几十米以内）。两个无法直接进行通信的终端可以借助其他节点进行分组转发。如各类传感器组成的无线传感器网络，属于无基础设施网。

3.3.2 常见的无线通信网络

1. 无线局域网（WLAN，WirelessLan）

无线局域网（WLAN）是一种借助无线技术取代以往有线布线方式构成局域网的新手段，可提供传统有线局域网的所有功能，是计算机网络与无线通信技术相结合的产物。1997年6月，第一个无线局域网标准IEEE802.11正式颁布实施，开创了WLAN先河，但当时的传输速率只有1~2Mbit/s，随后IEEE委员会又开始制定新的WLAN标准，分别取名为IEEE802.11a和IEEE802.11b。2003年6月一种兼容原来的IEEE802.11b标准，同时也可提供54Mbit/s接入速率的新标准IEEE802.11g正式发布。

Wi-Fi俗称无线宽带，全称Wireless Fideliry。无线局域网又常被称作Wi-Fi网络，这一名称来源于全球最大的无线局域网技术推广与产品认证组织——Wi-Fi联盟（Wi-Fi Alliance）。作为一种无线联网技术，Wi-Fi早已得到了业界的关注。Wi-Fi终端涉及手机、PC（笔记本电脑）、平板电视、数码相机、投影机等众多产品。目前，Wi-Fi网络已应用于家庭、企业以及公众热点区域，其中在家庭中的应用是较贴近人们生活的一种应用方式。

由于Wi-Fi网络能够很好地实现家庭范围内的网络覆盖，适合充当家庭中的主导网络，家里的其他具备Wi-Fi功能的设备，如电视机、影碟机、数字音响、数码相框、照相机等，都可以通过Wi-Fi网络这个传输媒介，与后台的媒体服务器、电脑等建立通信连接，实现整个家庭的数字化与无线化，使人们的生活变得更加方便与丰富。

第四代无线网络802.11n和第五代无线网络802.11ac标准的发布促进了无线网络的快速应用，它们既可以工作在2.4GHz频段也可以工作在5GHz频段上，传输速率可达600Mbit/s（理论值）。2.4GHz频段无线技术是一种短距离无线传输技术，2.4GHz是全世界公开通用的无线频段，但随着使用该频段的技术越来越多，使得2.4GHz变得日益拥挤，所以出现了5GHz频段。Wi-Fi的5GHz不是5G通信标准，而是指工作频段，5GHz频段在频率、速度、抗干扰方面都比2.4GHz频段强很多。但由于5GHz频率高，与2.4GHz频段相比，波长要短很多，因此穿透性、距离性偏弱。

第六代无线网络技术IEEE802.11ax是无线局域网标准IEEE802.11ac的下一代，由Wi-Fi联盟正式命名为Wi-Fi6（2.4GHZ）和Wi-Fi6E（6GHZ）。该标准的主要目的是提高高密度场景中每个区域的吞吐量，速率方面802.11ax在802.11ac基础上提升37%，传输速率达到9.6Gbps。

2. 蜂窝移动通信网络

蜂窝移动通信网络是一种基于蜂窝结构的无线通信网络，用于提供移动通信服务。它是由多个基站（或称为蜂窝站）组成的网络，每个基站覆盖一个特定的区域，称为蜂窝。这些蜂窝相互之间无缝连接，形成了一个覆盖广泛的通信网络。在蜂窝移动通信网络中，移动设备（如手机、平板电脑等）通过与基站之间的无线信号进行通信。当移动设备从一个蜂窝区域移动到另一个蜂窝区域时，通信会自动切换到新的基站，以保持通信的连续性。

蜂窝移动通信网络通常采用多种无线技术，如3G、4G和5G技术。这些技术提供了不同的数据传输速度、覆盖范围和功能，以满足不同用户的需求。

3G 是第三代移动通信技术，是在 2G 技术的基础上进行升级和改进。3G 采用了更高的频段和更先进的无线传输技术，以提供更高的数据传输速度和更多的功能。根据国际电信联盟（ITU）的标准，3G 的峰值下载速度可以达到 2Mbps，比 2G 快数倍。3G 技术支持更多的功能，如视频通话、高速互联网访问、多媒体信息传递等。3G 技术可以连接更多的用户和设备，支持更多的同时通信，采用了更先进的语音编解码技术，提供更好的语音质量和更稳定的通话体验。

4G 是第四代移动通信技术。该技术包括 TD-LTE 和 FDD-LTE 两种制式（严格意义上来讲，LTE 只是 3.9G，尽管被宣传为 4G 无线标准，但它其实并未被 3GPP 认可为国际电信联盟所描述的下一代无线通信标准 IMT-Advanced，因此在严格意义上其还未达到 4G 的标准。只有升级版的 LTE Advanced 才满足国际电信联盟对 4G 的要求）。4G 是集 3G 与 WLAN 于一体，并能够快速传输数据、高质量音频、视频和图像等。4G 能够以 100Mbps 以上的速度下载，比家用宽带 ADSL（4Mb）快 25 倍。

5G 是第五代移动通信技术，是对当前主流的 4G 技术的升级和改进。5G 技术具有更高的数据传输速度、更低的延迟、更大的网络容量和更可靠的连接性能。

5G 技术采用了更高的频段和更多的天线，以实现更高的数据传输速度。根据国际电信联盟（ITU）的标准，5G 的峰值下载速度可以达到 10Gbps，比 4G 快数十倍。这将使用户能够更快地下载和上传大容量的数据，如高清视频、虚拟现实和增强现实应用等。

除了更高的速度，5G 技术还具有更低的延迟。延迟是指数据从发送端到接收端所需的时间，5G 技术的延迟可以降低到毫秒级别，这将使得实时应用如云游戏、智能交通系统和远程医疗等更加可行。5G 技术的另一个特点是更大的网络容量。5G 网络可以连接更多的设备，支持更多的用户同时访问，这将为物联网和智能城市等应用提供更好的支持。

此外，5G 技术还具有更可靠的连接性能。它采用了更先进的无线传输技术，如多输入多输出（MIMO）和波束成形（beamforming），以提高信号的稳定性和覆盖范围。总的来说，5G 技术将带来更快速、更低延迟、更大容量和更可靠的移动通信体验，将推动各行各业的数字化转型和创新应用的发展。

3. 无线传感器网络

无线传感器网络（Wireless Sensor Networks，WSN）是大量的静止或移动的传感器以自组织和多跳的方式构成的无线网络，其目的是用于感知、采集和处理传输网络覆盖地理区域内被感知对象的监测信息，并报告给用户。

无线传感器网络的应用一般不需要很高的带宽，但对功耗要求却很严格，大部分时间必须保持低功耗。传感器节点通常使用存储容量不大的嵌入式处理器，对协议栈的大小也有严格的限制。另外，无线传感网络对网络安全性、节点自动配置和网络动态重组等方面有一定的要求。

4. 短距离无线通信

（1）蓝牙（Bluetooth）技术，实际上是一种短距离无线电技术。利用蓝牙技术，能够有效地简化掌上电脑、笔试本电脑和移动电话手机等移动通信终端设备之间的通信，也能够成功地简化以上这些设备与因特网之间的通信，从而使这些现代通信设备与因特网之间的数据传输变得更加迅速高效，进而为无线通信拓宽道路。蓝牙技术采用分散式网络结构以及快跳频和短包技术，支持点对点及点对多点通信，工作在全球通用的 2.4GHz ISM（即工业、科学、医学）频段，其数据速率为 1Mbps，采用时分双工传输方案实现全双工传输。蓝牙技术免费使用全球通用规范，在现今社会中的应用范围相当广泛。

（2）红外线，以光速宽带方式发送信号。红外线的传输是呈直线的，所以发射器和接收器必须相互瞄准，类似于电视遥控。必须考虑传输环境的障碍物，但是在需要的时候，可以使用镜子来约束红外线的传输。由于红外线可能会受到来自窗外或其他来源的强光干扰，所以应该使用可以产生强红外线的系统。注意，红外线是不受政府管理的，也没有传输率的限制。其典型的传输速度在 10Mbps 左右。

（3）RFID 是 Radio Frequency Identification 的缩写，即射频识别，俗称电子标签。射频识别技术是一项利用射频信号通过空间耦合（交变磁场或电磁场）实现无接触信息传递并通过所传递的信息达到识别目的的技术。目前 RFID 产品的工作频率有低频（125~134kHz）、高频（13.56MHz）和超高频（860~960MHz），不同频段的 RFID 产品有不同的特性。

射频识别技术被广泛应用于工业自动化、商业自动化、交通运输控制管理、防伪等众多领域，例如 WalMart、Tesco、美国国防部和麦德龙超市都在它们的供应链上应用 RFID 技术。将来超高频的产品会得到大量的应用。

（4）ZigBee 是一种基于 IEEE802.15.4 标准的低功耗的无线个人局域网的协议。ZigBee 名字起源于蜜蜂之间传递信息的方式。蜜蜂在发现花丛后会通过一种特殊的肢体语言来告知同伴新发现的食物源的位置等信息。

遵照 ZigBee 协议发展起来了一种新的无线通信技术——ZigBee 技术。ZigBee 技术是一种近距离、低复杂度、低功耗、低速率、低成本的双向无线通信技术，它主要用于在近距离、低功耗且传输速率不高的各种电子设备之间进行数据传输，典型数据类型有周期性数据、间歇性数据和低反应时间数据。

目前，ZigBee 技术的应用领域主要有智能家居物联网、商业楼宇自动化、工业和农业的无线监测、智能交通、智能医疗等。

（5）NFC（Near Field Communication）是一种无线通信技术，用于在短距离内（一般为几厘米）实现设备之间的数据传输和交互。NFC 技术基于 RFID（Radio Frequency Identification）技术，但相比之下，NFC 具有更短的通信距离和更高的通信速度。

NFC 技术常见于移动设备（如智能手机）和其他电子设备之间的通信。通过 NFC，用户可以实现多种功能，例如无接触支付、数据传输、智能标签读取等。

NFC 技术有三种工作模式：卡模式、点对点模式和读卡器模式。在卡模式下，NFC 设备可以模拟传统的智能卡，例如门禁卡、公交卡等。在点对点模式下，两个 NFC 设备可以直接进行通信和数据传输。在读卡器模式下，NFC 设备可以读取其他 NFC 标签上的信息。

NFC 技术的应用非常广泛。除了无接触支付和智能标签读取外，NFC 还可以用于智能家居控制、电子门锁、电子票务等领域。此外，NFC 技术还可以与其他无线通信技术（如蓝牙和 Wi-Fi）结合使用，以实现更多功能和便利性。

总的来说，NFC 技术是一种方便、快速、安全的无线通信技术，广泛应用于移动支付、数据传输和设备互联等领域。

本章小结

综合布线系统是在计算机和通信技术发展的基础上为进一步适应社会信息化的需要而发展起来的，同时也是智能建筑的发展基础。在建筑智能化领域，综合布线系统通常与信息网络系统、安全技术防范系统及建筑设备监控系统同步优化设计和统筹规划施工。综合布线系统基本构成应包括工作区子系统、配线子系统、干线子系统、管理间子系统、设备间子系统、进线间子系统、建筑群子系统。

智能建筑的通信网络系统是保证楼内语音、数据、图像传输的基础，同时与外部的通信网相连，与世界各地互通信息，通信网络系统是智能建筑的中枢，是把构成智能建筑的三大子系统连接成有机整体的核心。

智能建筑技术的发展，移动终端设备的应用、无线传感器以及一些受位置环境影响的设备，有线网络布线受限，无线通信网络的应用需求得到提升。无线通信网络是一种基于无线技术实现数据传输和通信的网络系统。它通过无线信号传输数据，实现设备之间的无线连接和通信，无需使用物理线缆。

本章实践

实训项目 1　网络跳线制作

实训要求：

1. 完成网络跳线的两端剥线，不允许损伤线芯，长度适合；
2. 完成 2 根 40cm 网络跳线制作实训，压接 RJ45 水晶头，要求按 568B 线序制作；
3. 要求压接方法正确，线序正确，测试通过。

实训工具及材料：

剥线器、RJ45 压线钳、剪刀、卷尺、超五类双绞线（CAT 5e）、六类双绞线（CAT 6）、RJ45 水晶头 4 个、测线仪。

实训步骤：

第一步，剪线。用剪刀剪取一根 40cm 长超五类（CAT 5e）双绞线及一根 40cm 长六类双绞线（CAT 6）。

第二步，剥除护套。用剥线器环切双绞线外护套，剥除长度适当，去除外护套，剪掉撕拉线（六类线中间的十字龙骨剪掉）。

第三步，拆开线对，理线。拆开线对，按照 TIA/EIA 568B 线序，即橙白、橙、绿白、蓝、蓝白、绿、棕白、棕排列（从左往右），将线理直并拢。

第四步，将线剪齐。剪去多余线头，保留 1.2cm 左右。

第五步，送入水晶头。保持水晶头金属一面朝上，将线按 568B 线序送入水晶头。

第六步，压接。用 RJ45 压线钳压接水晶头。

第七步，重复以上步骤制作双绞线另外一头。

第八步，使用测试仪测试通断及线序。

实训评价：

1. 长度是否符合要求，外护套是否压入水晶头；
2. 测试是否通过，线序是否正确；
3. 金属引脚是否压入线芯。

实训项目 2　网络模块端接

实训要求：

1. 掌握现场网络打压模块的安装和要求；
2. 掌握网络免打模块的接线方法和技巧；
3. 了解网络模块端接需要用到的工具，并正确使用。

实训工具及材料：

斜口剪、打线刀、剥线器、测线仪、超五类网线 40cm 2 根、RJ45 打压模块 2 个、RJ45 免打模块 2 个、跳线 2 根。

实训任务：

1. 打线型模块的端接

信息模块的端接方式主要区别在于 568A 和 568B 两种接线方式，注意观察接线的线序，本实训接线线序按照 TIA/EIA 568B 线序，即橙白、橙、绿白、蓝、蓝白、绿、棕白、棕开展。

打线型模块正面插孔内有 8 芯线针触点，分别对应双绞线水晶头 8 个金属触点，后面两边分列 4 个打线柱，用线序色标清晰标注两排线序，A 排表示 568A 模式，B 排表示 568B 模式。

具体步骤：

第一步，取 40cm 长超五类双绞线 1 根，用剥线器剥去 2cm 左右外护套，并用斜口剪剪去撕拉线。

第二步，按照模块上的线序色标 B 排，将双绞线拆开压入对应的接线柱。

第三步，用打线刀（注意有 cut 标记的刀头部分朝多余线头）将线压入 V 字形接线柱内，保证线完全压入不弹起带回，多余线头可用斜口剪修剪整齐。

第四步，将信息模块的塑料防尘卡扣在打线柱上，完成之后，重复上述步骤制作另外一端。

第五步，取两根跳线接入模块，并进行测试。

2. RJ45 免打模块端接

免打模块的设计使得无需打线工具便可快速准确地完成端接，没有打线柱，而是依靠 8 个金属夹子夹住双绞线的 8 根线芯并刺破线芯的外皮与线芯金属接触。

具体步骤：

第一步，取 40cm 长超五类双绞线 1 根，用剥线器剥去 2cm 左右外护套，并用斜口剪剪去撕拉线。

第二步，将线芯按照模块上的色块顺序理直拉平，用斜口剪剪 45°斜角（便于穿过模块上的扣帽）。

第三步，将线芯穿过扣帽，用斜口钳拉直，剪去多余线头。

第四步，将扣帽压入模块底座，完成一端，重复上述步骤制作另外一端。

第五步，取跳线进行测试。

实训评价：

1. 工具是否使用正确。
2. 测试是否通过，线序是否正确。
3. 护套压接是否到位。
4. 末端是否处理。

实训项目 3　大对数线缆端接

实训要求：

1. 熟练掌握大对数电缆和语音配线架端接技术。
2. 使用 25 对大对数电缆和 110 语音配线架端接。
3. 使用 25 对大对数电缆和 25 口语音配线架端接。
4. 对完成端接的语音配线架进行测试。

实训工具及材料：

横向开缆刀、斜口剪、语音打线刀、5 对打线刀、鸭嘴跳线、测线仪、室内 25 对大对数线缆 5m、扎带、语音模块（5 对）。

实训步骤：

1. 了解大对数线缆结构及线序

大对数电缆结构分为外护套及内层薄膜、25 对缠绕的线芯。大对数线缆线序分为主色和配色。

主色：白、红、黑、黄、紫。

配色：蓝、橙、绿、棕、灰。

一个主色对应五个配色，保持主色配色的顺序，例如：白蓝、白橙、白绿、白棕、白灰、红蓝、红橙等的顺序，以此类推，得到 25 对线序的顺序，每一个颜色的线芯对应一个接线柱。

2. 实训模块：110 语音配线架端接

具体步骤：

第一步，取一根 25 对大对数线缆，使用横向开缆刀剥去 25 对大对数线缆 50cm 外护套，注意不能环切到线芯，观察是否将线芯切断。

第二步，剪掉撕拉线及内包装的薄膜，按主色整理线缆。

第三步，从左往右按大对数线序将线对拆开，分别卡入 110 语音配线架接线槽。

第四步，用 5 对打线刀将线芯打入线槽并将线芯多余部分剪去，一次可压入 10 根，注意打线刀"CUT"标记对准多余线头，或使用语音打线刀一根一根压入，用斜口钳修剪多余线头。

第五步，将 5 对语音模块打到 110 语音配线架接线槽，卡住线缆线芯。

第六步，重复上述步骤端接另外一端，完成端接。

第七步，将鸭嘴跳线扁平的一端接在语音模块上，另外一端接在测线仪上进行测试，1、2、3、6 四个信号灯一一对应亮起，测试通过。

3. 实训模块：25 口语音配线架端接

具体步骤：

第一步，取一根 25 对大对数线缆，使用横向开缆刀剥去 25 对大对数线缆 50cm 外护套，注意不能环切到线芯，观察是否将线芯切断。

第二步，剪掉撕拉线及内包装的薄膜，按主色整理线缆。

第三步，将大对数线缆按线序依次接入接线柱，注意接线柱 3~6 为一组，4~5 为一组，线芯卡入对应接线柱 V 字形刀片内，用语音打线刀压入。

第四步，用扎带绑扎线缆在 25 口语音配线架后置 T 型柱上。

第五步，用测试跳线完成测试。

实训评价：

1. 剥线过程中是否伤到线芯，撕拉线是否剪去。
2. 线序是否正确。
3. 多余线头是否处理平齐。
4. 测试是否通过。

实训项目 4　无线局域网配置

实训要求：

1. 了解无线局域网。
2. 学习无线局域网的配置方法和管理。
3. 掌握局域网的基本安全措施。

实训工具及材料：

电脑、无线网卡、无线路由器、网线。

实训步骤：

第一步，确认无线路由器电源开启，并将无线路由器的 WAN 口通过网线接入到所处场景的交换机或面板，家庭无线 Wi-Fi 配置接入"光猫"。

第二步，电脑搜索无线路由器信号 SSID，输入路由器背面的 Wi-Fi 密码。

第三步，在电脑浏览器中输入无线路由器的登录地址及账号、密码，如果该路由器配置过，可以通过路由器上的 Reset 键恢复出厂设置。

第四步，设置路由器上网方式，家庭用无线 Wi-Fi 可设置为宽带账号上网（光猫桥接模式）或自动获取 IP（光猫拨号模式），部分办公、教学场景每台机器固定 IP 局域网内没有 DHCP 服务器无法自动获取 IP 情况下，需设置上网方式，手动输入 IP，并且手动输入的 IP 需保持能够正常接入所处网络环境。

第五步，设置无线路由器 Wi-Fi 名称（SSID）及 Wi-Fi 密码。

第六步，设置开启 DHCP 服务，开启安全设置的防火墙，修改登录密码。

第七步，重启路由器，用电脑连接设置好的 Wi-Fi 信号，测试是否能够正常使用网络。

实训评价：

是否能够连接到无线路由器，并通过无线路由器正常上网。

码3-1
第3章
自测题目

第 4 章
建筑设备智慧管理系统

知识导图

知识目标

1. 掌握建筑设备自动化系统的概念和内容；
2. 了解 BAS 的历史和发展趋势，熟悉 BAS 的控制对象及功能；
3. 熟悉集散控制系统的组成、结构、优缺点；
4. 熟悉现场总线控制系统的技术要点和协议标准；

5. 熟悉常用检测、执行和控制设备；
6. 掌握 BAS 各子系统的功能及应用；
7. 熟悉智能建筑管理系统和建筑设备智慧运维系统的主要内容。

技能目标

1. 能够解释建筑设备运行控制核心设备的运行原理；
2. 能够识别常用的 BAS 检测、执行和控制设备；
3. 能够根据实际需要操作建筑设备智慧管理平台及设备。

4.1 建筑设备自动化系统概述

4.1.1 建筑设备的概念及内容

建筑设备是一个比较宽泛的概念，从广义上讲是指建筑物的所有附属设备，主要包括建筑中使用的各种设备系统，以及建筑周边为建筑正常使用提供辅助的相关设备，具体可以分为给水排水设备、电气与照明设备、采暖通风空调设备、电梯与自动扶梯、消防设施设备、安全与监控设备及其他辅助设施，见表 4-1。

常见建筑设备 表 4-1

设备系统	内容
给水排水设备	包括自来水管网、给水设备、排水管网、污水处理设备等。主要用于供应和处理建筑用水
电气与照明设备	包括供配电系统、照明系统、电子与智能化控制系统等。用于提供并控制建筑物的用电与照明
采暖通风空调设备	包括采暖系统、空调系统、通风系统等。用于调节室内温度、湿度和空气质量。常见系统有热水或蒸汽采暖系统、空气调节系统、新风系统等
电梯与自动扶梯	提供建筑垂直和水平运输
消防设施设备	包括灭火系统、报警系统、疏散指示系统等。用于建筑火灾预防、扑救和避险
安全与监控设备	包括门禁系统、视频监控系统等。用于提高建筑安全性和管理水平
其他辅助设施	如建筑吊车、垃圾输送系统等

建筑设备的设计、选型和使用直接影响建筑的使用功能和舒适度，正确配置建筑设备是建筑设计的重要内容。

4.1.2 建筑设备自动化系统

1. BAS 概述

建筑设备自动化系统（Building Automation System，BAS），是通过计算机和微处理器来集中监控和管理建筑内各种设备的自动化系统。通过 BAS 的应用，可以实现建筑设备的集中化管理，提升建筑的管理和服务水平，向建筑内人员提供高效、便捷的建筑内部环境。

广义的 BAS 涵盖的设备比较宽泛，一般包括建筑设备自动化系统、消防自动化系统和安防自动化系统三大类，而狭义的 BAS 仅指建筑设备自动化系统，一般包括给水排水、空调、供配电、照明、电梯等建筑设备，本章主要讨论狭义的 BAS。

BAS 在智慧建筑管理中起到关键作用，这一系统实际上在智慧建筑中扮演着大脑和神经中枢的角色。其核心职能则集中在监测、控制和管理建筑内部的机器设备运行、能源消耗、环境状况以及安全保障设施。因此，BAS 能够保障建筑内部环境的安全、舒适、高效、便捷、环保节能的状态。

2. BAS 的发展历程

建筑设备自动化控制系统密切紧随自动化技术和信息技术的发展潮流，历经五个阶段的发展，贯穿 50 年之久。

第一阶段始于 20 世纪 70 年代，以计算中心管理系统（Computing Center Management System，CCMS）为代表。其核心原理在于把信息采集站分布于建筑的各个位置，将它们通过总线连接至中央站，从而形成了 CCMS。这一体系的中枢是中央计算机，通过接收、处理分布式信息采集站的数据，制定决策并下达指令，以调整建筑内设备的各种参数。

第二阶段出现在 20 世纪 80 年代，主要以分布式控制系统（Distributed Control System，DCS）为代表，这一系统又称为集散控制系统。这一时期见证了数据采集器的进化，演化为数字控制器，成为当时最重要的科技成果之一。通过为每个数字控制器配备集散式控制系统计算机，每个数字控制器得以独立显示、处理所采集到的信息，只需在系统结构上设置一台中央电脑，起到监视作用，便能实现各设备分站的完全自主信息处理和控制功能。

第三阶段开始于 20 世纪 90 年代，以现场总线控制控制系统（Fieldbus Control System，FCS）为代表。它是用现场总线这一开放的、具有互操作性的网络将现场各个控制器和仪表及设备互联，将控制功能彻底下放到现场，这使得整个系统更具开放性，提高了系统的配置和管理的灵活性。FCS 实质上是一种开放的、具有互操作性的、彻底分散的分布式控制系统，BAS 最显著的变革是现场总线控制系统（FCS）逐渐取代了传统的分布式控制系统（DCS）。尽管 DCS 具备出色的模拟、操作和管理性能，但高昂的成本、可靠性问题以及系统的开放性不足成为其发展的瓶颈。与此形成对比，现场总线控制系统伴随科技的进步崭露头角，融合了现代科技的特征，拥有更高的可控性和科学性。

第四阶段始于 2000 年，被定义为网络集成系统。这个网络系统配备中央主控站，能够优化整合各子系统，如消防、安全、照明、温度控制等，实现集成管理，进一步提高便捷性。

第五阶段为 2010 年至今，可称为智慧控制系统，主要是随着人工智能技术、大数据技术、云计算技术等新兴技术的飞速发展，建筑自动控制也武装了智慧大脑，提升了系统运行管理的智慧化程度，具备一定的自主学习和进化能力，减少了人工操作与干预。

总体而言，在这 50 多年的 BAS 发展历程其实贯彻了三条主线：一是控制的分散化，系统中的控制模块从中央计算机逐步向现场控制设备转移，并将控制逻辑分散到各个子系统、设备的控制器中；二是信息的集成化，BAS 从相对封闭的独立系统，逐步发展开放，并与建筑内的其他管理系统或企业的资产管理系统等集成，实现管理和控制信息的一体化；三是控制的智能化，从简单开关控制，到设备联动协同控制，再到基于深度学习的自主性控制，BAS 的控制功能不断进化，为满足不断变化的智慧建筑管理需求提供了可能。

3. BAS 的控制对象

建筑设备自动化系统（BAS）通常由多个子系统组成，其中包括暖通空调、给水排水、供配电、照明和电梯等。这些子系统各自承担着特定的功能，确保整个建筑系统的协同运作。例如，在暖通空调子系统中，BAS 能够自动调节冷、热水阀的开关以及风机的转速，以维持室内温度的稳定。在照明子系统中，BAS 可以根据自然光线和人员活动情况，自动控制灯光的亮度，从而降低能耗。

如图 4-1 所示，典型 BAS 的控制对象包括给水排水设备、供配电设备、空调设备、照明设备、电梯设备等各类设备监控子系统。通过 BAS 系统，可以实现：

（1）对空调系统的通风设备及冷热源设备运行工况的监视、控制、测量、记录；

（2）对供配电系统、变配电设备、应急（备用）电源设备、直流电源设备、大容量不停电电源设备的监视、测量、记录；

（3）对照明设备进行监视和控制；

（4）对给水排水系统的给水排水设备、饮水设备及污水处理设备等运行工况的监视、控制、测量、记录；

（5）对电梯及自动扶梯的运行监视。

图 4-1 BAS 控制对象

4. BAS 的功能

BAS 系统通过集中监控方式实时监控各子系统，为管理人员提供了建筑设备重要运行状态数据,并以丰富的文字、图形、动画方式呈现出来;根据需要系统管理人员可直接下达命令,对任何一项系统设备进行运行控制;系统平台还可对各项设备监控子系统状态信息进行综合处理并提供必要的报告,对历史数据进行完善记录从而发挥对价值化信息的综合管理功能。其具体的功能如下:

(1) 监控和管理

BAS 可以实时监控各种机电设备的状态,例如冷冻水泵的运行状态和新风机的使用情况。它能够监控各种运行参数,例如温度、湿度、电压和电流,并实时显示和记录这些数据。

(2) 异常警报

如果任何监控参数超出正常范围,BAS 会自动触发异常警报,以便维护人员及时采取措施。这有助于预防潜在的设备故障和安全风险。

(3) 智能调整

基于外部条件、环境变化以及负荷波动,BAS 能够自动调整各种受控设备,使其保持最佳运行状态。这种智能调整可以降低能耗,提高能源利用效率。

(4) 紧急响应

在紧急情况下,例如火灾或停电,BAS 能够监控并迅速采取控制措施。例如,它可以停用普通电梯并启动消防电梯,或触发应急照明系统,以确保人员安全疏散。

(5) 集中管理

实现对大楼内各种机电设备的统一管理、协调控制,并能实现设备档案管理、设备运行报表和设备维修管理等。

4.1.3 集散控制系统

20 世纪 70~80 年代,伴随着计算机可靠性提高,价格大幅下降,出现了由多个计算机递阶构成的集中、分散相结合的分布式控制系统(DCS),也称集散控制系统。集散控制系统是一种基于计算机技术的控制系统,它广泛应用于工业自动化领域。集散控制系统将控制功能分散到多个计算机节点上,通过通信网络将各个节点连接起来,实现信息的共享和协同工作。集散控制系统的基本思想是实现集中管理、分散控制,即通过中心计算机对整个系统进行集中监控和管理,同时将各个控制单元分散在现场进行现场控制。

1. 集散控制系统的核心设备

集散控制系统是由一些微处理器、计算机组成的子系统合成的大系统。它的结构具有递阶控制结构、分散控制结构和冗余化结构的特征,核心设备是操作管理设备和现场控制器。

(1) 现场控制器

现场控制器负责现场控制,包括数据采集、处理、控制算法实现等。现场控制器是集散控制系统与建筑设备的信息中转站,设备运行过程中的各种过程变量通过分散过程控制装置转化为操作监视的数据,而操作的各种信息也通过分散过程控制装置传送到执行机构。在现场控制器内,进行模拟量和数字量的相互转换,完成控制算法的各种运算,对输入与输出量进行有关的软件滤波及其他运算。

(2) 操作管理设备

操作管理设备是操作人员与集散控制系统交互的界面,操作人员通过操作管理设备了解生产过程的运行状况,并通过它发出操作指令给生产过程。

操作管理设备主要包括中央管理工作站和现场工作站。中央管理工作站负责系统的集中监控和管理,处理各种数据和指令,可实施对集散控制系统的离线配置、在线监控、维护与组态工作等管理。现场工作站由工业化计算机系统与控制操作台构成,可以部署在总机房管理不同的子系统,也可以分散在各监控设备附近。

2. 集散控制系统的结构

集散控制系统(DCS)由现场级、控制级、监控级、管理级四级构成(图4-2)。现场级主要包括各种控制对象,如常用仪表、现场总线仪表等;控制级包括所有的过程控制站和数据采集;监控级包括工程师工作站、运行员操作站、计算站等附属设备;管理级包括管理计算机及与其他局域网通信的网间连接器等。

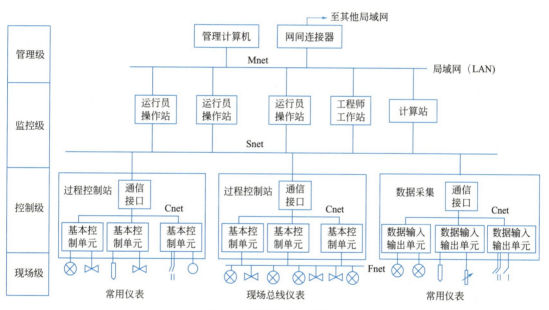

图 4-2 集散控制系统结构

管理级、监控级两层构成DCS的集中管理部分,控制级层是分散控制部分;通信网络是连接集散系统各部分的纽带,是实现集中管理、分散控制的关键。

四层中间相应的通信网络为控制网络(Cnet)、监控网络(Snet)、管理网络(Mnet)三层网络结构。

3. 集散控制系统的缺点

DCS在工业自动化控制领域获得了广泛的应用,也大量应用到建筑自动化控制领域。但是DCS存在如下一些缺点:

(1) 安装费用高,采用一台仪表、一对传输线的接线方式,导致接线庞杂、工程周期长、安装费用高、维护困难;

（2）可靠性差，模拟信号传输精度低，而且抗干扰性差；

（3）系统封闭，各厂家的产品自成系统，系统封闭、不开放，难以实现产品的互换与互操作以及组成更大范围的网络系统。

随着控制技术、计算机技术、通信技术的发展，出现了基于现场总线的控制系统（FCS），FCS克服了DCS的缺点，它是一种全数字化、全分散、全开放、可互操作和开放式互联的新一代控制系统。

4.1.4 现场总线控制系统

1. 现场总线和现场总线控制系统

（1）现场总线

现场总线（Fieldbus）是一种应用于工业自动化领域的通信协议，它是一种数字化、双向、多站点的通信总线。现场总线将控制器、传感器、执行器等设备连接在一起，实现设备之间的信息交换和协同工作。与传统的控制总线相比，现场总线具有更高的数据传输速率、更远的传输距离、更好的灵活性和可靠性。

根据传输速率的不同，现场总线可以分为低速现场总线和高速现场总线。低速现场总线传输速率较低，适用于对实时性要求不高的场合；高速现场总线传输速率较高，适用于对实时性要求较高的场合。根据应用范围的不同，现场总线可以分为通用现场总线和专用现场总线。通用现场总线适用于多种应用场合，具有较好的通用性；专用现场总线适用于特定应用场合，具有更好的性能和可靠性。

现场总线设备是指那些连接到现场总线上进行信息交换的设备。这些设备包括传感器、执行器、控制器等。传感器负责采集现场的各种物理量，如温度、压力、流量等；执行器负责控制各种设备的动作，如阀门、电动机等；控制器则是实现控制算法的设备。此外，还有一些辅助设备如变送器、电源等。这些设备通过现场总线连接在一起，实现信息的共享和协同工作。

现场总线的出现，为工业自动化带来了一场深层次的革命，从而开创了工业自动控制的新纪元，被誉为自动化领域的计算机局域网。

（2）现场总线控制系统

现场总线控制系统（FCS）是一种以现场总线为基础的分布式网络自动化系统，它既是现场通信网络系统，也是现场自动化系统。

FCS是在DCS（分布式控制系统）的基础上发展而成的，它继承了DCS的分布式特点，但在各功能子系统之间，尤其是在现场设备和仪表之间的连接上，采用了开放式的现场网络，从而使系统现场设备的连接形式发生了根本改变，具有特有的性能和特征。

现场总线控制系统的控制主体由智能现场设备、监控组态与现场总线三部分构成，其核心在于现场总线控制技术。该系统技术由信号、通信到系统标准，从结构体系、设计方式、调试安装再到产品结构均实现了革命性变革。

2. 现场总线控制技术的革新

相较于传统的集散控制系统，现场总线控制技术为建筑设备自动化带来多方面的革新，具体如下：

(1) 用一对通信线连接多台数字仪表取代一对信号线只能连接一台仪表。
(2) 用多变量、双向、数字通信方式取代单变量、单向、模拟传输方式。
(3) 用多功能的现场数字仪表取代单功能的现场模拟仪表。
(4) 用分散式的虚拟控制站代替集中式的控制站。
(5) 用现场总线控制系统 FCS 代替传统的分散控制系统 DCS。
(6) 变革传统的信号标准、通信标准和系统标准。
(7) 变革传统的自动化系统体系结构、设计方法和安装调试方法。
(8) FCS 的信号传输实现了全数字化，从最底层的传感器和执行器就采用现场总线网络，逐层向上直至最高层均为通信网络互连。
(9) FCS 的系统结构为全分散式，它废弃了 DCS 的输入/输出单元和控制站，由现场设备或现场仪表取而代之，即把 DCS 控制站的功能化整为零，分散地分配给现场仪表，从而构成虚拟控制站，实现彻底的分散控制。
(10) FCS 的现场设备具有互操作性，彻底改变传统 DCS 控制层的封闭性和专用性，使不同厂商的现场设备既可互连也可互换，还可统一组态。
(11) FCS 的通信网络为开放式互连网络，用户可非常方便地共享网络数据库，使同层网络可以互连，也可以使不同网络互连。
(12) FCS 的技术和标准实现了全开放，无专利许可要求，可供任何人使用。

FCS 极大地简化了传统控制系统繁琐且技术含量较低的布线工作量，使其系统检测和控制单元的分布更趋合理。与传统的 DCS 相比，FCS 具有可靠性高、可维护性好、成本低、实时性好、实现了控制管理一体化的结构体系等优点。

3. BAS 常用现场总线及协议标准

建筑技术在发展的过程中，不断加入通信功能，引入网络技术，从而形成简单的网络通信。在最早的通信协议过程中，建筑设备自控系统的通信协议是单一的、专用的，由生产商独立控制的。它不对外开放，甚至是属于商业机密。随着市场的发展，业界也认识到通信开放协议对用户的重要性，所以，众多的公开通信协议也在建筑设备自控系统中被使用，并且为其带来多元标准。一些大公司或公司联盟纷纷提出自己的现场总线协议标准。据不完全统计，目前国际上有 40 多种开放型的现场总线标准。

现场总线协议是实现设备之间信息交换的关键。不同的现场总线协议具有不同的特点和应用范围，这些协议都规定了通信接口、数据格式、传输速率等关键要素。在通信过程中，各设备通过发送和接收数据包进行信息交换，数据包包括数据和地址两部分，数据部分包含要传输的实际信息，地址部分用于标识接收方和发送方。通信网络中的每个设备都具有唯一的地址，通过地址识别收到的信息是否属于自己的数据包。

在智慧建筑领域，现场总线和通信协议主要有两种，一种是工业控制领域通用的总线协议，例如 Profibus 总线、LonWorks 总线、CAN 总线等；另一种是专门针对智慧建筑设备控制的总线和通信协议，例如美国的 BACnet 和 CEBus、欧洲的 EIB 等。下面将对 LonWorks、BACnet、CAN、EIB 等标准进行详细介绍。

(1) LonWorks

美国 Echelon 公司 1991 年推出了 LON（Local Operation Networks）技术，又称 LonWorks 技术。它得到了众多计算机厂家、系统集成商、仪器仪表以及软件公司的大力支持，已经在建筑自动化、工业自动化、电力系统供配、消防监控、停车场管理等领域获得广泛应用。具体地说 LonWorks 具有以下优点：

① 网络结构灵活、组网方便。它支持多种网络拓扑形式，包括总线型、星型、树型、自由拓扑型等，这样可适应复杂的现场环境，方便现场布线；

② 支持多种传输介质。其包括双绞线、同轴电缆、电力线、光纤、无线射频等；两种传输速率：78bps 和 1.25Mbps，最大传输距离由网络拓扑形式和传输介质决定，一般可从 500m 到 2700m。可接入的节点最多为 32385 个；

③ 完善的开发工具。提供完善的系统开发环境，采用开放的 NEURONC 语言，它是 ANSIC 语言的扩展；

④ 无主的网络系统。LonWorks 网络中各节点的地位相同，网络管理可设在任一节点处，并可安装多个网络管理器；

⑤ 开发 LonWorks 网络节点的时间较短，也易于维护。LonWorks 采用的 LonTalk 协议固化在 Echelon 公司的 Neuron 芯片中，这样可以节省开发 LonWorks 网络节点的时间，也方便维护。

同其他现场总线一样，LonWorks 也有自身的缺点。首先，LonWorks 的实时性、处理大量数据的能力有些欠缺；其次，由于 LonWorks 依赖于 Echelon 公司的 Neuron 芯片，所以它的完全开放性也受到一些质疑。

尽管 LonWorks 存在一些不足，但是 LonWorks 的 FCS 还在建筑自动化领域获得了广泛的应用。世界上有 2 万多家 OEM 厂商生产 LonWorks 相关产品，其中种类已达 3500 多种。目前世界上已安装有 500 多万个 LonWorks 节点，LonTalk 协议也被接纳为欧洲 CENTC247、CENTC205 的一部分。自 1996 年以来，LonWorks 也开始在国内获得大量的应用，一些研究所和企业开始陆续开发出基于 LonWorks 的建筑自动化控制系统，并在一些新建智慧大楼和智慧园区试点工程中应用。

（2）BACnet

建筑自动控制网络数据通信协议 BACnet（A Data Communication Protocol for Building Automation and Control Network）由美国供热、制冷与空调工程师协会组织的标准项目委员会于 1995 年 6 月正式通过。BACnet 是世界上第一个建筑自动控制网络的数据通信协议，它代表了智能建筑发展的主流趋势。

BACnet 不是软件或硬件，也不是固件，严格地说，BACnet 并不是现场总线，而是一种网络协议，即通信规则。一般建筑自控设备从功能上讲分为两部分：一部分专门处理设备的控制功能，另一部分专门处理设备的数据通信功能。而 BACnet 就是要建立一种统一的数据通信标准，使得设备可以互操作。BACnet 协议只是规定了设备之间通信的规则，并不涉及实现细节，为不同商家产品的系统之间进行信息交流提供平台和支持。

BACnet 详细阐述了系统组成单元相互分享数据实现的途径、使用的通信介质、可以使用的功能以及信息如何翻译的全部规则。BACnet 采用了 Ethernet、ARCNET、MS/TP、PTP、LonTalk 五种网络技术进行通信。可根据系统通信量和通信速度选择不同的网络技术。与其他现场总线相比，BACnet 标准最大的优点是可以与 Ethernet、LonWorks 等网络进行无缝集成。不过 BACnet 主要为解决不同厂家的建筑设备自控系统相互间的通信问题而设计，并不太适用于智能传感器、执行器等末端设备。

BACnet 标准已在全球得到了广泛应用，全球生产和经营建筑设备和建筑自控设备的主要厂商均支持 BACnet 标准。BACnet 在不到 10 年的时间内就从一个行业学会标准迅速成为建筑自控领域中唯一的 ISO 标准。开放、兼容、灵活、获得广泛支持并且专门针对智能建筑的通信协议或现场总线必将成为智能建筑领域的一个发展方向，而 BACnet 协议正是这样一种具有开拓性的技术。

（3）CAN

CAN 总线最初是德国博世公司（BOSCH）为汽车监控控制系统设计提出的，现在它已经成为一种国际标准，在电力、石化、空调、建筑等行业均有应用。

CAN 具有以下优点：

① 采用 8 字节的短帧传送，故传输时间短、抗干扰性强；

② 具有多种错误校验方式，形成强大的差错控制能力，而且在严重错误的情况下，节点会自动离线，避免影响总线上其他节点；

③ 采用无损坏的仲裁技术；

④ CAN 芯片不但价格低而且供应商多。

CAN 的缺点是：CAN 总线上最多可挂接 110 个节点，这可能不足以满足整个智能建筑的需求。但是，可以通过使用中继器来扩展网络，相对于其他现场总线技术，CAN 总线技术相对简单，并且 CAN 相关产品的开发费用也远远低于其他现场总线技术产品的开发费用。因此，国内一些企业很早就推出了基于 CAN 总线的建筑自控相关产品。

（4）EIB

EIB 是欧洲安装总线（European Installation Bus）的缩写。它在 1990 年被提出，经过多年的发展，成为欧洲最有影响的建筑智能化现场总线标准，在欧洲得到了近 300 家厂商的支持。EIB 的特点如下：

① 线路简单，安装方便，易于维护，节省大截面线材消耗量，降低建筑开发商的投资成本和维修管理费用，缩短安装工期，提高投资回报率；

② 运用先进的微电子技术，不但可实现单点、双点、多点、区域、群组控制、场景设置、定时开关、亮度手自动调节、红外线探测、集中监控、遥控等多种控制任务，并且可以优化能源的利用，节约能源，降低运行费用；

③ 它能够满足不同用户对多种环境功能的需求。电气安装总线采用开放式、大跨度框架结构，使用户能够迅速且方便地改变建筑物的使用功能或重新规划建筑平面，从而实现了高度的灵活性和可变性；

④ 满足建筑经济型运行要求。自动化提供了实现节能运行与管理的必要条件，可大量减少管理与维护人员，降低管理费用，提高劳动效率，并提高管理水平；

⑤ 保证建筑安全可靠。现代建筑采用了多种先进的报警措施和安全服务，各系统之间相互配合，以计算机网络的形式实现。这些系统可以迅速对各种紧急突发事件作出果断处理，为建筑的安全提供了可靠的保障。此外，建筑内还采用了弱电控制强电的方式，人体接触的控制设备均为 24V 安全电压，确保了建筑的安全性。

⑥ 系统具有开放性。可以和建筑管理系统（BMS）、楼宇自控系统（BAS）、保安系统（SAS）及消防系统（FAS）结合起来使用，符合智慧建筑的发展趋势。

4.1.5 BAS 的通信网络结构

1. 单层网络结构

单层网络结构将工作站与现场控制设备相互连接，设备之间通过现场控制网络实现互联。工作站则通过通信适配器直接接入现场控制网络，如图 4-3 所示。这种网络结构主要应用于监控节点较少、设备相对集中的建筑设备自控系统中。

在单层网络结构中，工作站负责承担整个系统的网络配置、集中操作、管理及决策等功能，而控制功能则分布在各种现场控制器、智能变送器以及智能执行器中，设备之间可以直接通过点对点或主从方式进行通信，但不同总线设备间的通信必须通过工作站的中转来实现。这种网络结构具有简单、高效的特点，适用于特定场景下的建筑设备自控系统。

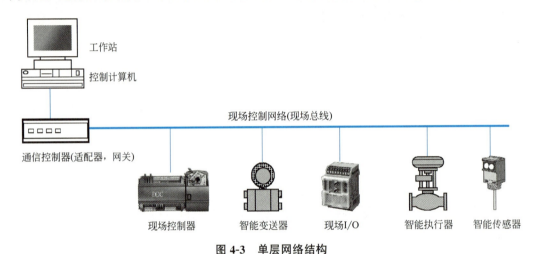

图 4-3　单层网络结构

2. 两层网络结构

两层网络结构是指现场控制网络和管理层网络（以太网），主要设备包括管理设备（如操作站、工程师站、服务器）和通信控制器，以及现场控制设备（如现场控制器、智能执行器、智能传感器等）。设备之间通过现场控制网络实现互联，管理设备采用比较成熟的以太网等技术接入局域网，现场控制网络和管理层网络（如以太网）之间通过通信控制器实现协议转换和路由选择等功能，如图 4-4 所示。

两层网络结构适用于大多数 BAS，具有较好的扩展性和灵活性。管理层网络可以方便地监控和管理整个系统，同时通信控制器能够有效地处理现场设备和上层网络之间的数据传输。这种结构有助于提高系统的稳定性和可靠性，并且方便后期维护和升级。因此，两层网络结构在建筑自动化系统中得到了广泛应用，能够满足大多数场景下的需求。

3. 三层网络结构

三层网络结构是指现场控制网络、中间层控制网络（区域控制）和管理层网络（以太网），主要设备包括管理设备（如操作站、工程师站、服务器）、通信控制器、大型通用现场测控设备和现场控制设备（如现场控制器、智能执行器、智能传感器等），如图 4-5 所示。设备之间通过现场控制网络实现互联，管理设备采用成熟的以太网等技术接入局域

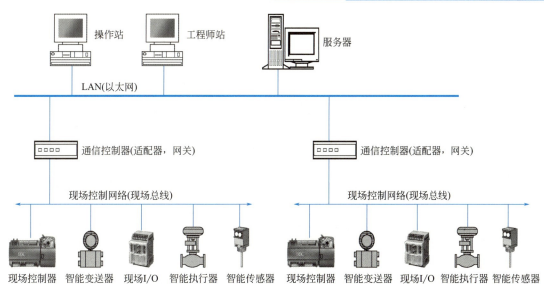

图 4-4 两层网络结构

网。通信控制器则负责连接现场大型通用控制设备和管理层网络（如以太网），并实现协议转换和路由选择等功能。通过这种方式，不同层次的网络可以相互通信，形成一个完整的大型控制系统。

三层网络结构是 BAS 中常用的结构，适用于监控点分散、联动功能复杂的场景。操作站可以方便地监控和管理整个系统，通信控制器则能够高效处理现场设备和上层网络之间的数据传输。中间层控制网络为现场大型通用控制设备之间的互联提供了稳定、高效的数据传输。这种结构有助于提高系统的稳定性和可靠性，并且方便后期维护和升级。总的来说，三层网络结构在建筑自动化系统中具有较好的扩展性和灵活性，能够满足复杂场景下的需求。

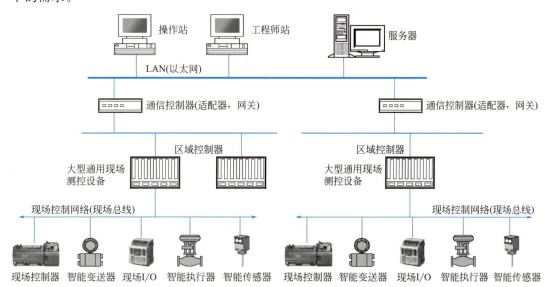

图 4-5 三层网络结构

4.2 建筑设备自动化系统相关设备

BAS 的设备主要涵盖了检测设备、控制设备、执行设备和通信网络。检测设备相当于 BAS 的感官系统,负责采集各种数据;控制设备则是 BAS 的大脑,负责处理检测设备采集的数据,进行整理和分析,并向执行设备发送指令;执行设备则负责执行控制设备发出的命令,相当于 BAS 的四肢;通信网络则像是 BAS 中的神经网络,负责传输不同设备之间的信息。这四个类型的设备相互协作,共同构成了 BAS 的基本架构。

4.2.1 常用检测设备

在建筑设备自动化系统(BAS)中,常常使用各种传感器单独或组合成为检测装置,以实现对建筑内部机器设备的监测。传感器能感受到被测量的信息,并能将感受到的信息,按一定规律变换成为电信号或其他所需形式的信息输出,以满足信息的传输、处理、存储、显示、记录和控制等要求,这些相当于我们人体的五官,如图 4-6 所示。这些设备的选择和应用,直接影响了 BAS 的功能和效能。

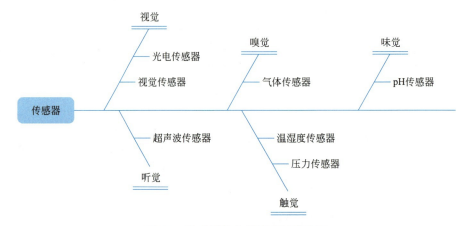

图 4-6 传感器与人体器官的类比图

1. 温湿度传感器

温度传感器是 BAS 中最基本的传感器之一,用于实时监测室内外的温度变化。这些传感器被广泛用于暖通空调系统、供暖系统和冷却系统,以调节室内温度,提供舒适的环境。湿度传感器用于测量室内的湿度水平。它在控制空调和通风系统方面起着关键作用,以确保室内湿度维持在适宜的范围内,从而提供更加舒适的环境。

一般会把温度和湿度传感器集成在一个传感器中,称为温湿度传感器,如图 4-7 所示,可以同时采集温度和湿度的数值。

第 4 章　建筑设备智慧管理系统

图 4-7　温湿度传感器

2. 压差传感器

压差传感器，如图 4-8 所示，用于测量管道或风道中的气流压差，帮助监测通风和空调系统的运行情况。通过压差传感器，BAS 可以调整风机的转速，以达到所需的气流量。

图 4-8　压差传感器

3. 电力参数传感器

电力参数传感器，如图 4-9 所示，用于监测电源电压、电流和功率因数等参数。这些传感器有助于控制供电系统，以优化电力使用效率，减少能耗。

图 4-9　电力参数传感器

4. 光照传感器

光照传感器，如图 4-10 所示，用于测量室内外的光照强度。它在照明系统中被广泛使用，以实现自动调节灯光亮度的功能，根据自然光线的变化，调整照明设备的开关或亮度。

5. 人体感应传感器

人体感应传感器，如图 4-11 所示，用于监测室内的人员活动。从技术及应用的角度，

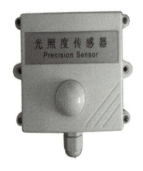

图 4-10　光照传感器

人体检测传感器大致分为三种：红外检测、多普勒微波以及毫米波雷达。它们在节能方面有用武之地，当检测到没有人员活动时，BAS 可以自动关闭不必要的照明、暖通空调等设备。

图 4-11　人体感应传感器

6. 能源计量设备

能源计量设备是用于直接测量能源用量的设备，如智能电表、智能水表、流量计等传感计量设备，如图 4-12 所示，这些设备被广泛应用于测量用水、电、燃气等能源的消耗情况，以实现更有效的能源管理和费用核算。

图 4-12　能源计量设备

借助这些检测设备，建筑设备自动化系统可以实现智能化监测、控制和管理的全面优化，从而使建筑环境更加高效、舒适和可持续。

4.2.2 执行设备

执行设备在自动控制系统中扮演着类似于人的四肢的角色,它接收主机发出的控制信号,并执行相应的控制指令,对受控对象进行控制。执行器常用于控制液体或气体的流量,例如暖通空调系统中的冷、热水阀门。BAS可以通过控制这些设备的开关状态,实现对系统的精确控制。

执行器由执行机构和调节机构组成。执行机构是指根据调节器控制信号产生推力或位移的装置,而调节机构是根据执行机构输出信号去改变能量或物料输送量的装置,最常见的调节机构有调节阀。

执行器按其能源形式分为液动、电动和气动三大类,它们各有特点,适用于不同的场合。

1. 液动执行器

液动执行器,如图4-13所示,通过液压传递产生动力,其特点是推动力强大,但缺点是体积较大,重量较重,因此适用于需要较大推力的特定应用场景,例如在电厂、石化等比较特殊的场合使用。相比之下,在智慧建筑中,由于对推动力的需求较低,因此液动执行器的使用并不常见。

图4-13 液动执行器

2. 电动执行器

电动执行器,如图4-14所示,是现代建筑中至关重要的设备之一,它能够通过电动执行机构实现建筑内部各种设备的远程控制和运行管理,从而提高建筑的自动化、智能化水平。作为建筑自动化的关键组成部分,电动执行器广泛应用于楼宇系统中的阀门、门窗、卷帘等设备,为建筑的智能控制和能源管理提供了强有力的支持。

图4-14 电动执行器

电动执行器在楼宇系统中扮演了重要的角色。首先,借助它可以实现建筑设备的开关和调节的自动化控制。相比传统的手动开关阀门或门窗,电动执行器可以更加高效和方便地进行远程或定时控制。通过电动执行器的调节,可以根据参数如温度、湿度或光照等对空调系统、通风系统进行自动调节,从而提高建筑的能源效率。在给水排水系统中,电动执行器也可以控制水泵和阀门的动作,实现水量的自动调节和监控。这对于智慧建筑的节能减排和供水质量提高具有重要意义。

其次,电动执行器在楼宇系统中实现了安全和舒适的控制能力。通过电动执行器,可以实现防火阀门、排烟阀门、安全通道门等设备的自动控制,提供建筑的安全保护。电动执行器还可以实现遮阳、遮光、隔声等功能,提升建筑内部的舒适性和使用体验。

此外,通过与建筑自动化控制系统的连接,电动执行器可以实现远程监控和集中管理。管理员可以通过中央控制系统对多个电动执行器进行集中控制,实现建筑内设备的整体调度与管理。同时,电动执行器还可以与建筑安防、能源管理等子系统进行联动,实现智能化的综合控制。

最后,电动执行器在建筑自动化领域中还具有节能和环保的作用。通过自动控制和定时控制,电动执行器能够避免不必要的能源浪费。另外,电动执行器工作过程中没有液压或气压泄漏的风险,减少了能源消耗和环境污染,提升了建筑的可持续发展水平。

电动执行器在建筑自动化领域发挥着至关重要的作用。它具有自动化控制、安全舒适、智能化联动和节能环保等优势,可有效提升建筑设备的自动化水平和能效管理能力。

3. 气动执行器

气动执行器,如图 4-15 所示,是一种利用气压驱动启闭或调节阀门的执行装置,也称为气动执行机构或气动装置。气动执行器的执行机构和调节机构是统一的整体,其中执行机构分为薄膜式和活塞式两类。活塞式行程长,适用于需要较大推力的场合;而薄膜式行程较小,只能直接带动阀杆。在大多数工控场合,所使用的执行器都是气动执行机构,因为使用气源作为动力,相比电动和液动执行器更加经济实惠,且结构简单,易于掌握和维护。气动执行器的最大优点是安全性高,适用于智慧建筑内易燃易爆空间中的设备,可以规避电动执行器潜在的因打火而引发火灾的危险。

图 4-15 气动执行器

4.2.3 控制设备

控制设备是 BAS 系统的指挥中枢,一般包括现场控制器、中央管理工作站和工程师站。

1. 现场控制器

现场控制器又称为直接数字控制器（DDC，Direct Digital Controller），是建筑设备自控系统中的关键组件，它的工作过程是控制器通过模拟量输入通道（AI）和数字量输入通道（DI）采集实时数据，并将模拟信号转变成计算机可接受的数字信号（A/D 转换），然后按照一定的控制规律进行运算，最后发出控制信号，并将数字量信号转变成模拟量信号（D/A 转换），并通过模拟量输出通道（AO）和数字量输出通道（DO）直接控制设备运行。现场控制器 DDC 的实物图如图 4-16 所示。

图 4-16　现场控制器 DDC 实物图

（1）DDC 的功能

DDC 的功能包括实时监测、数据处理、控制执行、报警管理等。这些功能可以帮助更好地管理和维护设备，提高设备的运行效率和寿命，降低运维成本，保障生产稳定性和连续性。

实时监测：能够连接各种传感器，如温度、湿度、CO_2 浓度等传感器，实时监测建筑内外环境参数。

数据处理：采集传感器数据，进行实时处理和分析，计算控制指令，优化设备运行，提高能源利用效率。

控制执行：能够根据预设的策略和算法，控制设备运行，如调节照明亮度、空调温度等。

报警管理：能够检测设备的异常状态，如温度过高、设备故障等，触发报警并通知相关人员。

能源优化：可以根据能源消耗情况，自动调整设备运行策略，减少能源浪费。

排程计划：支持设定时间排程，按照预设计划控制设备的运行状态，如定时开启/关闭照明、调整空调温度等。

远程控制：支持网络远程控制，操作员可以在工作站上远程调整设备参数和状态。

（2）DDC 的结构

典型的现场控制器（DDC）结构如图 4-17 所示。

输入/输出模块	核心模块	其他模块
模拟量输入接口(AI)	CPU 存储器 时钟	通信
数字量输入接口(DI)		显示
模拟量输出接口(AO)		按键
数字量输出接口(DO)		电源

图 4-17　DDC 结构图

CPU：控制器的中央处理单元，执行程序和算法，进行数据处理和控制运算。

存储器：包括 RAM 和 ROM，用于存储程序、数据和配置信息。

输入/输出模块：用于连接各种传感器和执行器，将外部信号输入控制器，同时输出控制指令给设备。

通信模块：支持网络通信，将控制器连接到建筑设备自控系统的总线或网络中。

时钟：用于同步各个控制器的时间，实现时间排程功能。

电源模块：外接电源接口，给 DDC 供电。

其他模块：显示、按键等模块，非必需模块，根据不同 DDC 需求单独配置。

（3）DDC 的基本输入输出接口

现场控制设备包括四种最基本的输入输出接口：模拟量输入接口（AI）、模拟量输出接口（AO）、数字量（或称为开关量）输入接口（DI）、数字量（或称为开关量）输出接口（DO）。

① 模拟量输入接口（AI）

AI 接口主要是接收各类现场传感器提供的信号。传感器感测各种连续性物理量（如温度、压力、压差、应力、位移、速度、加速度以及电流、电压等）和化学量（如 pH 值、浓度等），转变为相应的电信号或其他信号（如温度传感器一般通过热敏电阻值变化反应温度变化），输入 DDC 的 AI 接口进行处理。BAS 中现场设备的电信号输入一般采用 4～20mA 标准电流信号，也有采用 0～10mA 标准信号的，在一些信号传送距离短、损耗小的场合采用 0～5V 或 0～10V 标准电压信号。

② 模拟量输出接口（AO）

AO 接口用来控制直行程或角行程电动执行机构的行程，或通过调速装置（如交流变频调速器）控制各种电动机的转速，也可通过电/气转换器或电/液转换器来控制各种气动或液动执行机构，例如控制气动阀门的开度等。AO 接口的输出信号一般为 4～20mA 标准直流电流信号或者 0～10V 标准直流电压信号。

③ 数字量（或称为开关量）输入接口（DI）

DI 接口是用于接收各种限位开关、继电器或阀门连动触点的开、关状态的设备。它可以接收交流电压信号、直流电压信号或干接点信号。由于干接点信号性能稳定且不易受干扰，因此应用最广泛。数字量输入接口通过电平转换、光电转换及去噪等处理，将接收到的现场信号转换为相应的 0 或 1 输入存储单元。它不仅可以输入各种保持式开关信号，还可以输入脉冲信号，并利用内部计数器进行计数。

④ 数字量（或称为开关量）输出接口（DO）

DO 接口主要用于控制电磁阀门、继电器、指示灯、声光报警器等仅具有开、关两种状态的设备。通常以干接点形式进行输出，要求输出的 0 或 1 与干接点的通或断相对应。在工程中，当控制对象所需的电压大于 220V 或需要通过较大电流时，现场控制器的数字量输出接口一般不能直接接入回路，需要借助中间继电器、接触器等设备进行控制。

现场控制器在建筑设备自控系统中发挥着至关重要的作用，广泛应用于各种系统中，如照明控制、空调系统、电梯系统、安防系统、能源管理、环境监测、消防系统等，为建筑物的智能化管理水平和设备运行效率提高起到了关键性的作用。

2. 中央管理工作站

中央管理工作站在建筑自动化系统中作为"主脑"，通过通信接口与控制器进行数据通信，提供集中监视、远程操作、系统生成、报表处理及诊断等功能。其特征是多屏或大屏显示、现存图形的重复利用、动画界面、采用颜色梯度的动态信号、动态趋势等。

（1）中央管理工作站的配置方式

中央管理工作站主要由 PC 机、服务器、各种网络设备及软件组成。由于功能、特点、监控要求不同，其配置方式也会有所差别。

① 单机集中式：全部信息的采集处理、监视、控制和管理等工作都由一台主机完成，可靠性不高。

② 双机集中式：采集到的信息同时送给两台主机，主机间有切换环节，当任意一台主机的硬件或软件出现故障时，会自动切换到另一台主机，提高了系统的可靠性。

③ 多机分布式：控制系统分为主控制层和就地控制单元两个部分。主控制层通常由两台服务器或高性能计算机组成，通过通信接口与就地控制单元进行通信，实现监控系统的全局监视、控制、显示、打印和管理功能，并对整个系统进行管理和优化。就地控制单元主要指的是现场工作站。这些工作站从功能上可以是分管不同设备子系统的，也可以是互补的。从地域上，可以是集中设置的，也可以是分散在各监控机房的。工作站可以实现本单元的信息采集、处理、监视、控制和与主控制层的通信，完成实施性强的控制和调节。

（2）中央管理工作站的组成

中央管理工作站主要由计算机硬件系统和监控软件系统组成。

① 计算机硬件系统

中央管理工作站一般采用工业计算机作为硬件平台。其主要包括工业计算机、显示器、打印机等。工业计算机具有抗干扰能力强、稳定可靠等特点。一般建筑设备自控系统里，采用普通的 PC 机可以实现基本运行。

② 监控软件系统

监控软件是工作站的核心，具有人机界面、数据库、报表、通信、控制、优化运算等功能模块，可实现对建筑系统的监控与控制。

监控系统的主要软件及功能如下：系统软件：随主机提供的全套系统软件，包括实时操作系统和输入输出设备的系统软件。支持软件：确保主操作系统有效运转。应用软件：保障实时监控系统的全部功能。监视软件：对系统的硬、软件进行实时监视，确保系统安全运转。自诊断软件：检查和核对整个系统运行的正确性，显示检查结果或报警。自恢复软件：当操作系统发生故障时，能够尽快自动恢复。

（3）中央管理工作站的功能

中央管理工作站基本集合了系统的大部分核心功能，具体功能如表 4-2 所示。

中央管理工作站功能一览表　　　　　　　　　表 4-2

功能	作用
监控功能	工作站通过采集各建筑系统的实时数据，在界面动态显示系统运转状态，实现全面的监控
控制功能	工作站可以向空调、照明等系统中的控制器或设备发送控制指令，实现对设备的远程监控
报警处理功能	在检测到系统故障时，能够进行报警提示，同时记录故障信息，方便维护人员处理
数据存储与统计分析功能	工作站具有数据存储功能，可以形成系统运行数据库，并进行数据统计分析，生成运行报表
网络通信功能	通过建立各系统的通信网络，实现工作站与系统设备的信息交互与连接
优化控制功能	工作站可以根据优化算法，实现系统状态的预测与优化控制，提高系统运行效率

3. 工程师站

工程师站是供工程师开发、测试、维护系统使用的计算机，用于组态过程控制软件，诊断、监视过程控制站运行情况等。工程师站一般不单独固定设置，常借用现场工作站计算机实现其功能或利用工程师的笔记本计算机临时接入控制网络进行系统组建和维护。

4.3　BAS 子系统及智慧管理应用

4.3.1　给水排水系统

1. 概述

建筑给水和排水系统在现代化建筑中扮演着关键的角色，为建筑内部提供水资源供给和排放，同时确保居住者的健康和生活质量。下面将从给水和排水两个方面，介绍建筑给水和排水系统的重要性、组成部分及其在智能建筑中的应用。

（1）给水系统

给水系统是建筑内部的关键基础设施，确保水资源的安全供应。它通常包括以下几个组成部分：

水源：水源可以是自来水管网、水井或水箱等，根据不同的用途和地区情况来选择。给水系统的可靠性和水质都直接受到水源的影响。

水泵：水泵用于将水从水源输送到建筑各个部分。根据建筑的高度和用水需求，可能需要多个水泵来维持合适的水压。

水箱：水箱用于储存水源，是高层建筑中高楼层给水的主要方式，也可以作为储备水以应对突发情况或停水。在智慧建筑中，可以通过传感器监测水箱水位，以确保水源充足。

管道系统：管道系统将供水输送到建筑内的各个用水点，如卫生间、厨房、花园等。

合理的管道设计和布局能够保障供水流畅,并减少能源浪费。

(2) 排水系统

排水系统是将建筑内部的废水安全排放的关键系统,它主要包括以下部分:

下水管道:下水管道将废水从各个用水点引导至污水处理设施。在智慧建筑中,可以通过传感器实时监测管道状态,防止堵塞和泄漏。

污水处理设施:污水处理设施对排放的废水进行处理,以确保符合环保标准。智慧建筑可以采用先进的处理技术,如生物处理和膜技术,提高排水质量。

雨水排放系统:雨水排放系统将雨水引导至排水管道或收集设施,以避免建筑内积水和水灾。在智慧建筑中,可以根据天气预测自动调整排放系统。

(3) 智慧建筑中的应用

在智慧建筑管理中,供水和排水系统得到了更加智能化的应用。

自动调节:通过传感器监测用水量和水压,智慧建筑可以自动调节水泵的运行,实现节能和水资源的有效利用。

漏水监测:利用漏水传感器,系统可以实时监测管道的漏水情况,并及时报警,避免水资源的浪费和对建筑的损害。

智能用水:智慧建筑可以通过智能化的水表和用水监测,帮助用户了解用水情况,促进节水行为。

污水处理优化:利用数据分析和控制算法,智慧建筑可以优化污水处理过程,提高排水质量,减少环境影响。

雨水管理:智慧建筑可以根据天气预测,智能控制雨水排放,避免排水系统超负荷运行。

总之,建筑供水和排水系统是现代建筑不可或缺的基础设施,通过智慧化的管理和控制,可以提升水资源利用效率、降低能耗,为建筑的可持续发展和建筑使用者的便捷工作和舒适生活提供有力支持。

2. 供水系统的监视和控制要点

建筑大厦的生活供水系统基本采用分区策略,将用户细分为高区和低区,甚至进一步划分为高、中、低三个不同的供水区域。整个供水系统由城市供水管网、备用蓄水池以及位于屋顶的水箱等储水设施构成。

(1) 低区用户的生活供水设备监控

低区用户的生活供水采用城市供水管网或备用蓄水池作为直接供应源,以下是关于低区用户生活供水设备的监控机制。

备用蓄水池液位监控:备用蓄水池一般安装低液位、高液位、报警液位三个液位传感器,以确保水位的严格监控。当水位下降到低液位传感器以下时,自动启动给水泵,为备用蓄水池补充水;一旦水位达到高液位传感器位置,给水泵立即停止工作,以避免水量过多。报警液位传感器则负责在溢流时报警。

低区生活水泵监控:通常情况下,低区生活水泵采用变频泵,其运行由末端水压智能控制。监控内容涵盖水泵的启停控制、状态监视、故障报警监测,以及手动/自动控制状态的实时监测。

低区给水总管参数监测:监测的参数包括给水管的流量和压力等,特别是给水总管水压,它在低区生活供水系统中扮演重要角色,因为其稳定性影响着供水质量。低区生活水泵的启动台数和运行频率受给水总管压力传感器反馈值以及预设压力设定值的控制。

(2) 高区用户的生活供水设备监控

高区用户的生活供水分为两个阶段:首先,城市供水管道的水经高区生活水泵送至屋顶水箱,然后由屋顶水箱供应到用户。

以下是关于高区用户生活供水设备的监控,高区水箱给水系统如图4-18所示。

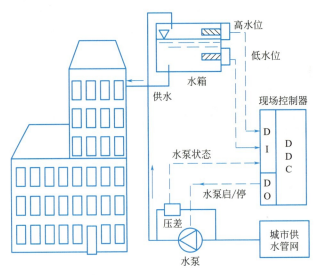

图4-18 高区水箱给水系统图

高区生活水泵监控:高区生活水泵可能装备变频或非变频泵。监控包括水泵的启停控制、状态监视、故障报警检测等,以及手动/自动控制状态的实时监控。

屋顶水箱液位监控:屋顶水箱装置了高、低两个液位传感器,以确保水位始终稳定。当水位降至低液位传感器以下时,高区生活水泵会启动,为屋顶水箱注入水。当水位达到高液位传感器位置时,高区生活水泵停止工作,防止溢流。有时也会单独安装报警液位传感器,负责溢流时的报警。

智慧建筑环境下,这些监测控制功能变得智能化,传感器和自动化系统实现了对供水设备的实时监控和精准控制,以确保建筑内不同区域的稳定供水。

4.3.2 供配电系统

1. 概述

智慧建筑供配电系统是一种集成了先进技术及智能化管理的电力分配和管理系统,旨在提高建筑内部电力供应的效率、安全性和可靠性。该系统通过集成各种传感器、控制器和网络通信设备,实现了对电力设备的实时监测、智能控制和远程管理,以适应现代建筑对电力资源高效利用的需求。

(1) 组成要素

电力供应:包括电网供电和备用电源(如发电机组、蓄电池系统),以确保电力持续供应。

变电站：将高压电网电压转换为建筑内部所需的低压电压，以及对电力质量进行控制。

配电装置：将电力从变电站输送至不同楼层和房间，通常包括配电盘、开关设备等。

电能计量与监测设备：包括智能电表、电能监测系统，用于实时监测电能消耗和质量。

智能控制系统：基于自动化控制技术，对电力设备进行智能调节和协调，提高系统效率。

（2）智慧建筑供配电系统的优势

能效提升：通过能效优化功能，合理分配电力负荷，降低用电成本。

安全可靠：实时监测设备状态，预警故障，保障供电的可靠性和安全性。

远程管理：可远程监控和操作电力设备，实现远程维护和管理。

自动化控制：通过智能控制系统，实现设备的自动化运行，提高运行效率。

灵活性：可根据实际需要调整电力供应方案，适应不同的用电场景。

智慧建筑供配电系统通过融合先进技术和智能化管理，提供了高效、安全、可靠的电力供应方案，为建筑内部提供稳定的电力环境，满足现代建筑对电力资源的智能化需求。

2. 供配电监控系统的功能

供配电监控系统的功能主要包括以下几个方面：

（1）运行状态监测

实时监测供配电系统中各关键设备如变压器、开关柜、配电室的运行状态，判断其是否在正常工作状态。通常通过状态量传感器获取设备的开关位置、报警状态等信号。

（2）运行参数的监测

对供配电系统的电压、电流、功率、频率、功率因数等关键参数进行实时监测，判断参数是否在规定范围内，如是否存在电压异常或过载等情况。

（3）故障报警事件的监测

当监测到供配电系统组件发生故障时，如断路器跳闸、电缆过载、绝缘故障等，系统可以检测到故障信号，实现故障报警，提示运维人员进行处理。

（4）运行参数、故障及操作记录的管理、存档及分析

系统随时记录供配电系统的运行数据、故障报警信息、重要操作记录等，形成历史数据库，并提供数据查询、分析功能，生成运行报表，为系统优化提供依据。

（5）断路器的通断控制

针对重要断路器，系统可以远程实现断路器的开断操作，用于系统的遥控操作或重要负载的远程控制。

（6）进线掉电故障的自动应急处理

当检测到供电进线发生断电事故时，系统可以智能判断，并自动执行一定的应急措施，如启动备用电源，切换重要负载等，实现供电可靠性的提高。

（7）自动控制功能

根据系统逻辑和设置，自动实现对某些运行参数的闭环控制，如负载均衡、功率因数优化等，无需人工干预。

（8）自动调节功能

根据需求变化，系统可以自动调整运行参数，如峰谷分时电价下自动调节用电高峰和

用电低谷。

3. 电力设备监控系统的关键监测内容

电力设备监控系统的监测内容涵盖了高压侧、低压侧、变压器、应急发电机、直流电源等方面，旨在确保电力设备的安全运行和可靠供电。

（1）高压侧监测

高压进线主开关状态监测：实时监测高压进线主开关的分合状态和故障状态，确保供电的稳定性。

高压进线电流和电压监测：监测高压进线的三相电流和电压情况，以及电压的频率，用于电力负荷分析。

功率因数监测：实时监测功率因数，帮助优化电力使用，提高能效。

电物理量计量：对电力参数进行计量，包括电流、电压、频率等，用于统计和分析。

这些参数通过建筑设备自控系统或上级调度中心进行自动监测和记录，为电力管理人员提供关键的高压运行数据，确保设备安全运行和故障报警。

（2）低压侧监测

低压侧主开关状态监测：监测变压器低压侧主开关的分合状态和故障情况，确保低压供电的可靠性。

变压器低压侧电流、电压和功率监测：实时监测变压器低压侧主开关的电流、电压、功率和功率因数，用于设备运行状态分析。

母联开关状态监测：监测母联开关的分合状态和故障情况，保障电力分配的稳定性。

各低压配电开关状态监测：监测各低压配电开关的分合状态和故障情况，确保各用电设备的供电安全。

各低压配电出线电流、电压和功率监测：实时监测各低压配电出线的电流、电压、功率和功率因数，为设备管理提供数据支持。

这些监测参数的实时掌握，使管理人员能够了解整个供配电系统的状态，并在中央控制室通过图形化界面迅速发现问题，从而实时采取措施。

（3）变压器监测

变压器温度监测：监测变压器温度，确保变压器工作温度正常，及时对超温情况进行预警。

风冷变压器风机运行状态监测：监测风冷变压器风机的运行状态，防止因散热不良造成设备过热。

油冷变压器油温和油位监测：实时监测油冷变压器的油温和油位，以分析设备运行状态和异常情况。

这些监测措施有助于保障变压器的正常运行和潜在故障的预警。

（4）应急发电机监测

发电机电气参数监测：监测发电机的电压、电流、频率、功率等电气参数，确保应急供电的可靠性。

发电机运行状况监测：监测发电机的转速、油温、油压、水温等参数，以及相关线路状态，确保发电机组正常工作。

电池组状态监测：监测直流蓄电池组的电压和电流，保障应急电力设备的正常运行。

这些监测内容有助于应急发电机及时响应，保障重要用电设施的供电。

(5) 直流电源监测

直流蓄电池组电压和电流监测：监测直流蓄电池组的电压和电流，保证直流电源的正常供应。

高压主开关状态监测：监测高压主开关的分合状态，确保高压设备的稳定运行。

这些监测措施有助于保障直流电源的可靠工作，维护建筑内部设备的正常供电状态。

电力设备监控系统通过对高压侧、低压侧、变压器、应急发电机和直流操作电源的全面监测，为建筑提供了智能化、可靠的电力设备管理，保障了电力供应的安全性和稳定性。

4.3.3 冷热源系统

1. 概述

冷热源设备在建筑工程中扮演着关键的角色。系统中的冷源包括冷水机组和热泵机组等，主要用于为建筑物的空调系统提供冷量。而系统中的热源可以是锅炉系统或热泵机组，不仅可为建筑物的空调系统提供热水，还包括生活热水系统。

鉴于冷热源设备在建筑中的重要性，其控制涉及范围广泛且较为复杂。因此，在一般民用建筑中，冷热源设备的控制并不是直接由建筑设备自控系统来执行的。建筑设备自控系统通过接口方式，能够对这些设备的启停和一些可调参数进行控制，如出水温度、蒸汽温度的调节等。然而，冷热源设备监控系统则主要用于监测这些设备的运行状态，以及相关水循环和蒸汽循环回路的工作状态和参数。

2. 工作原理

冷热源系统是建筑物中用于提供冷量和热量的关键设备系统。它们通过不同的工作原理来实现这一目标，接下来简单介绍冷源和热源系统的工作原理。

(1) 冷源系统

冷源系统一般由压缩机、蒸发器、冷凝器等设备组成。

冷源系统的基本工作原理是通过制冷剂的循环流动，在蒸发器和冷凝器之间进行热交换来实现冷却效果，具体工作原理如图 4-19 所示。

蒸发器：在蒸发器中，低压下的制冷剂吸收周围的热量，从而变为气体态，导致周围环境温度降低。

压缩机：气体态的制冷剂被压缩机压缩，使其升高压力和温度，将热量带走。

冷凝器：在冷凝器中，高温高压的制冷剂释放热量，冷却并凝结成液态，同时将热量传递给外部环境。

膨胀阀：液态制冷剂通过膨胀阀减压，重新进入蒸发器，从而开始新一轮循环。

夏季中央空调系统通常使用冷冻水作为制冷源。这种系统采用集中制备冷冻水，并通过循环管网向建筑物供应冷冻水。一般来说，冷冻水的供水温度约为 7℃，回水温度约为 12℃。冷冻水与被调节的空气通过表冷器进行热量交换，从而实现制冷效果。

(2) 热源系统

热源系统可以采用锅炉系统或热泵机组。其基本工作原理是通过燃烧或其他方式产生

智慧建筑运维

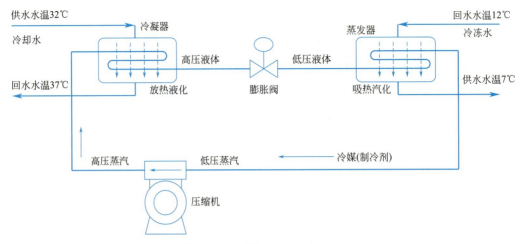

图 4-19　冷源系统的工作原理图

热量，并将这种热量传递给供热介质，如水或空气。

产热：在锅炉系统中，燃烧燃料（如天然气、石油等）产生高温烟气，使热交换表面加热。

传热：热交换器通过与水或空气的热交换，将热量从烟气传递到供热介质中。

分配：热量被分配到建筑物内部，通过管道或风道传送到不同的房间或区域。

循环：热介质在系统中循环，不断地为建筑物提供热量。

在冬季中央空调中，常常使用热水作为制热源，采取集中制备或通过循环管网供应热水的方式。一般而言，热水的供水温度约为 60℃，回水温度约为 50℃。热水通过表面加热器与被调节的空气进行热量交换，以达到制热的效果。

总的来说，冷热源系统利用不同的工作原理来提供冷量和热量，以满足建筑物内部的温度和能源需求。这些系统在建筑领域中发挥着重要作用，为室内环境的舒适性和效能提供关键支持。

3. 系统监控

（1）冷源系统监控

建筑物冷源系统监控主要包括冷水机组、冷却水循环和冷冻水循环三部分。

① 冷水机组

在民用建筑中，冷水机组内部设备的控制通常由机组自带的控制器来完成，而非直接受建筑设备自控系统的控制。然而，建筑设备自控系统可以通过通信接口来控制冷水机组的启停以及部分参数调节。同时，它还能通过接口监测一些关键的运行参数。确切可控的参数需要建筑设备自控系统的工程承包商与冷水机组生产厂商进行协调，这取决于厂商是否开放了相应的数据。通常情况下，建筑设备自控系统监控冷水机组的状态参数主要包括：冷水机组的启停控制和状态监测、冷水机组的故障报警监测、冷水机组的手动/自动控制状态监测、冷冻水出水/回水温度的监测等。

建筑设备自控系统对冷水机组的控制主要集中在台数控制上，即确定何时启停各台冷水机组。系统根据建筑的实际冷量需求来决定启动哪些冷水机组，以及启用的冷水机组数量。一般的控制要求是确保各台冷水机组的累计运行时间基本相等，并避免同一台冷水机组频繁启停。

除了对冷水机组本身的控制外，建筑设备自控系统还需要对各个冷水机组的冷冻水和冷却水进水阀进行控制。此外，系统还会根据需要测量冷冻水和冷却水的进水和回水温度、流量等参数。

② 冷却水循环

冷却水循环是建筑物空调冷源系统的一个重要部分，其主要任务是将冷水机组从冷冻水循环中吸收的热量释放到室外。对这一回路的监控涉及多个方面，主要包括冷却塔、冷却水泵以及冷却水循环进水、回水参数等，见表4-3。这些控制和监测步骤有助于确保冷却水循环的顺畅运行，保证冷水机组的正常工作，为建筑内部提供适宜的温度。

冷却水循环系统监控内容　　　　　　　　表 4-3

监控对象	监控内容
冷却塔监控（冷却水循环回路的核心设备）	冷却塔风机的启停控制和状态监测 冷却塔风机的故障报警监测 冷却塔风机的手动/自动控制状态监测 控制冷却塔进水管的蝶阀等
冷却水泵监控（冷却水循环的动力设备）	冷却水泵的启停控制和状态监测 冷却水泵的故障报警监测 冷却水泵的手动/自动控制状态监测 如果冷却水泵配备了蝶阀，还需对其进行控制
冷却水循环进水、回水参数的监控	主要监测回水温度，这是确保冷水机组正常运行的重要参数。维持合适的回水温度范围是冷却水循环的核心功能。此外，根据需求，还可以设置流量、压力传感器等设备来监测进水和回水的参数，也可以在进水、回水管之间设置旁通回路

③ 冷冻水循环

冷冻水循环在建筑物空调冷源系统中起着重要作用，该循环将从各楼层的空气处理设备返回的高温冷冻水输送至冷水机组进行制冷，然后再供应给各空气处理设备。对这一循环的监控主要包括冷冻水泵、冷冻水的供回水参数以及旁通水阀的控制。

冷冻水泵是冷冻水循环的主要动力设备，其监控内容包括：冷冻水泵的启停控制和状态监测、冷冻水泵的故障报警监测、冷冻水泵的手动/自动控制状态监测，若使用变频泵，还需对水泵的频率进行控制和监测，如果冷冻水泵带有蝶阀，还需要对蝶阀进行控制。

冷冻水供回水参数包括：冷冻水供回水温度监测、冷冻水供回水总管压力监测、冷冻水循环流量监测。

系统可以通过监测冷冻水供回水总管压差，控制水泵的启动台数（具体选择哪台冷冻水泵可根据累计运行时间等方法判断），或者调整旁通阀的开度，以保持恒定的冷冻水供回水总管压差，从而实现节能。如果使用变频泵，可以取消旁通阀。系统还可以根据冷冻水供回水温差和流量，计算出整个空调冷源系统的总冷量输出。

这些控制和监测措施有助于确保冷冻水循环的顺畅运行，为建筑内部提供适宜的温度，确保空调系统高效运行。

（2）冷源系统的控制时序

冷水机组在整个建筑物空调冷源系统中扮演着核心角色，冷冻水循环和冷却水循环都根据冷水机组的运行状态进行相应的控制。

在需要启动冷水机组时，通常会按照以下顺序进行操作：首先启动冷却塔，其次启动冷却水循环系统，然后启动冷冻水循环系统，确保冷冻水和冷却水循环系统都已启动后，方可启动冷水机组。而在需要停止冷水机组时，停止的顺序与启动相反，即首先停止冷水机组的运行，然后停止冷冻水循环系统和冷却水循环系统，最后关闭冷却塔。

这样的有序启停过程确保了冷水机组和相关系统的平稳运行，为建筑提供了有效的空调冷源，同时也保障了系统的正常运行和节能效果。

（3）热源系统监控

建筑物的空调系统主要依赖于两种热源设备：热泵机组和锅炉系统。

① 热泵机组

在制热工况下，热泵机组的监控原理与制冷工况下类似，只是内部的冷凝器和蒸发器的位置可以通过四通阀交换。在这种情况下，冷凝器与冷冻水循环发生热交换，向冷冻水中释放热量；而蒸发器与冷却水循环发生热交换，从室外吸收热量，从而达到制热的目的。对于热泵系统在制热工况下的监控内容和控制方式，基本上与制冷工况下相同。

② 锅炉系统

锅炉系统的监控原理与热水循环和冷水机组的冷冻水循环系统类似。不同之处在于热水循环与热交换器的蒸汽回路发生热交换，吸取热量。在双管制建筑中，空调系统的热水循环与冷冻水循环共用同一水循环回路。因此，在冬、夏季工况下，通过此水循环回路在锅炉机组和冷水机组之间进行切换，实现供冷和供热转换。在切换过程中，此水循环回路的工作原理、监控内容以及控制方式保持不变。

在民用建筑中，锅炉机组的内部设备通常由自带控制器管理，而不是直接由建筑设备自控系统控制。但是，建筑设备自控系统可以通过通信接口控制机组的启停和调整部分控制参数，同时还可以监视一些重要的运行参数。一般而言，建筑设备自控系统可以监控锅炉机组的状态参数，包括启停控制、状态监视、故障报警、手动/自动控制、进出口蒸汽温度和压力等。热交换器一端连接着锅炉机组的蒸汽回路，另一端与热水循环回路相连。其主要监控内容包括：热水循环回路的水流监测、出水温度监测，以及蒸汽回路阀门的开度调节。在有多台热交换器的情况下，还需要在每台热交换器的热水循环回路进水口安装蝶阀，并进行控制。热交换器根据实际的热水循环回路出水温度和设定温度，通过蒸汽回路阀门的开度来控制出水温度，以保持热水循环回路的出水温度。

当存在多台锅炉机组和热交换器时，涉及设备之间的联动和群控问题。启动一台锅炉机组时，一般会首先启动相应的热水循环泵，然后打开热交换器的蒸汽阀门，最后再启动锅炉机组。停止一台锅炉机组时，顺序相反，即先停止锅炉机组的运行，然后关闭蒸汽阀门和热水循环泵。

4.3.4 空调系统

1. 空调系统概述

空调系统是建筑物中用于调节室内温度、湿度和空气质量的关键设备系统，这个系统旨在提供舒适的室内环境，适应不同季节和气候条件。空调系统是一个复杂的系统，由空气处理机组、冷却系统（冷源）、加热系统（热源）、通风系统、控制系统等组成，见表4-4。空调系统的工作原理涉及将外部空气经过过滤、加热或冷却等处理后，通过送风系统输送到室内。这样可以实现室内空气的循环，同时根据需要调整温度和湿度。空气处理机组负责处理和净化空气，然后通过风管系统将处理过的空气传送到不同的房间。

空调系统主要组成部分　　　　　　　　　　　　　　　　　　　　　　表 4-4

系统组成	功能
空气处理机组	这是系统的核心部分，负责将外部空气处理并输送到室内。它包括过滤器、加热器、冷却器、加湿器和送风风扇等
冷却系统	用于降低室内温度的组件，如冷水机组和冷却塔
加热系统	用于提供温暖空气的设备，如锅炉、电加热器等
通风系统	通过空气循环来保持新鲜空气的供应，并排出室内的污浊空气
控制系统	利用传感器监测室内环境参数，然后调整系统运行以维持所需的温度和湿度

这些部分必须紧密匹配和协调，而系统的稳定运行是相互关联的结果。一旦系统中的任何设备或参数发生变化，都会对其他设备和整个空调系统产生影响。此外，空调系统的设计是基于室内和室外参数的，但实际运行中，这些条件是不断变化的，系统通常处于部分负荷工况。因此，为确保室内空气参数达到要求，必须对系统进行调节和控制。

调节方法可以根据用户需求，采用手动调节、全自动或半自动调节。为保证空调系统的安全、可靠、经济运行，运行人员需要实时了解系统参数和设备状态。为此，必须配备完善的自动监测系统，自动记录运行参数，代替人工观察和记录。

空调监测与调节系统的核心任务是自动监测和调节空调、制冷和供热系统的运行参数，以确保房间维持舒适健康的环境。系统还负责发出信号报警和联锁保护，确保设备和系统安全、可靠、高效运行，同时防止设备损坏。

2. 空调自动控制系统的主要功能

空调自动调节系统是以空调房间为主要调节对象，包括监测与变送装置、调节器、工况转换和执行机构、调节机构等一系列关键组件。其设计目标在于实现对空调系统关键参数的自动控制，使得这些参数在受到内部和外部扰动的影响下，能够快速、精确地回到预定的正常范围内。空调系统自动控制功能如表 4-5 所示。

空调系统自动控制功能表　　　　　　　　　　　　　　　　　　　　　表 4-5

功能参数	效果
空气参数监测与调节	监测和调节空调房间的温度和湿度，确保室内环境舒适
新风温度监测与报警	监测新风的温度，并发出报警信号，保证新风的适宜性
风温湿度监测	监测一次和二次混合风的温度，确保送风质量
回风温湿度监测	监测回风的温度和湿度，用于调节送风参数
送风温湿度监测与调节	监测和调节送风的温度和湿度，保证送风的舒适性
表冷器出口温度监测	监测表冷器出口处空气的温度，保证冷却效果
工况转换自动控制	实现工况切换时的自动控制，确保系统平稳过渡
设备工作自动联锁与保护	针对设备运行异常，实现自动联锁和保护

续表

功能参数	效果
过滤器静压差监测与报警	监测过滤器进出口的静压差,保证空气过滤效果
风量监测与调节	监测和调节变送风流量,确保送风量的稳定性
风管静压监测	监测变风量系统风管的静压,确保系统的正常运行
制冷系统参数监测和控制	监测制冷系统的温度、压力等参数,发出信号报警,实施联锁保护和控制
热源系统参数监测和控制	监测热源系统中的温度、压力、流量等参数,发出信号报警,实施联锁保护和控制
防排烟系统监测与控制	监测和控制防排烟系统的运行状态

综上所述,空调监测与调节系统的重要性在于确保空调系统各部分的协调运行,提供舒适的室内环境,同时保障设备的安全和可靠运行。这些系统不仅是建筑物内部环境的保障,也是节能、高效运行的保障。

近年来,计算机技术、通信技术、计算机网络技术和自动化技术的飞速发展,为空调的监测与调节系统注入了新的活力。这些技术的应用将空调系统推向了一个全新的阶段,提供了更智能、更高效的控制方式。因此,设计出经济高效且可靠的空调监测与调节系统尤为重要。

3. 空调通风系统监控要点

(1) 新风机组监控

新风机组通常与风机盘管配合使用。其主要是为各房间提供一定的新鲜空气,满足室内空气环境要求。为避免室外空气对室内温湿度状态的干扰,在送入房间之前需要对其进行热湿处理,过滤后送入室内,其监控原理如图 4-20 所示。

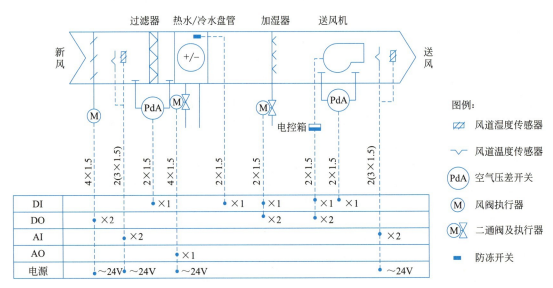

图 4-20 新风机组监控原理图

通过风阀执行器调整新风门的开度,可控制新风的流入量,经过滤网过滤后送入室内。为监测滤网通畅性,滤网两端安装了压差开关。当滤网阻塞时,压差增大,压差开关报警,提示清洁。

经过过滤的新风经热水/冷水盘管进行热交换处理,通过调节水阀开度控制热交换速度,可调整新风温度。通常根据送风温度与设定温度差进行水阀 PID(比例、积分、微分)控制。

部分盘管系统是单一冷水系统,仅用于制冷,不流热水;另一种是冷/热水双用系统,夏季流冷冻水制冷,冬季流热水供暖;还有四管制盘管系统,由两个单一两管制盘管系统构成,一个夏季制冷,一个冬季供暖。

送风机是新风机组的动力装置,监控内容包括:风机启停、状态监视、故障报警、手动/自动控制。另设送风口温度传感器,监控送风温度。

如需湿度控制,需加湿设备和湿度传感器。加湿设备通常安装在换热盘管之后,避免冬季结冰,湿度传感器与温度传感器类似,安装于出风口。

新风机组可构建全新风系统或新风机加盘管系统的空调系统。

(2)风机盘管监控

风机盘管机组简称风机盘管。它是由小型风机、电动机和盘管(空气换热器)等组成的空调系统末端装置之一。盘管管内流过冷冻水或热水时与管外空气换热,使空气被冷却、除湿或加热来调节室内的空气参数。它是常用的供冷、供热末端装置。

与新风机组不同的是,风机盘管直接安装在各空调区域,用于封闭循环处理空气(通常没有新风,完全处理回风),风机盘管的监控原理如图 4-21 所示。

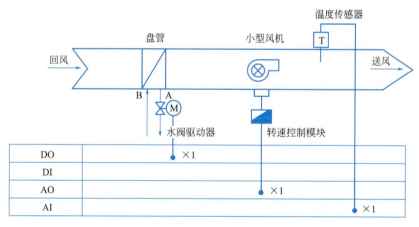

图 4-21 风机盘管监控原理图

因风机盘管对回风进行分散处理,从监控内容到设备功率控制,相比集中处理的新风机组更简单。回风通过小功率风机吸入风机盘管,经过热交换后送回室内。

风机盘管功率较小,因此控制相对简单,仅需转速控制,通常为 3 级调节,即高、中、低速。由于处理的是室内回风,风机盘管不需要滤网。温度采样直接取室内实际温度,温度传感器常装于控制面板内。

风机盘管的系统控制原理与新风机组基本一致,包括两管制和四管制,根据室内温度与设定温度之差,通过 PID 调节回水阀开度。

风机盘管同样可加湿度检测与控制设备,实现室内湿度控制,其控制原理与新风机组相似。

(3) 空气处理机监控

采用全新风的空调系统能够提供最佳舒适环境，但耗能较高；而完全采用风机盘管系统则能降低能耗，由于无新风输入，空气质量无法得到保障，特别是在紧闭的高楼建筑中，新风供给将成为难题。因此，通常会将新风机组和风机盘管系统结合使用，形成新风机加风机盘管系统。这一系统对新风进行集中处理，而将回风分散处理于各个空调区域。这个处理方式涉及多个相互关联的可调环节，每个环节的影响范围不同，因此整个系统的调节显得复杂。

另一种同时处理新风和回风的方法是使用空气处理机对混合后的新风和回风进行集中处理，然后送至各空调区域。新风和回风的比例可以根据需要进行调整。

相较于新风机组，空气处理机主要多了新风和回风的混合过程，之后再进行处理。空气处理机内含新风门和回风门，分别控制两个风门的开度，以控制混合空气中新风和回风的比例。两者的开度之和始终保持100%。增大新风比例可提升室内空气质量和舒适度，而提高回风比例则可节能。因此，在调整新风和回风比例时，需要综合考虑舒适度和节能。空气处理机运行时，一般不允许新风门全闭，最小开度通常约为10%。

此外，为了监测回风温度，需要在空气处理机的回风口安装温度传感器。在运行中，根据回风温度、送风温度以及设定温度之间的差异，通过PID控制调整新风和回风的风门开度，以及盘管回水阀的开度。

空气处理机中其他设备的工作原理与新风机组基本相同，还可以添加湿度监测和控制设备，以调节湿度。同时，安装湿度监测和控制设备后，可以根据新风和回风的数值来控制新风和回风的比例，以实现节能效果。

(4) 风口末端监控

新风机组和空气处理机常用于集中处理空气，然后将处理后的空气供应到各个风口，用于制冷或供热。通常，风口末端有两种控制方式：定风量控制和变风量控制。

① 定风量控制

定风量末端的监控原理是风口末端的风量无法调节，只要新风机组或空气处理机稳定工作，各风口末端的送风量保持一致。为了满足不同房间对温度的个性需求，定风量控制系统可以在末端设置冷、热盘管或电加热/冷却设备，对处理后的空气进行二次调整。

这种控制方式中，新风机组或空气处理机只需要控制送风温度，保持集中送风的风量和温度恒定。电加热/冷却设备与室内温度传感器形成简单的单闭环控制系统，因此，虽然控制简单，但能源消耗较高。例如，在夏季，室外高温空气经过处理后送至某房间，若室内温度较低，则需启动电加热设备，虽然可提升温度控制精度，但能耗增加。

② 变风量控制

变风量末端的监控原理是通过调节风口末端的风量，满足不同房间对温度的个性需求。根据室内实测温度与设定温度之差，确定风口的送风量需求，再根据送风量需求与风速传感器实测值的差异，控制末端风阀。

变风量控制系统中，新风机组或空气处理机通常配备变频风机，其频率根据各末端的风量需求调整。由于输出风量与用户区冷/热需求相符，当需求减少时，能耗也随之降低，因此节能效果良好。

然而，变风量控制系统中，任一末端风量的变化都会影响总风管压力。如果不能及时调整新风机的转速或其他风阀的开度，会干扰其他末端的风量。各末端的风量测量也较为困难，尤其在风量较小时。因此，相比定风量系统，变风量控制系统的调节更复杂。

常用的变风量控制方式有定静压控制和变静压控制。

定静压控制：在送风道适当位置设置静压传感器，以保持固定静压，通过调整送风电动机的频率来改变送风量。然而，这种方式在风管复杂情况下，难以确定传感器设置位置和数量，且节能效果较差。

变静压控制：采用压力无关型变风量末端，末端控制器根据需求风量和风管静压调节风阀开度，保证送风量稳定。变风量末端中的风机通常为变频风机，根据末端需求调整频率。

（5）送风排风系统监控

送风排风系统不对空气进行温度、湿度处理，因此，其控制相对简单。这类系统的监控原则主要关注送风排风风机的工作状态，监控内容包括：风机的启停控制及状态监测、风机故障报警监测、风机手动/自动控制状态监测等。

还可以加装风速传感器，用于监测送风、排风量。此外，某些送风系统可能需要配置滤网以对室外空气进行过滤。在这种情况下，还可以安装滤网压差传感器，以监测滤网是否阻塞。

4.3.5 智慧照明系统

1. 概述

随着科技不断发展，智能化已经成为我们日常生活的关键词之一。而在这个数字时代，智慧照明系统正成为建筑物和城市的一部分，为人们带来了更舒适、高效、节能的照明体验。这项技术正在逐步改变我们对于光明的认知，让照明不再只是简单的点亮空间，而是成为一种智能化、可控制的资源。

智慧照明系统的核心在于将照明与先进的技术相结合，以实现更精细化控制。通过传感器、网络连接和自动化控制，智慧照明系统可以根据环境条件、人员活动和自然光线的变化，智能地调节照明亮度和颜色，以创造出最适合不同场景和需求的光照环境。这不仅提升了用户的舒适感，还在很大程度上节省了能源消耗。

在家庭环境中，智慧照明系统为居民带来了更便捷的生活方式。通过智能手机或声控设备，居民可以随时随地控制灯光的开关、亮度和色温。例如，早晨的柔和暖光可以帮助人们起床，而在晚上，冷色调的光线则有助于放松身心。此外，系统还可以根据家庭成员的活动习惯，自动调节照明，提高居住环境的舒适度。

在商业和办公场所，智慧照明系统的价值更加显著。它可以根据不同的工作任务和时间段，优化照明设置，提高员工的工作效率和舒适度。通过实时监测，系统可以及时检测到灯具的故障或异常，从而实现快速维修和节省维护成本。此外，智慧照明系统还可以结合定位技术，实现精准的空间管理，比如指引人们找到最近的会议室或工作区域。

在城市规划中，智慧照明系统也扮演着重要角色。街道、公共场所和建筑外立面的智能照明，不仅提升了城市的夜间美感，还提高了公共安全性。传感器可以监测行人的活动，根据需要自动调整照明亮度，从而节省能源，减少灯光污染。

然而，智慧照明系统也面临一些挑战。随着技术的复杂性增加，系统的安全性和隐私保护变得尤为重要。确保数据的安全传输和储存，以及用户隐私的保护，是系统开发者和管理者需要认真考虑的问题。

总的来说，智慧照明系统正在引领照明领域的变革。它不仅为人们带来了更智能、个性化的照明体验，还为建筑物和城市的可持续发展做出了重要贡献。未来，随着技术的不断创新，智慧照明系统将会继续演进，为我们的生活和环境带来更多的光明。

2. 智慧照明系统的组成

智慧照明控制系统主要由以下几部分组成：

（1）传感器

传感器是智慧照明控制系统的核心组成部分之一，它能够感知环境变化和用户需求，将检测到的信号传输给控制系统。传感器主要包括光照度传感器、人体传感器、温度传感器等。

（2）控制系统

控制系统是智慧照明控制系统的核心组成部分，它可以接收传感器传输的信号，并根据预设的程序和控制策略，对灯具进行智能化控制。控制系统主要包括控制软件、中央控制器、分布式控制器、网关等。

（3）执行器

执行器是智慧照明控制系统的终端组成部分，它能够接收控制系统的指令，并驱动灯具进行开关、亮度、颜色的调节等操作。执行器主要包括继电器、调光器、LED 驱动器等。

（4）网络通信系统

网络通信系统是智慧照明控制系统实现远程控制和信息交互的关键组成部分，它可以通过互联网、蓝牙、Wi-Fi 等多种通信方式，实现各组成部分之间的数据传输和信息交互。

3. 智慧照明控制方式

智慧照明控制的方式是通过先进的技术手段，以及传感器、网络连接和自动化控制等工具，实现对照明设备的智能调节和控制。以下是几种常见的智能照明控制方式：

手动控制：用户可以通过智能手机、平板电脑、遥控器等设备，直接手动控制灯光的开关、亮度和色温。这种方式使用户可以根据需要随时随地调整照明设置，提高灵活性。

声音控制：声控技术允许用户通过口令或声音指令来控制灯光。智能助理设备如小爱音箱、天猫精灵等可以识别用户的声音指令，从而实现对照明的控制。

传感器自动控制：使用传感器（如光线传感器、人体感应传感器）来感知环境条件，自动调节照明亮度和色温。例如，当环境光线变暗或有人进入时，灯光自动亮起。

定时控制：设置定时器来自动调整灯光的开关、亮度和色温。这种方式特别适用于需要在特定时间段内进行照明变化的场景，如日出和日落时段。

情景模式控制：用户可以预先设置不同的情景模式，根据不同的活动需求切换照明设置。例如，就餐模式、阅读模式、休息模式等，每个模式都对应着特定的灯光亮度和色温。

自适应控制：智能照明系统可以根据自然光线的变化和环境条件，自动调整照明设置，以保持室内舒适的光照环境，同时最大限度地节省能源。

集中控制系统：在商业或办公场所，使用集中控制系统可以通过中央控制台对整个建筑物的照明进行集中管理。管理员可以实时监控和调整各个区域的照明状态。

智能照明控制的方式多种多样，旨在实现更舒适和节能的照明体验，同时提供了更多的个性化和自动化选择。这些方式的结合可以根据不同的使用场景和需求，创造出更智能、便捷的照明环境。

4. 智慧照明系统的应用场景

智慧照明系统在智慧建筑中有广泛的应用，为不同场景提供了个性化、高效能的照明解决方案。

智能办公室：在办公室环境中，智能照明系统可以根据自然光线、人员活动和时间等因素智能调节灯光亮度和色温。当有人进入办公室时，灯光自动亮起，并在人员离开后自动关闭，实现节能效果。

会议室：智能照明系统可以与会议室的预定系统集成，根据会议时间自动调整照明。此外，通过情景模式，可以根据不同类型的会议设置适宜的灯光，如演示、讨论或培训。

医疗环境：在医院、诊所或养老院等地，智能照明系统可以根据患者和医护人员的需求，提供舒适的灯光环境。在病房中，可以根据患者的状态调整灯光亮度，帮助提高病人的舒适感。

酒店客房：智能照明系统可以为酒店客房提供定制的体验。客人可以通过控制面板或手机应用调整灯光亮度和色温，创造出适合工作、休息或浪漫的氛围。

商业空间：在商店、购物中心和展示厅等场所，智能照明系统可以根据商品类型和季节需求调整灯光，突出展示效果。声控或移动传感器可以使得顾客在接近商品时，灯光自动调亮，增强购物体验。

教育机构：在学校、图书馆和实验室中，智能照明系统可以根据教室的不同用途，设置适当的照明模式。对于教室中的学生，可以根据学习任务的不同，调整灯光以提高集中注意力和学习效果。

艺术展览：在画廊、博物馆和艺术展览场所，智能照明系统可以根据不同的艺术品类型和展示需求，调整灯光的角度和亮度，突出艺术作品的细节和效果。

室内运动场馆：在体育馆、健身房和室内运动场地，智能照明系统可以根据不同的活动类型，调整照明亮度和光线的分布，提供适宜的运动环境。

餐厅和咖啡馆：智能照明系统可以根据就餐时间和不同的用餐需求，设置不同的灯光模式，为顾客创造出温馨、舒适的用餐氛围。

无论是提高舒适性、节省能源，还是提供更好的体验，智能照明系统在建筑物内部的各种应用场景中都发挥着重要的作用。这些系统的灵活性和个性化特点，使得建筑物内的照明环境能够更好地满足不同用户的需求和偏好。

4.3.6 智慧电梯系统

1. 智慧电梯概述

智慧电梯是一种利用先进的技术和自动化控制手段，以提高电梯运行效率、乘坐安全性以及用户体验为目标的电梯管理和控制系统。这种系统通过集成传感器、通信技术、数据分析和人工智能等技术，使电梯具备更智能、更便捷的功能，从而满足不断增长的城市和建筑物对电梯的需求。

智慧电梯的出发点也是为了人们的生活更安全、更舒适。智慧电梯的目标是保障电梯安全和高效运行，从而提升人们的乘坐体验。具体来说，智慧电梯技术具备以下优势。

（1）提升电梯困人救援的便捷和迅速性

随着全国各地电梯应急救援公共服务平台的建设，人工报警与智慧电梯系统的结合使得救援更加高效。当电梯发生故障困人时，探测到的数据可以直接发送到应急处置指挥中心、使用单位和维保单位，指令救援人员迅速实施救援。同时，自动记录的电梯故障原因等信息发送至政府电梯应急处置平台和维保单位，使得救援人员能够快速找到被困人员并准确判定故障原因，大大提高了救援效率。这种救援方式的应用，不仅缩短了被困人员的等待时间，也减轻了救援人员的压力，进一步保障了公众的生命安全。

（2）提高电梯维护保养规范性

智慧电梯技术的不断发展，将彻底改变传统电梯的监控和维护模式。现在，日常的维护和检测工作可以通过物联网移动终端设备来完成，无论何时何地都能获取相关数据，从而极大地提高了日常维护保养的效率和质量。

然而，由于一些行业内的低价竞争、维保单位内部管理松懈或者维保技术能力不足等，目前日常维保的实际到位率还达不到要求。有些维保人员只是形式上的应付，维保效果令人担忧。不过，运用物联网技术，我们可以通过电梯内置的信息采集装置，读取电梯控制系统中不可更改的原始维保操作记录，以此来判断某次维保是否按照技术规范进行，是否按时进行。同时，通过大数据的汇总，还可以对维保单位的服务质量进行准确考核。

（3）实现安全预警，全面提升电梯产品质量

电梯制造企业可以利用物联网收集的电梯故障数据、运行状态参数和监控信息，持续改进产品设计，提升产品质量，提高安全性能。同时，通过大数据分析，能够预判电梯故障，并有针对性地开展维护或提前更换配件，实现"按需维护"，消除潜在事故，提高电梯的安全性。这种主动干预的策略可以使电梯制造企业更加有效地管理电梯维护和配件更换，从而提高客户满意度和降低运营成本。

（4）提升电梯监管单位的管理能力

智慧电梯技术的出现，改变了以往数据层层汇总、管理主要通过听取报告的模式。将电梯运行大数据与监控数据相融合，使监管部门能够直接了解辖区内电梯的当前运行状态、故障率、困人救援、维保质量等情况。这种模式使监管部门能够掌握第一手资料，避免信息传递过程中的各种人为或技术失真。通过这些数据，监管部门可以制定出更精确、更有效的监管措施。智慧电梯技术为监管部门提供了全面、准确的大数据支撑，进一步提高了监管效率和电梯安全保障水平。

2. 智慧电梯的主要监控信息

智慧电梯系统的核心功能是监控电梯运行中的各类数据和信息，确保电梯安全、高效运行，系统需要监控的主要数据和信息如下。

（1）电梯轿厢状态数据

监测电梯轿厢的基本状态，包括电梯轿厢的位置、运行方向、速度、楼层等数据，这

些数据可以帮助实现智能调度,减少等待时间和提高服务效率。

(2)电梯运行传感器数据

智慧电梯系统集成各种传感器,如重量传感器、速度传感器、加速度传感器等,监测电梯内部的运行状态。这些数据有助于检测电梯的异常情况,如超载、突然停止等。

(3)乘客数据

监控乘客的上下行动态,以便优化电梯的调度。通过分析乘客的分布情况和目标楼层,系统可以更智能地决定电梯的运行策略。

(4)能耗数据

监测电梯的能耗情况,包括电梯的运行耗能、照明系统的能耗等。通过分析能耗数据,可以优化电梯的运行策略,降低能源浪费。

(5)安全数据

监测电梯的安全状态,如门的闭合情况、防止电梯在错误位置停留等。同时,监控系统还可以实时检测电梯的速度、运行轨迹等,确保电梯安全运行。

(6)故障信息

智慧电梯系统可以根据收集到的数据分析和识别电梯的故障,帮助维护人员迅速定位问题并采取修复措施。

(7)报警信息

建立报警机制,当电梯发生异常或故障时,系统可以自动发出警报通知运维人员,以便及时处理。

(8)维护记录信息

记录电梯的运行历史和维护情况,帮助维护人员了解电梯的运行状况和维护需求。

智慧电梯系统的监控旨在实现电梯的智能化管理和安全运行,提高电梯的效率和服务质量,为乘客提供更好的出行体验。同时,监控系统还可以减少故障和意外事件的发生,保障电梯运行的可靠性和安全性。

3. 智慧电梯运维管理系统

智慧电梯运维管理系统是一种基于先进技术的解决方案,旨在提升电梯的维护效率、降低故障风险,并改善电梯的运行性能。该系统利用传感器、数据分析、远程监控等技术,实现对电梯设备的全面监测、诊断和维护,从而为运维人员提供更精确的数据和智能的管理工具。

智慧电梯运维管理系统的核心目标是在保障电梯安全运行的前提下,提高维护的效率和准确性。系统的主要功能是提高电梯安全性和舒适性,预测故障,主动进行维护,生成运维检修报告,评估电梯健康状态,大幅降低维护成本,优化资源分配。

(1)系统功能

实时监测与预警:通过传感器和数据采集技术,系统实时监测电梯的各项参数,如速度、载荷、温度等。一旦发现异常情况,系统会发出警报,提醒运维人员及时处理。

远程监控:运维人员可以通过手机、平板电脑或计算机远程监控电梯的状态。这种远程监控使得维护人员可以随时了解电梯的运行情况,一旦发现异常情况,可以及时采取措施,减少停机或安全风险。

故障诊断:系统通过数据分析和算法识别电梯故障,并提供详细的故障信息和解决方案。这有助于维护人员更快地定位问题,减少修复时间。

维护预测:基于历史数据和趋势分析,系统可以预测电梯设备可能的故障点,从而提前进行维护,降低维护成本和停机时间。

保养计划优化:系统根据电梯的运行情况和维护历史,智能生成最佳的保养计划。这有助于合理分配维护资源,避免不必要的维护和检修。

数据分析和报告:系统会收集和分析大量数据,生成各种报告和分析结果,帮助运维人员了解电梯的运行趋势和性能表现。

远程控制:在某些情况下,运维人员可以通过系统实现电梯的远程操作,如远程开关、复位等,从而进行基本的故障处理。

安全管理:系统可以监测电梯的安全状态,例如紧急停止、门的状态等,以确保乘客的安全。

交互管理:系统通常提供直观、易用的用户界面,使运维人员能够轻松使用系统的各项功能。

智慧电梯运维管理系统可以极大地提升电梯维护的效率和准确性,减少停机时间和故障风险,提高电梯的可用性和安全性,为建筑管理带来更大的便利和效益。

(2) 各集成子系统模块

① 远程监控子系统

中央监控室:集中接受各部件数据,统筹调度指令。

数据终端:安装在电梯内,收集运行参数数据。

通信网络:连接监控中心和电梯终端,支持数据高速传输。

云平台:用于大数据存储和分析运算。

② 智能诊断子系统

故障诊断模块:收集故障现象,匹配历史案例,给出故障原因。

状态评估模块:综合各项指标判断电梯健康状态。

决策优化模块:预测故障趋势,提出维护建议方案。

③ 状态参数监测子系统

载重量传感器:监测电梯实时载重情况。

速度传感器:监测电梯运行速度是否正常。

温湿度传感器:监测电梯机房温湿度。

摄像头:实时监控电梯内部情况。

④ 辅助装置

报警装置:发生故障时,发出视觉或声音警报。

通信装置:支持语音、文字交互,便于沟通。

显示器:显示电梯运行数据,方便查看。

(3) 系统软硬件及平台

智慧电梯运维系统由多个部分组成,这些部分共同协作以实现对电梯的智能监测、管理和维护。以下是智慧电梯运维管理系统的主要软硬件装置。

传感器和监测设备:这些设备安装在电梯的不同部位,用于实时监测电梯的各项参数,如速度、载荷、温度、压力等。传感器会将数据传输给系统,以便分析和处理。

数据采集与存储模块：这个模块负责从传感器和监测设备中收集数据，并将其传输到中央系统中；这些数据会被存储在数据库中，用于后续的分析和处理。

数据分析和处理引擎：这个部分使用数据分析技术和算法来处理从传感器收集到的数据。它能够识别潜在的故障点、预测维护需求，并生成有关电梯性能的报告和分析结果。

远程监控平台：该平台允许运维人员通过互联网远程监控电梯的状态。它通常提供实时的数据可视化、报警通知、故障诊断等功能，使运维人员能够随时了解电梯的运行情况。

维护管理系统：这个系统用于管理电梯的维护计划、维修记录、故障处理等信息。它可以生成维护任务列表、排定维护计划，并监控维护人员的工作进度。

远程控制接口：一些智能电梯运维系统允许运维人员通过远程控制接口对电梯进行基本操作，如远程复位、开关等，以快速应对某些故障情况。

报警和通知系统：当系统检测到异常情况或故障时，它会触发警报，并通过短信、邮件或应用通知运维人员。这有助于及时处理潜在问题，减少停机时间。

用户界面和应用：运维人员可以通过用户界面或移动应用程序访问系统，查看电梯状态、报告和分析结果，执行远程操作等。用户界面通常设计得直观易用。

远程诊断工具：一些系统提供远程诊断工具，允许制造商或技术支持团队通过远程连接进行电梯故障排除和维修。

云服务和大数据平台：有些系统将数据存储在云平台上，利用大数据分析技术实现更深入的故障诊断和趋势分析。

安全防护措施：智慧电梯运维系统需要具备严密的安全措施，以防止未经授权的访问和数据泄漏。

这些组成部分相互协作，构建了一个完整的智慧电梯运维系统，为运维人员提供了更全面、智能的工具来监控、管理和维护电梯设备，从而提高电梯的安全性、可靠性和运行效率。

4. 基于新技术的电梯智慧运行模式

电梯智慧运行模式是指利用先进的技术和系统平台，对电梯的运行、调度和管理进行智能化控制的方法。大数据分析、人工智能、物联网等新技术在电梯运行管理中的运用，可以有效提升电梯运行的舒适性、安全性，提高运行效率，降低运行能耗。以下是电梯智慧运行的典型模式。

（1）目的地调度管理

这种方式通过乘客在楼层外选择目的地楼层，然后系统根据乘客的选择和电梯的实时运行情况，智能地决定哪台电梯最适合接送乘客。这样可以减少等候时间，提高运行效率。

（2）分组控制模式

在大楼内设置多台电梯，并将它们分成不同的组别。系统根据乘客的目标楼层、当前楼层和电梯的位置，智能地选择最优的电梯组来服务乘客，减少等候时间和拥堵。

（3）预测分析管理系统

这种系统基于历史数据和实时传感器数据，通过预测乘客的出行模式和楼层需求，提前调整电梯的运行策略，以减少等候时间和提高乘客满意度。

（4）远程监控系统

这种方式基于物联网技术，通过网络连接，使运维人员能够实时监控电梯的运行状态、故障报警和性能参数。在出现异常情况时，运维人员可以远程干预，进行诊断和解决问题。

（5）自适应学习模式

基于机器学习技术，通过不断学习电梯的运行数据和乘客行为，系统能够自适应地调整运行策略，以适应不同时间段和不同需求情况，从而提高电梯的效率和性能。

（6）安全识别模式

人脸及语音识别可以用于身份验证和授权，确保只有合法人员可以进入特定楼层或电梯，也可以提供无接触电梯服务，减少电梯操作的步骤。

（7）智能维护模式

利用传感器和数据分析技术，系统可以监测电梯的各种参数，预测潜在故障，提前进行维护，减少停机时间和维修成本。

（8）能源管理模式

智慧电梯控制系统还可以优化电梯的运行以降低能源消耗。例如，在低峰时段降低电梯运行频率，或者利用回收能量技术来减少能源浪费。

电梯智慧运行方式通过运用先进的技术和智能化的管理手段，可以提高电梯的效率、安全性和用户体验，满足不同建筑物内的电梯需求。

4.4 建筑设备智慧运维

4.4.1 智能建筑管理系统

1. IBMS 的概念和构成

智能建筑管理系统（Intelligent Building Management System，IBMS）又称为智能化集成系统，是一种综合管理系统，通过整合建筑内的各种设备和系统，提供一种集中、智能的方式来监控和控制建筑的运行。它可以将建筑内的照明、空调、供电、安防、通信等系统集成在一起，实现资源的高效利用和精细管理。

IBMS 是在 BAS 的基础上更进一步与通信网络系统、信息网络系统实现更高一层的建筑集成管理系统。如果说 BAS（广义）是建立在 3A 集成基础上，那么 IBMS 就是建立在 5A 集成之上的更高层次的又一系统集成，如图 4-22 所示。

需要注意的是，广义的 BAS 系统是 IBMS 的集成核心，负责建筑内设备的控制与管理，为整体集成提供基础支持。集成管理系统通过指令对空调、变配电、给水排水、停车库、照明、门禁和巡更、音响和广播、防盗报警、送排烟风机等设备进行信息采集和控制，常用指令会被集成到现场控制器。在网络上，按照控制需要的传送路径，调度各现场控制器采集到的各子系统的各类信息。BAS 的现场控制器可模块化配置标准的 TCP/IP 网

第 4 章　建筑设备智慧管理系统

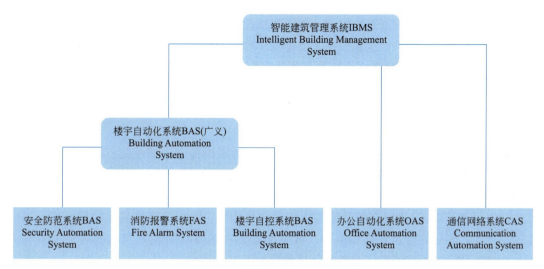

图 4-22　智能建筑管理系统构成

络协议、RS-485 和 RS-232 接口，既保证了与下属设备的接口，也确保了与上层集成管理系统的接口有效连接。

2. IBMS 集成的目标

IBMS 的总体目标在于通过综合集成技术，构建一个能够通过信息环境综合管理建筑内的空间、能源、物流等方面的系统。这包括对建筑内所有信息资源的采集、监视、共享，并对这些信息进行整理、优化、判断。其目的是为建筑物的各级管理者提供决策依据和执行控制与管理的自动化，同时为建筑物的使用者提供安全、舒适、快捷的服务。这一综合控制与管理的实时智能系统旨在实现建筑物的高功能、高效率和高回报率。

IBMS 把各种子系统集成为一个"有机"的统一系统，其接口界面标准化、规范化，完成各子系统的信息交换和通信协议转换，实现：所有子系统信息的集成和综合管理，对所有子系统的集中监视和控制，全局事件的管理，流程自动化管理，最终实现集中监视控制与综合管理的功能。

在系统的网络架构中，集成系统被视为整个系统的核心。它以综合布线系统提供的数字信息通道为基础，通过计算机网络通信设备、网络操作系统以及其他子功能系统的信息接口，完成全局事件的综合性决策、控制以及系统信息的集成管理。

3. IBMS 系统的功能

IBMS 系统在智慧建筑建设中扮演着关键角色，其主要功能涵盖多个方面，为建筑智慧化管理提供全面支持。

第一，IBMS 系统通过智能控制调整建筑内的设备和系统，提高能源利用效率。随着城市人口和经济的增长，能源需求不断上升，而 IBMS 通过精细管理和优化使用建筑内的能源，有效降低能源消耗，提高能源利用效率。

第二，IBMS 系统在提升建筑安全性方面发挥着关键作用。通过集成安防设备和监控系统，IBMS 实现对建筑内外的实时监控和预警。智能识别技术和视频监控能够检测异常行为，及时报警，从而有效提高建筑的安全性和防范能力。

119

第三，IBMS 系统提供了便捷的建筑管理和维护服务。传统建筑管理需要大量人力和物力，而 IBMS 通过远程监控和控制，使得建筑设备和系统能够随时受到中央控制台的监测，实现远程操作和维护，大幅提高了管理效率和便利性。

第四，IBMS 系统还具备强大的数据收集和分析能力，为未来城市建设提供决策支持。通过收集和整合建筑运行数据，包括能源消耗、设备状态、人员流动等，IBMS 系统为城市规划、资源配置和政策制定提供了重要的参考依据，实现城市的精细化管理和可持续发展。

第五，IBMS 系统通过智能化的设备和服务，为居民提供更加便捷、舒适和安全的居住体验。智能家居控制、安防系统以及智能停车系统等功能，使居民能够享受到更为智慧化的生活方式。

总体而言，IBMS 系统在智慧建筑中的多方位作用，涵盖了提高能源利用效率、提升建筑安全性、便捷的建筑管理和维护、数据驱动的决策支持以及智慧化的居住体验等方面，为未来城市的可持续发展和智慧化进程提供了有力支持。

4. IBMS 集成的关键作用

智能建筑系统集成的核心技术位于信息域，即在一个共同的软件平台上实现各个集成子系统之间的信息交换、对各集成子系统进行统一的管理和监控。这主要体现在通过计算机局域网技术和开放式数据库技术实现不同系统所产生数据的共享。这种共享首先关注各集成子系统之间的互联性和互操作性问题，同时应关注系统联动实现问题。此外，这种集成也可应用在历史数据的记录、综合分析和优化处理上，强调数据的管理功能。

IBMS 是智能化系统的总管家，通过调度和控制各 BAS 子系统来实现智慧建筑各系统的协同运行，它是一个纯软件的系统，一般不携带任何设备（除主控计算机外）。虽然 IBMS 没有任何检测器，但能时刻掌控智能化系统所属检测器的状态；虽然 IBMS 没有任何 DDC 控制器直接执行工作，但通过各个 BAS 子系统的管理系统执行工作。IBMS 能知晓受控设备的状态，同时能控制任何需要控制的设备，实现最大程度的数据共享和信息交换，这就是 IBMS 的真正含义。以加班为例，通过 IBMS 受理加班申请单后，系统可自动生成空调和照明的延长时间表，并修改加班者的出入卡权限。

在解决多厂商、多协议、面向各种应用的集成问题上，IBMS 系统软件设计需处理各类设备、子系统之间的接口、协议、系统平台、应用软件、建筑环境、运行管理等集成问题。解决好这些问题，系统需具备极高的适应性。

如在控制域集成时，以楼宇自控系统为核心，要求第三方设备通过通信协议实现与安全防范系统、消防报警系统、停车库管理系统等系统的集成。在信息域中，系统通过网络结构、数据结构、数据访问形式等提供可靠保证。

系统分为实时控制网络和管理网络，其中管理网络采用 B/S（Browser/Server）结构，简化了客户端软件配置。数据库管理系统采用开放型关系数据库，并选用可访问关系型数据库的 Web Server。B/S 技术、开放数据库和 Web Server，是 IBMS 系统的技术核心。在信息技术和建筑智能化发展中，通过满足客户智能建筑集成的实际需求，采用先进实用的信息技术，开发智能化集成（IBMS）软件，提供建筑智能化各个子系统的完整连接和通信。

4.4.2 建筑设备智慧运维系统

建筑设备智慧运维系统是 IBMS 的功能子系统，是基于 BAS 系统的建筑设备运行和维护管理需求开发的设备管理系统。建筑设备智慧运维系统，作为现代智慧建筑管理领域的一项重要技术，旨在有效管理建筑内部的各种设备，并通过数据分析与智能算法，实现设备的高效运行与维护。其核心目标在于提升设备的可靠性、降低运维成本、延长设备寿命，以及提供更加舒适和安全的建筑使用环境。

1. 运维系统的管理功能

建筑设备智慧运维系统的管理功能主要是基于数据和计算实现建筑设备的智能运行和数字化运维，主要包括以下几个部分。

（1）设备运行数据采集

系统通过布置在建筑内部的各类传感器，如温度传感器、湿度传感器、能耗监测设备等，实时采集与监测建筑内部的各项数据。这些数据涵盖了设备的运行状态、环境参数以及能源消耗等重要信息。

（2）数据存储与处理

采集的数据被传输至中央数据库进行存储，并经过预处理与清洗，以确保数据的准确性与一致性。随后，基于这些数据，系统将运用数据分析技术，如机器学习和人工智能算法，来识别异常情况、预测设备故障以及优化设备运行策略。

（3）故障诊断与预测

智慧运维系统通过对历史数据的分析，能够识别设备的潜在故障模式，并通过模型预测可能的故障发生时间。这使得运维人员可以提前采取必要的维护措施，避免设备故障对正常运营造成影响。

（4）远程监控与控制

系统允许运维人员远程监控设备的状态，并根据实际情况进行远程控制。这使得运维人员可以对设备进行及时调整和干预，从而优化设备运行效率。

（5）维护计划优化

基于数据分析的结果，系统能够为设备制订更加精准的维护计划。这意味着维护人员可以根据设备的实际状态和需求，进行定期维护，避免不必要的维护和停机造成的损失。

总体而言，建筑设备智慧运维系统通过整合传感器技术、数据分析和智能算法，实现了对建筑设备的全面监测、诊断、预测和优化。这一系统在提高建筑运营效率、降低能耗、延长设备寿命等方面具有重要作用，为智慧建筑管理领域的发展带来了显著的变化。

2. 运维系统的设备管理

（1）设备运行自动化

设备运行自动化主要是结合智慧运维的软硬件系统，根据实际的场景自行控制设备的运行参数，优化设备的控制效果，见表 4-6。

各类建筑设备运行自动化 表 4-6

设备系统	内容
供配电自动化	高低压柜主开关动作状态监视及状态报警、变压器与配电柜运行状态及参数自动检测、主设备供电控制、停电复电自动控制、应急电源供电控制等
照明自动化	各楼层门厅照明定时开关控制、楼梯照明定时开关控制、泛光照明灯定时开关控制、停车场照明定时开关控制、航空障碍灯点灯状态显示及故障警报、事故应急照明控制和照明设备的状态检测等
给水排水自动化	给水排水系统的状态检测、用水量、排水量测量、污水池、集水井水位检测及异常警报、地下、中间层屋顶水箱水位检测、公共饮水过滤、杀菌设备控制、给水水质监测、给水排水泵的状态控制和卫生、污水处理设备运转监测、控制等
空调通风自动化	空调机组状态检测与运行参数测量、空调机组的最佳启停时间控制、空调机组预定程序控制与温度、湿度控制。室内外空气温、湿度、CO、CO_2 等参数测量、新风机组启停时间控制、新风机组预定程序控制与温度、湿度控制、新风机组状态检测与运行参数测量、送排风机组的状态检测和控制等
冷热源设备自动化	冷热源设备自动化,主要包括:冷冻机、热泵、锅炉、热交换器等的运行状态监视与参数检测、冷冻机、热泵、锅炉、热交换器的启停与台数控制、冷冻机房设备、锅炉房设备的自动联锁控制、冷冻水、热水的温度、压力控制和能量计量等
停车管理自动化	出入口开闭控制、出入口状态监视、停车库车位状态的监视和停车场的送排风设备控制等
电梯自动化	电梯自动扶梯运行状态监测、停电及紧急状况处理、电梯群控联控、语音报告服务系统等

（2）能源管理与优化

BAS 在能源管理领域发挥着至关重要的作用。它能够实现生活用水、电力、燃气和燃油等能源的计量和自动化收费,从而实现对能源消耗的精确监测。此外,智慧运维系统还提供了最佳的能源消耗控制方案,以确保能源的高效利用。例如,它可以根据实际负荷大小自动调节供冷和供暖量,以避免能源浪费。此外,还可以智能地选择能源种类,以实现在不同时间段内最佳的能源消耗效果。这种智能化的能源管理方式有助于减少能源浪费,提高能源利用效率,为可持续能源发展做出了积极贡献。

（3）设备管理与维护

建筑设备智慧运维系统在设备管理方面具有至关重要的作用。对于每个子系统中的设备,运维系统中都会建立详细的档案,记录设备的型号、规格、生产日期、技术参数、运行参数等信息,这有助于设备管理人员进行有效管理和维护。此外,还可以根据设备的历史运行数据,预测设备的维护需求,从而避免计划外的停机和损失。这种管理方式能够提高设备的可靠性和稳定性,减少故障发生概率,从而保障整个系统的正常运行。

建筑设备智慧运维系统作为智慧建筑管理的核心技术,通过整合各个子系统的监测、控制和管理功能,实现了对建筑内部环境的全面智能化管理。其在提升建筑运行效率、能源利用效率、设备维护管理等方面具有重要作用,为建筑全生命周期管理提供了有力支持。

4.4.3 建筑设备智慧管理的未来

随着科技的快速发展,智慧建筑设备管理迎来了全新的时代,依托人工智能、大数据和物联网等新技术的广泛应用,建筑管理者能够更智能、高效地监控、维护和优化建筑设备运行。

1. 人工智能技术的引领

（1）预测性维护

通过机器学习算法，人工智能实现了对建筑设备运行数据的深度分析，提前预测可能的故障或损坏。这为维护团队提供了宝贵的信息，使其能够采取预防性措施，降低设备停机时间，提高可靠性。

（2）能耗优化与智能环境控制

人工智能技术实现了对建筑设备能耗的实时监测和优化。通过智能算法，设备的运行参数可以及时调整，以最大限度地减少能源消耗，实现节能效果。同时，自适应环境控制通过学习环境条件，为居住者提供更舒适的环境，降低能源浪费。

（3）智能安全监控

结合计算机视觉和图像识别技术，人工智能实现了对建筑设备的智能安全监控。系统可以监测危险工作环境、识别潜在的安全隐患，并及时采取措施，确保工作人员的安全。

（4）数据驱动的决策支持与智能建筑设计

整合大量建筑运行数据，人工智能系统为建筑管理者提供了数据驱动的决策支持。这包括设备维护计划、能源管理策略等方面的优化。在建筑设计阶段，人工智能模拟不同方案，评估其对设备管理的影响，促使设计更为智能高效。

2. 大数据技术的智能运用

（1）实时监测与建筑运营优化

大数据技术的实时监测功能可为建筑设备的运行提供深入洞察。通过分析大量实时数据，管理者能够快速识别问题并采取措施，以优化设备的运行。此外，大数据的深度分析有助于制定科学、高效的设备管理策略，提升整体建筑运营水平。

（2）预测性维护与设备健康监测

利用大数据分析，建立设备运行的预测模型，提前发现潜在问题，降低设备故障率，提高设备可用性。大数据技术的应用使得设备健康监测更加全面，通过分析传感器数据、设备运行日志等信息，为管理者提供全方位的设备状态。

3. 物联网技术的全面应用

（1）设备互联与远程监控

物联网技术的引入使得建筑设备之间实现了互联，形成了一个智能网络。通过云平台的远程监控，管理者能够实时了解设备的运行状态和性能参数，从而采取及时的措施，优化设备运行。

（2）传感器数据采集与智能能耗管理

连接各类传感器的物联网技术实现了建筑设备和环境数据的实时采集。这些传感器数据为智能决策提供准确的信息基础，同时通过智能能耗管理，建筑管理者能够更精准地了解设备的能耗情况，并采取措施进行优化，提高能源效率。

（3）远程维护与智能安全监控

物联网使得设备的远程维护变得更加便捷，管理者可以通过远程控制系统对设备进行调试、维护，甚至进行远程故障排查。同时，智能安全监控结合摄像头和传感器，实现实时识别危险情况和异常行为，提高工作场所的安全性。

(4）环境适应性控制与数据分析

基于物联网的智能系统通过环境数据的收集，实现对建筑设备的自适应性控制。这有助于提供更舒适、节能的建筑环境。同时，通过分析物联网技术产生的大量数据，为管理者提供深度见解，制定更科学、有效的设备管理策略，提高整体建筑设备的运行效率。

综上所述，在智慧建筑设备管理领域，新技术的应用为建筑管理者提供了强大的工具和全新的视角。人工智能技术通过预测性维护、能耗优化、智能安全监控等方面的应用，使建筑设备运行更加高效可靠。大数据技术通过实时监测、预测性维护、设备健康监测等功能，为建筑管理者提供深度见解，优化设备运营。物联网技术互联、传感器数据采集、远程维护等方面的应用，使得设备之间实现了智能连接，管理者能够更全面地了解设备状况，实现远程操作与维护。

这些新技术的综合应用，不仅提高了建筑设备的运行效率，还推动了整个建筑管理领域的现代化和智能化发展。通过数据驱动的决策支持，建筑管理者能够更科学地制定设备管理策略，优化整体建筑运营。综合而言，这些技术的融合应用为未来智慧建筑设备管理奠定了坚实基础，助力建筑行业迎接更智能、高效的未来。

本章小结

本章先概述了 BAS 系统的基本概念。BAS 是通过计算机和微处理器来集中监控和管理建筑内各种设备系统的自动化系统。详细介绍了 BAS 系统从最初的 CCMS 系统到现在的现场总线控制系统 FCS 的发展历程。典型的 BAS 系统可以监控和管理建筑内的供配电、空调、照明等多个子系统。BAS 系统的主要功能包括监控和管理、异常警报、智能调整等。

组成 BAS 系统的相关设备包括检测设备如各类传感器，执行设备如气动、液动、电动执行器，以及控制设备如 DDC 控制器和中央管理工作站。这些设备共同支撑了 BAS 系统的运行。

本章还依次介绍了 BAS 系统中的给水排水系统、供配电系统、冷热源系统、空调系统、智慧照明系统等子系统及其智慧化管理应用。这些子系统通过参数监测、自动控制、状态监测等实现了建筑设备的精细化管理。

在建筑设备智慧运维部分，概括了 IBMS 系统和运维系统的功能，如实时监控、设备自动化、远程控制、故障预测等，实现了建筑设备的全生命周期智能化管理，同时对人工智能、大数据、物联网等新兴技术在建筑设备管理中的应用进行了展望。

本章实践

实训项目　BAS 系统功能实训

实训要求：

1. 熟悉智慧建筑自动化管理系统，并具备基本的运维技能；
2. 熟悉 BAS 系统的基本原理、操作界面、监测与控制功能，以及故障排除方法；
3. 实训需要在模拟环境中进行，以确保学生的安全和设备的完整性。

实训设备：
计算机或平板电脑、模拟建筑设备、模拟传感器和执行器。
实训任务与步骤：
1. 系统操作和基本功能
目的：使学生熟悉 BA（楼宇自动化）管理系统的用户界面和基本功能。
（1）学生登录系统，浏览用户界面，了解各个功能区域；
（2）学生学习在系统中添加和管理设备；
（3）学生进行实际操作，使用系统监测和控制模拟设备。
2. 场景设置和自动化控制
目的：使学生掌握在系统中创建自动化场景和控制逻辑的方法。
（1）学生在系统中设置自动化场景，例如温度控制、照明控制等；
（2）学生创建和编辑自动化场景，根据指定条件触发执行器操作；
（3）学生进行模拟测试，验证场景设置的有效性。
3. 系统故障排除和系统维护
目的：学生学会识别和解决系统中常见故障，并了解系统的维护方法。
（1）学习系统中常见的故障类型和排除方法；
（2）学习使用系统的故障诊断工具；
（3）参与模拟故障排除练习，解决各种故障案例。
4. 启动空调系统
目的：学生学会空调系统的启动前检查及启动方法。
（1）所有端子排接线完成，机电设备安装就绪，空调机组做好运行准备；
（2）检查所有设备的接线端子，应整齐、牢固；
（3）检查温度传感器、压差开关、水阀执行器、风阀执行器的安装和接线情况，如有不符合安装要求或接线不正确情况则立即改正；
（4）通过现场便携机或手持终端（手操器），依次将每个模拟输出点的控制参数，如水阀执行器、风阀执行器、变频信号等手动置于 100%、50%、0%，然后测量相应的输出电压信是否正确，并观察实际设备的运行位置；
（5）通过操作，依次将每个数字量输出点，如风机启停等分别手动置于开启，观察继电器动作情况。如未响应，则检查相应线路及控制器；
（6）将电器开关置于手动位置，当送风风机关闭时，确认下列事项：
① 送风风机启停及状态均为"关"；
② 冷热水控制阀"关闭"；
③ 所有风阀处于"关闭"位置；
④ 过滤器报警点状态为"正常"；
⑤ 风机前后的压差开关为"关"；
（7）开启空调系统。
5. DDC 控制器通电操作
目的：学生学会 DDC 设备的启动前检查和调试的方法。
（1）对 DDC 盘内所有电缆和端子排进行目视检查，以纠正已经损坏或不正确安装；

（2）检查接线端子，以排除外来高电压。使用万用表或数字电压表，将量程设为高于220V 的交流电压挡位，检查接地脚与所有 AI、AO、DI 间的交流电压，测量所有 AI、AO、DI 信号线间的交流电压，若发现有 220V 交流电压存在，查找根源，修正接线；

（3）接地测试，将仪表量程设在 0～20k 电阻挡。测量接地脚与所有 AI、AO、DI 接线端间的电阻，阻值低于 10k 的可能存在接地不良，检查线中是否有割、划破口，传感器是否同保护套管或安装支架发生短路，在控制器底座和现场接线过程中及控制器逻辑模块安装之前，确保控制器屏蔽接地连接的完整性；

（4）先不安装电源模块，将 DDC 盘内电源开关置于"断开"位置，此时将主电源从机电配电盘送入 DDC 箱；

（5）闭合 DDC 盘内电源开关，检查供电电源电压和各变压器输出电压；

（6）断开 DDC 盘内电源开关，安装电源模块和 CPU 模块，将 DDC 盘内电源开关闭合，检查电源模块和 CPU 模块指示灯是否指示正常。

码4-1
第4章
自测题目

第 5 章 智慧消防管理系统

知识导图

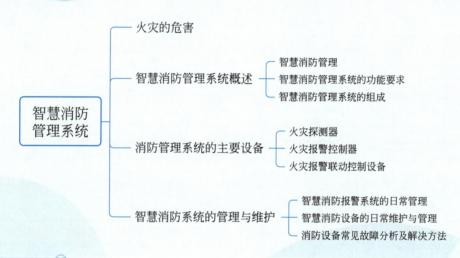

知识目标

1. 掌握智慧消防管理系统的作用和工作原理；
2. 熟悉智慧建筑对消防报警管理系统的功能和要求；
3. 掌握消防报警管理系统的主要设备功能和使用方法。

技能目标

1. 学会操作消防报警系统主要设备；
2. 能够对消防报警系统进行日常维护和管理。

随着人们生活质量提高，装修、装饰逐步高档化，电器设备逐渐增多，高层建筑、超高层建筑、新型不规则建筑不断涌现，城市建筑越来越密集且结构越来越复杂，商场超市等群众聚集场所规模迅速扩大，火灾隐患随之增加，一旦发生火灾，后果不堪设想。建筑消防管理系统对火灾的监测、预防和控制起着至关重要的作用。

5.1 火灾的危害

火灾是指在时间或空间上失去控制的燃烧所造成的灾害。在各种灾害中，火灾是最经常、最普遍地威胁公众安全和社会发展的主要灾害之一。

2023年4月20日，据应急管理部消防救援局通报，全国共接报火灾39.6万起，死亡639人，受伤678人，直接财产损失22.1亿元，与去年同期相比，起数、伤人分别上升40.4%和3.5%，消防安全形势十分严峻。2017—2022年中国消防救援队接报火灾情况如表5-1所示。

2017—2022年中国消防救援队接报火灾情况　　　　表5-1

年份	接报火灾次数（万起）	死亡人数（人）	受伤人数（人）	直接财产损失（亿元）
2017年	28.1	1390	881	36.0
2018年	23.7	1407	798	36.8
2019年	23.3	1335	837	36.1
2020年	25.2	1183	775	40.1
2021年	74.8	1987	2225	67.5
2022年	82.5	2053	2122	71.6

火灾是一种严重的危害，它不仅直接导致财产损失，还会对人身安全造成极大的威胁，而且其影响远不止于此。

首先，火灾会直接造成财产损失。火灾发生时，房屋、车辆、设备等财产都可能会受到破坏，甚至全部毁掉。这些财产损失不仅会对人们的生产和生活造成直接影响，还会对经济造成巨大的损失。例如，工厂火灾会导致生产能力损失，影响产品质量和交货时间，给企业带来经济损失；商业火灾会导致商铺、商店等场所的毁坏，影响商业经营活动，给商家带来巨大的经济损失。

其次，火灾还会造成间接财产损失。火灾发生后，不仅直接烧毁的财产会受到影响，与之相关的其他财产也会受到不同程度的影响。例如，火灾会导致停工、生产能力损失、资源浪费等，这些损失通常比直接财产损失更为严重。此外，火灾还会导致交通拥堵、环境污染等社会问题，进一步加剧社会负担。

码5-1 案例

最后，火灾最严重的是会对人身安全造成威胁。火灾会导致烧伤、烟雾中毒，甚至死亡等严重后果，这是最令人痛心的损失。火灾对人体造成的伤害不仅仅是身体上的，还包括心理上的，会给人们带来极大的惊吓和恐慌，甚至会导致精神崩溃和心理障碍。

综上所述，火灾的危害非常严重，对于人民生命和财产的安全都构成了极大的威胁，不容忽视。因此，我们必须采取措施预防火灾事故的发生，建立智慧化的消防管理系统，实时、精准、可靠地监测隐患，改善日常防火监督检查效率，提高消防救援效率，保护人民生命和财产的安全，减少火灾对人们造成的危害。同时，我们也应该加强消防宣传和教育，提高公众的消防意识和自救能力，共同维护社会的安全和稳定。

5.2 智慧消防管理系统概述

5.2.1 智慧消防管理

近年来，随着大数据、云计算、物联网等前沿技术的不断成熟，其应用范围也越来越广泛，已经深入社会经济发展的各个层面和领域，正在推动和引发新一轮的社会变革。2017年公安部召开了"2017年消防工作会议"，发布了《关于全面推进"智慧消防"建设指导意见》，国家密集出台了各种举措，推动"智慧消防"建设，如表5-2所示。各级政府对消防的重视程度不断提高，消防监管体系的逐步完善，社会公众安全意识的提高，都为消防安全创造了有利条件。

近年来我国发布的消防相关的部分政策文件　　　　表5-2

发布时间	发布部门	政策名称	重点内容
2020年4月	国务院安全生产委员会	《全国安全生产专项整治三年行动计划》	积极推广应用消防安全物联网监测、消防大数据分析研判等信息技术，推动建设基础消防网格信息化管理平台。2021年底前地级以上城市建成消防物联网监控系统，2022年底前分级建成城市消防大数据库
2021年5月	应急管理部	《应急管理部关于推进应急管理信息化建设的意见》	坚持以信息化建设推进应急管理现代化，强化实战导向和智慧应急牵引，推动形成体系完备、层次清晰、技术先进的应急管理信息化体系
2021年6月	应急管理部	《高层民用建筑消防安全管理规定》	具体落实高层民用建筑消防安全职责、消防安全管理规章制度、消防宣传教育等，提出建筑高度超过100m的高层民用建筑应当实行更加严格的消防安全管理
2022年2月	国务院安全生产委员会	《"十四五"国家消防工作规划》	积极融入"智慧城市""智慧应急"，深化"智慧消防"建设，补齐基础设施、网络、数据、安全、标准等短板，加快消防信息化向数字化智能化方向融合发展。建设消防共享服务平台，依托应急管理大数据应用系统，统一提供人工智能及全国消防地理信息、区块链、模型算法等服务，构建业务共享体系。全面升级消防信息网络结构，建设智能运维保障平台

消防管理系统是建筑楼宇的重要组成部分，以防为主，防消结合，功能是对火灾进行早期探测和自动报警，并能根据火情位置，及时对建筑内的消防设备、配电、照明、电梯、门禁、广播等装置进行联动控制，起到帮助灭火、排烟、疏散人员的作用，确保人身安全，最大限度地减少各种损失。

智慧消防管理是综合运用物联网、大数据、云计算等新一代信息技术手段，进行实时、动态的信息采集、传递和处理，提高消防监督与管理水平，增强灭火救援指挥、调度、决策和处置能力，提升消防管理智能化、社会化水平，满足火灾防控"自动化"、灭火救援指挥"智能化"、日常执法工作"系统化"、管理"精细化"的实际需求，实现消防智慧防控、智慧作战、智慧执法、智慧管理。

智慧消防管理是智慧城市建设公共安全领域中不可或缺的部分，是智慧城市消防信息服务的数字化基础，是城市的智慧感知、互联互通、智慧化应用架构的重要组成部分。

与传统消防管理相比，智慧消防管理注重打通各系统间的信息孤岛，提升感知预警能力和应急指挥智慧能力，以实现更完备的信息化基础支撑、更透彻的消防信息感知、更集中的数据资源收集、更广泛的互联互通、更深入的智能控制、更贴心的公众服务，实现消防智能化决策、社会化服务、精准化灭火、可视化管理，提高信息传递的效率，保障消防设施的完好率，促进和提高消防监督与管理水平，改善执法及管理效果，增强救援能力，降低火灾发生及损失。

5.2.2 智慧消防管理系统的功能要求

消防报警系统的设计应遵循安全第一、预防为主的原则，应严格保证系统及设备的安全性、可靠性、适用性。因此，消防管理系统应具备下列基本功能要求：

1. 实时监控和报警

消防管理系统的设施设备选择和设置，应符合现行国家标准《火灾自动报警系统设计规范》GB 50116—2013 的有关规定，以保证能够实时探测现场数据，监控建筑物内的火灾情况，并及时发出报警信号，提醒相关人员采取应急措施。

2. 可靠性

消防管理系统主机应设有热备份，确保当系统的主机出现故障时，能够自动切换到备用设备，及时投入运行，保证系统的可靠性、安全性和持续性。

3. 联动性

消防管理系统应与安全技术防范系统实现互联，可以实现实时监控和报警，当火灾发生时，能够立即触发安全技术防范系统的警报装置，协助人们尽快疏散和逃生。

4. 数据记录和分析

消防管理系统应能对火灾数据进行记录和分析，为预防和应对类似火灾提供有价值的信息和依据。

5. 易维护性

消防管理系统主机应配置汉化操作界面，软件的配置应简单易操作，方便工作人员进行日常维护和故障排除。

6. 可扩展性

消防管理系统应具备可扩展性，能够适应不断变化的需求。应预留与建筑自动化系统（BAS）的数据通信接口，方便地将消防系统的数据传输给建筑物自动化系统，实现数据共享和系统集成，从而更好地管理和监控建筑物的安全情况。

7. 独立性

消防监控中心机房宜单独设置，确保消防监控中心机房的独立性和安全性，以便更好地监控和管理消防系统的运行情况。同时，符合规定的要求可以确保消防监控中心机房的稳定性和可靠性。当与 BAS 等其他系统合用控制室时，消防设备应占有独立的工作区，且相互间不会产生干扰。

综上所述，智能楼宇的消防管理系统应满足一系列要求和特点，以确保在火灾发生时能够及时、准确地进行报警和应急处理，为智能楼宇的安全保驾护航，一旦发生事故，能确保最大限度地减少人员伤亡和财产损失。

相比传统消防管理，智慧消防管理具体体现在哪里呢？其"智慧"之处是利用物联网、大数据、人工智能等技术让消防变得自动化、智能化、系统化、精细化，主要体现在智慧防控、智慧管理、智慧指挥等方面。

1. 智慧防控

发现异常自动报警，提升信息传递的效率。智慧消防利用高科技智能终端、感知设备、物联网技术，结合大数据云平台，一旦检测到险情和异常情况，系统自动在第一时间通过终端设备通知用户及时处理，将险情控制在萌芽状态，大大提升了信息传递的效率。

2. 智慧管理

传统消防，消防设施的管理依赖于人工，常见的形式就是由相关人员对设备进行检查，然后登记相关情况。如果没有很好的监督机制，消防设施设备的相关信息不一定精准的，一旦发生险情，可能会延误处理。

而智慧消防，利用红外线感知、物联网等技术，能很好地实时监控消防设备的位置、使用状况、状态和完好度，及时发现设施设备的异常情况，如有损坏系统及时报修，提供精准的设备信息，更好地保障消防设施的完好率。

3. 智慧指挥

智慧消防系统可以根据实时动态数据，更高效、精准地制定和执行消防灭火计划。通过现场图像实时传输，将现场情况呈现在指挥中心的大屏幕上，实现可视化、动态化的指挥调度。同时，系统还可以实时智能化调度各类资源，包括消防救援人员、消防车辆、消防装备、消防水源等，以满足现场救援的需求，以最快的速度扑救火灾，保障人员财产安全。

智慧消防管理的实质就是借助当前最新技术，实现从防控到现场调度的自动化、数据化、精准化和智能化，从消防到安防，给民众全方位、更高效、更智能的安全保障。

5.2.3 智慧消防管理系统的组成

智慧消防管理系统的作用是在某区域发生火灾时，能够及时探测到火灾信号，发出火灾报警，自动启动喷洒装置、防排烟设施、应急照明和火灾应急广播等疏散设施，引导人员疏散，同时判断火灾位置立即向当地消防部门发出火警信息，并且将现场情况实时呈现给指挥控制中心，能实现可视化、精准化的调度和救援。基于大数据的智慧消防管理系统架构如图 5-1 所示。

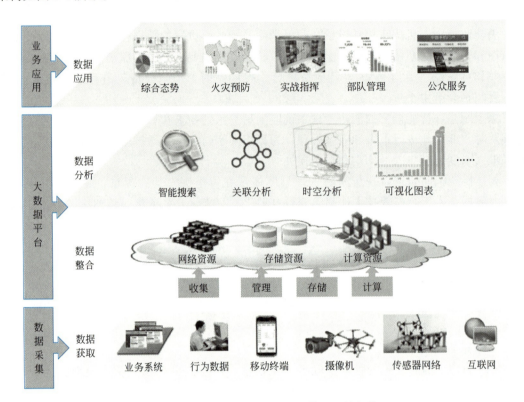

图 5-1　基于大数据的智慧消防管理系统架构

消防管理系统基本构成有防火、灭火、疏散三个方面，如图 5-2 所示。防火的主要作用是探测并预防火灾的发生，主要由探测器、手动报警按钮、声光报警器、报警控制器等完成；灭火的主要作用是一旦发生火灾，及时扑灭，降低人财物的损失，主要由消火栓、自动喷淋设备等完成；疏散的主要作用是在发生火灾过程中，控制火灾蔓延、排烟散气、疏散人群，主要由防火卷帘门、防排烟设备、应急照明、消防广播等完成。

当然任何系统电源都是不可缺少的部分，消防管理系统的供电属于一级用电负荷，应确保高可靠性的不间断供电，为做到万无一失，还应具有备用电源作为消防供电的保障。

根据各设备在整个系统中起到的作用，又可以把消防管理系统分为火灾报警子系统、消防监测子系统、消防联动子系统、应急照明和疏散子系统等。

1. 火灾报警子系统

火灾报警子系统的作用是实现对火灾发生后产生的烟雾、气体、光线、温度等实时检测监控，一旦发现监测数据超过风险阈值，及时发送声光报警、App 报警、短信报警、电话报警等信号，通过设备的标签、地理位置定位，迅速通知用户、业主、物业、消防单位

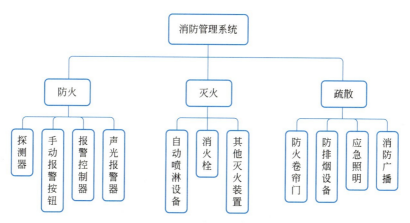

图 5-2 消防管理系统的组成

火灾信息。

该子系统通常包括火灾探测器、手动报警按钮、火灾报警控制器、火灾警报器等设备。

2. 消防监测子系统

消防监测子系统主要负责对整个消防系统的各种设备进行监测,包括对设备的运行状态、故障情况、水压、气压、温度等参数的监测。如消防报警主机、防火门、水泵、喷淋泵、电梯等的工作状态,确保工作正常;实时监控消防水管网的压力、液位、是否漏水等事件,当消防水压不够或管网有漏水时,系统能实时地发出警报,让相关人员及时维修维护,保障消防设备安全使用。

该子系统通常包括各种传感器、监控摄像头、控制面板等设备。

3. 消防联动子系统

消防联动子系统主要负责在火灾发生时,通过联动各种消防设备,实现自动或手动控制设备的启动和停止,以及对设备的运行状态进行监控。

通过与出入口门禁、视频识别、视频监控等系统的关联,数据中心收到系统报警信息后,可调出报警位置关联的监控摄像头图像,查看报警现场视频,辅助进行火情确认;启动自动喷淋、防排烟风机等设备进行灭火;实时监控消防通道、安全出口、生命通道防火门的开闭及消防通道堆放物情况;实现紧急情况下的防火门开闭控制、电梯控制等功能。

该子系统通常包括各种消防泵、消防灭火器、消防喷头、防火卷帘门等设备。

4. 应急照明和疏散子系统

应急照明和疏散子系统主要负责在火灾报警发生时,启动应急照明、消防广播等设备,为人员疏散和应急救援提供照明,引导疏散,并可以在系统中查看逃生线路,辅助人员疏散,逃离火灾现场。

该子系统通常包括应急照明灯、应急广播、疏散指示标志、应急出口等设备。

这些子系统在消防管理中各自扮演着重要的角色,共同维护整个消防管理系统的安全可靠运行。

5.3 消防管理系统的主要设备

5.3.1 火灾探测器

火灾探测器是整个系统的检测元件，是火灾自动报警系统的"感觉器官"，当发生火灾时，探测器检测到火灾初期所产生物理量特征的变化，如烟雾浓度、温度、火灾特有的光强、气体等特征，转换成电信号，与设定阈值比较后，若异常会发出火灾报警信号。

1. 火灾探测器的类型

火灾探测器的种类很多，按探测器的结构形式分，有点型和线型的；按探测器的探测参数分，有感烟、感温、感光、可燃气体和复合式火灾探测器，如图5-3所示；按输出信号方式分，有模拟型和数字型。

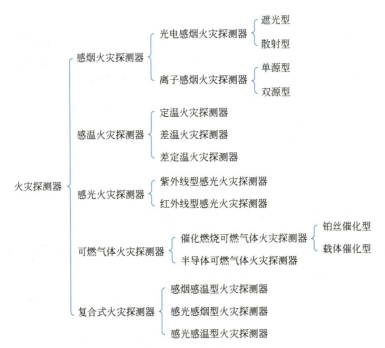

图 5-3　火灾探测器的类型（按探测器的探测参数分类）

（1）感烟火灾探测器

感烟火灾探测器如图5-4所示，是一种感知燃烧或热分解产生的固体或液体微粒，用于探测火灾初期产生的烟雾粒子浓度或者气溶胶，并发出火灾报警信号的探测器，是一种"早期发现"探测器，也是目前应用最多的火灾探测器。其常用于办公楼、商场、酒店等场所。

感烟火灾探测器根据其工作原理又可分为离子型、光电型等。

图 5-4 感烟火灾探测器

离子感烟火灾探测器是典型的火灾探测器，它是在电离室内含有少量放射性物质，射线使局部空气呈电离状态，可使电离室内空气成为导体，允许一定电流在两个电极之间的空气中通过，当烟雾粒子进入电离室时，使离子移动减弱，降低了空气的导电性，当导电性能低于设定的预定值时，探测器发出警报。

光电感烟火灾探测器是利用烟雾能够改变光的传播特性这一基本性质而研制的。根据烟雾粒子对光线的吸收和散射作用，又分为遮光型和散射光型两种探测器。

遮光型光电感烟探测器由发光元件、受光元件、电子电路所组成。正常情况下，发光元件发出的光，照射到受光元件上，把光强的信号转化成电信号。如果发生火灾，有烟雾进入，到达受光元件的光通量就显著减弱，光电流信号就会变小，据此判断烟雾的浓度，发出相应的火灾信号。遮光型光电感烟探测器的工作原理如图 5-5 所示。

散射光型光电感烟探测器由检测暗室、发光元件、受光元件和电子电路所组成。正常情况下检测暗室的受光元件接受不到光线，但如果有烟雾粒子进入其中，探测器内的发光元件发出的光线被烟雾粒子散射，就会被受光元件感应。受光元件的响应与散射光的大小有关，且由烟雾粒子的浓度所决定，超过一定限量时，从而发出火灾报警信号。散射光型光电感烟探测器的工作原理如图 5-6 所示。

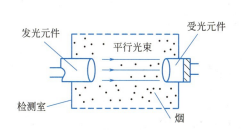 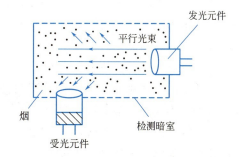

图 5-5 遮光型光电感烟探测器的工作原理　　图 5-6 散射光型光电感烟探测器的工作原理

（2）感温火灾探测器

感温火灾探测器是在感测温度达到一定设定值时发出报警信号，是一种对警戒范围内的温度进行监测的探测器，如图 5-7 所示。与感烟火灾探测器相比，感温火灾探测器对火灾初期的响应要迟钝些，但可靠性较高。它主要适用于因环境条件而使感烟火灾探测器不宜使用的某些场所，常用于车库、油库、厨房以及吸烟室等不宜安装感烟探测器的场所。

根据监测温度参数的不同，感温火灾探测器采用不同的敏感元件，如热敏电阻、热电偶、双金属片、易熔金属、半导体等，又分为定温、差温和差定温复合式三种探测器。定

图 5-7　感温火灾探测器

温火灾探测器是温度达到或超过预定值时响应的火灾探测器；差温火灾探测器是升温的速率达到或超过预定值时响应的感温火灾探测器；而差定温复合式火灾探测器是兼有差温、定温两种功能的感温火灾探测器。

环境温度在 0℃以下的场所，不宜选用定温火灾探测器；正常情况下温度变化较大的场所，不宜选用差温火灾探测器。

感温火灾探测器也常与感烟火灾探测器联合使用，组成与逻辑关系，为火灾报警控制器提供复合报警信号。

图 5-8　感光火灾探测器

（3）感光火灾探测器

火灾发生时，除了产生大量的烟和热之外，火焰还会辐射出大量的光。感光火灾探测器就是一种能对物质燃烧火焰的光谱特性、光照强度敏感，能对火焰中的红外光线、紫外光线做出响应的探测器，如图 5-8 所示。其主要有红外线型感光火灾探测器和紫外线型感光火灾探测器两种。

这种探测器响应速度快，其敏感元件在探测到火焰辐射光线后的几毫秒，甚至几微秒内就能发出火灾信号，特别适用于易燃易爆、燃烧起火无烟的场所保护，比如电缆隧道、变电间、油井、输油站、油库、化工厂、易燃易爆品仓库等场所。

（4）可燃气体火灾探测器

日常生活中使用的天然气、煤气，在工业生产中产生的氢、甲烷、丙烷、一氧化碳、硫化氢等气体，一旦泄漏可能会引起爆炸。

可燃气体火灾探测器就是一种能对空气中可燃气体浓度进行检测并发出报警信号的火灾探测器，如图 5-9 所示。可探测单一或者多种可燃气体，用作探测气体浓度的敏感元件主要有铂丝、金属氧化物半导体。

图 5-9　可燃气体火灾探测器

可燃气体火灾探测器可分为半导体型、催化燃烧型两种。

半导体可燃气体火灾探测器是通过测量气敏半导体电阻的变化来检测可燃气体浓度的。因为半导体气敏元件遇到可燃气体后，半导体电阻会下降。半导体可燃气体探测器也可以作为仪器使用。

催化燃烧可燃气体火灾探测器是利用催化燃烧的热效应原理，在一定温度条件和催化剂的作用下，可燃气体在检测元件载体表面发生无焰燃烧，载体温度就会升高，内部铂丝电阻也相应升高，探测器通过测量铂丝电阻的变化来检测可燃性气体的浓度。当空气中可燃气体浓度达到或超过报警设定值时可燃气体探测器自动发出报警信号，提醒人们及早采取安全措施，避免事故发生。

可燃气体火灾探测器除具有预报火灾、防火防爆功能外，还可以起到监测环境污染的作用。与感光火焰探测器一样，主要在易燃易爆场合中安装使用。

（5）复合式火灾探测器

除以上介绍的火灾探测器外，还有复合式火灾探测器（图 5-10），它是一种响应两种以上火灾参数的火灾探测器。其主要有感烟感温火灾探测器、感光感烟火灾探测器、感光感温火灾探测器等。

图 5-10　复合式火灾探测器

现实生活中火灾发生的情况多种多样，往往会由于火灾类型不同以及火灾探测器探测性能的局限，造成延误报警甚至漏报火情。

复合式火灾探测器将普通感烟、感温或感光火灾探测器结合在一起，既可以探测火灾发生早期产生的烟雾，又可以探测到温度或者闷燃后产生的火焰，无疑要比单一型火灾探测器提高了探报火情的可靠性和有效性。

2. 火灾探测器的选择与安装

（1）火灾探测器的选择

火灾探测器应根据探测区域建筑场景状况、可能发生的初期火灾的形成和发展特征、房间高度、环境条件以及可能引起火灾的原因等因素来进行选择。具体应符合以下基本原则：

① 火灾初期有阴燃阶段，产生大量的烟和少量的热，如棉、麻织物的阴燃，很少或没有火焰辐射的火灾，少辐射，应选感烟火灾探测器；

② 火灾发展迅速，产生大量的热、烟和火焰辐射，可选用感温、感烟、感光火灾探测器或复合火灾探测器；

③ 火灾发展期有强烈的火焰辐射和少量的烟和热产生，如轻金属及其化合物的火灾，应选择感光火灾探测器，但不宜用在火焰出现前有浓烟扩散的场所以免影响其灵敏性；

④ 对使用、生产或聚集可燃气体或可燃液体的场所，应选择可燃气体火灾探测器；

⑤ 根据房间高度确定探测器类型，如感光火灾探测器适用于高度小于 20m 的房间，感烟火灾探测器适用于高度小于 12m 的房间，感温火灾探测器适用于高度小于 8m 的房间。

⑥ 敷设电缆的隧道、竖井、桥架及电力设备、场所，各种皮带输送装置，控制室、计算机房的吊顶上、地板下及重要设备的隐蔽场所和其他环境恶劣，不适宜点型火灾探测器安装的危险场所，均宜选择线型定温火灾探测器。

（2）火灾探测器数量的确定

在实际工程中房间大小及探测区域大小不一，房间高度、棚顶坡度也各异，每个探测区域内至少设置一个火灾探测器。

1 个探测区域内所设置探测器的数量应按下式计算：

$$N \geqslant S/(K \cdot A)$$

式中 N——1 个探测区域内所设置的探测器的数量，单位：个，取整数；

S——1 个探测区域的面积，单位：m^2；

A——1 个探测器能有效探测的面积，单位：m^2；

K——安全修正系数。特级保护对象 K 取 0.7～0.8，一级保护对象 K 取 0.8～0.9，二级保护对象 K 取 0.9～1.0。

（3）火灾探测器的安装注意事项

① 火灾探测器周围 0.5m 内，不应有遮挡物；

② 火灾探测器至墙壁、梁边的水平距离，不应小于 0.5m；

③ 火灾探测器至空调送风口边的水平距离，不应小于 1.5m；

④ 安装在天花板上的火灾探测器边缘与其他设施的边缘水平间距要符合要求，如：与照明灯具的水平净距不应小于 0.2m；感温火灾探测器与高温光源灯具的净距不应小于 0.5m；与电风扇的净距不应小于 1.5m；与各种自动喷水灭火喷头净距不应小于 0.3m 等；

⑤ 在宽度小于 3m 的内走道的顶棚设置火灾探测器时，应居中布置；感温火灾探测器的安装间距不应超过 10m，感烟火灾探测器安装间距不应超过 15m；火灾探测器至端墙的距离，不应大于安装间距的一半；

⑥ 房间被书架、贮藏架或设备等阻断分隔，其顶部至顶棚或梁的距离小于房间净高 5% 时，则每个被隔开的部分至少安装 1 个火灾探测器；

⑦ 火灾探测器宜水平安装，如需倾斜安装时，角度不应大于 45°；

⑧ 在连接厨房、开水房、浴室等房间的走廊安装火灾探测器时，应避开其入口边缘 1.5m；

⑨ 电梯井、未按每层封闭的管道井（竖井）等安装火灾探测器时应在最上层顶部安装；

⑩ 不能有效探测火灾的场所，不便维修、使用的场所，可不设火灾探测器，还有如厕所、浴室及其类似场所也可不设火灾探测器。

5.3.2　火灾报警控制器

火灾报警控制器是一种具有对火灾探测器供电，接收、显示、传输和处理火灾报警等信号，并能对消防设备发出控制指令的自动报警装置。它可单独作为火灾自动报警用，也可与消防灭火系统联动，组成自动报警联动控制系统。

报警控制器是火灾信息处理和报警控制的核心，最终通过联动控制装置实施消防控制和灭火操作。通常按建筑物规模可选用台式、柜式、壁挂式等火灾报警控制器，如图5-11所示。

(a) 台式火灾报警控制器　　　(b) 柜式火灾报警控制器　　　(c) 壁挂式火灾报警控制器

图 5-11　火灾报警控制器

火灾报警控制器主要功能包括：

1. 火灾监测

火灾报警控制器通过连接各种火灾传感器和探测器，能够感知到火灾的迹象，实时监测火灾的发生。

2. 报警信号处理

当火灾报警控制器接收到火灾传感器、探测器、手动报警按钮发送的报警信号时，应能在最短的时间迅速、准确地接收和处理，判断是否为真实的火灾信号，并根据预设的报警策略进行相应处理，如启动声光报警器、显示火灾报警时间、部位，发送报警信息给相关人员，并予以保持，直至手动复位消除，当再有火灾报警信号输入时，应能再次启动。

3. 火灾区域划分

火灾报警控制器可以将被监测区域划分为不同的火灾区域，每个区域可以独立设置不同的报警参数和控制策略。这样可以更精确地确定火灾发生的位置，并采取相应的控制措施。

4. 火灾联动控制

火灾报警控制器接收到信号应在发出火警信号的同时，经适当延时（一般3s左右），能发出灭火控制信号，启动相关联动设备。如关闭防火门、启动排烟系统、切断电源、启动消防喷淋设备等，减少火灾对人员和财产的危害。

5. 自检和故障报警功能

火灾报警控制器为确保其安全、可靠、长期不间断运行，还对本身某些重要线路和元部件进行自动监测。一旦出现线路断线、短路及电源欠电压、失电压等故障或异常情况时，能及时发出有别于火灾的故障报警，并记录故障信息，方便维修人员进行维护和修复。

6. 电源自动切换功能

火灾报警控制器应具有备用电源自动切换功能，当主电源断电时应能自动切换到备用电源供电，当主电源恢复时自动恢复到主电源供电。

7. 数据记录与分析

火灾报警控制器可以记录火灾报警系统的各种数据，如报警记录、故障记录等。这些数据可以用于事后分析和调查，帮助改进火灾预防和应急处理的策略。

8. 系统管理与设置

火灾报警控制器通常具有一定的系统管理和设置功能，如用户权限管理、参数设置、事件日志查看等。这些功能可以帮助管理员对火灾报警系统进行有效管理和维护。

9. 联网功能

智能建筑中的火灾自动报警与消防联动控制系统既能独立地完成火灾信息的采集、处理、判断和确认，实现自动报警与联动控制，同时还能通过网络通信方式与建筑物内的安保中心及城市消防中心实现信息共享和联动控制。

10. 远程监控与控制

智慧消防报警控制器通常支持远程监控和控制功能。用户可以通过网络或手机 App 等方式，实时监测火灾报警系统的状态，并进行远程控制，如远程复位、远程测试等。

总之，火灾报警控制器是火灾报警系统中至关重要的设备，它能够实时监测火灾信号、进行报警处理、联动其他设备，并提供远程监控和维护功能。通过火灾报警控制器，可以及时发现火灾，并采取相应的控制措施，保护人员和财产的安全。

5.3.3 火灾报警联动控制设备

一个完整的建筑消防管理系统应可以实现从火灾探测、报警至控制现场消防设备，实现防烟、排烟、防火、灭火和组织人员疏散避难等完整的系统控制功能。

能自动报警但不能自动灭火的消防管理系统对现代建筑没有太大的实际意义，特别是现在超高层建筑，一定要建立一套有效的自动启动灭火装置的设备联动控制系统，实现设备控制智能化、系统管理智慧化。

所谓消防联动，是指火灾报警控制器接收到信号后，按照设定的程序和控制逻辑，启动声光报警、应急广播、排烟风机、喷水灭火等设备，并切断非消防电源，进行火灾的自动扑救，引导人员有序安全疏散。

1. 声光报警器

声光报警器是一种安装在现场，通过声音和光来向人们发出警示信号的一种报警装置，如图 5-12 所示。当现场发生火灾并得到确认后，可由消防控制中心的火灾报警控制器启动，发出强烈的声音和闪光报警信号，完成报警。

火灾声光报警器具有低功耗、长寿命、报警声音可选及安装灵活、方便等特点，适用于报警时能见度低或事故现场有烟雾产生的场所。

声光报警器的安装高度一般应在 180cm 以上，每个防火分区的安全出口处都应设置，其宜设在各楼层走道靠近楼梯出口处。

报警器周围不能有影响其工作的强噪声或强磁场，如一些特殊的噪声大的生产车间，

图 5-12 声光报警器

可以用火警警铃,如图 5-13 所示。在发生紧急情况的时候,由报警控制器触发报警,正常情况下每个区域一个,警示声音效果好。同时安装旋转式的指示灯以确保工人在佩戴听力防护用品时能及时得知警报信号。

声光报警器和警铃必须定期测试检查,确保在停电的时候警铃也应该能正常运作。

图 5-13 火警警铃及指示灯

2. 自动喷淋灭火系统

自动喷淋灭火系统是一种固定式灭火系统,安全可靠,灭火效率高、结构简单,使用、维护方便,在火灾初期,灭火效果尤为明显。因此,其在智能建筑和高层建筑中得到广泛应用。

自动喷淋灭火系统由喷淋头、压力开关、水流指示器、喷淋水泵等组成。

在楼体内敷设带有喷淋装置的消防水管网,喷淋水管网上装有喷淋头,喷淋头内装有红色热敏液体的玻璃球,如图 5-14 所示。

图 5-14 喷淋头

当火灾发生时,由于周围温度骤然升高,玻璃球内热敏液体的温度也随着升高,从而促使内压力增加,当压力增加到一定程度时,致使玻璃球破裂,密封垫脱开,向外喷水。喷水后，水管网水压降低，装在管网上的水流指示器就会动作，将水的压力信号送给控制器，控制器经判断后发出指令，启动喷淋水泵并保持管网水压，使喷淋头不断喷水灭火。

根据使用环境及技术要求，室内喷淋灭火系统可分为湿式、干式、预作用式、雨淋式、喷雾式、水幕式等类型。

3. 消火栓灭火系统

室内消火栓是最基本、最常用的灭火设备，是利用在楼体内敷设消火栓水管网，由人操纵水枪进行灭火的固定设备。室内消火栓系统由蓄水池、消防水泵、管网、室内消火栓设备等组成。

室内消火栓设备由水枪、水带和消火栓（或消防用水出水阀）组成，如图5-15所示。

图5-15 室内消火栓

当建筑物某处发生火灾时，击碎该区域的消火栓玻璃，按报警按钮进行报警，信号送给消防报警联动控制器，判断并显示消火栓具体部位、所在楼层或防火分区，启动相应的消防泵提供一定压力给消火栓供水，灭火人员取枪开栓进行灭火。

消防控制器应能监控室内消火栓系统的状态，如显示消防水泵的启停状态和故障状态；能自动或手动控制启动消防水泵，手动控制泵停，并能接收和显示消防水泵的反馈信号；显示消防按钮的工作状态、物理位置、消防水箱（池）的水位、管网压力报警等信息。

4. 防排烟控制系统

火灾发生时产生的烟雾中含有大量的CO、SO_2、NO_2等有毒气体，同时会释放大量的热，会令人缺氧、窒息，对现场人员的生命构成极大的威胁。防排烟系统的作用就是防止烟气对流，在安全通道、电梯前室等场所设有排烟装置，一旦发生火灾，应尽量防止烟雾扩散，立即启动防排烟系统，把烟雾以最快的速度迅速排出。

通常，消防排烟系统可与空调通风系统共用管道，一旦发生火灾，消防联动控制立即关闭空调风机，启动排烟风机。

防排烟系统由防烟和排烟设备构成。防烟设备的作用是防止烟气侵入疏散通道，如防火阀、防火卷帘、挡烟垂壁等；而排烟设备的作用是避免烟气大量积累造成人员窒息，如排烟风机、排烟口、排烟阀等。

发生火灾时,火灾报警控制器发出指令开启排烟口、排烟阀,启动排烟风机,约束烟气扩散路径,并将其排出室外。同时,关闭常开防火门,降下防火卷帘、启动加压送风风机,对人员疏散的通道和区域进行加压送风,以创造一个安全的逃生环境。防排烟系统如图 5-16 所示。

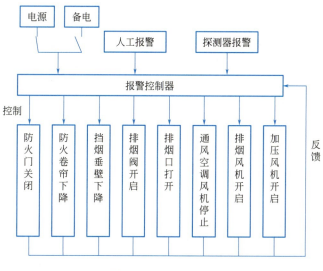

图 5-16　防排烟系统

(1) 防火门的控制

防火门的作用是将着火区域隔离,阻止火灾蔓延和限制烟气扩散,降低火灾的危害程度,保证人们在火灾发生时能够安全疏散。

防火门可用手动控制或自动控制。

手动控制是指通过人工操作来打开或关闭防火门。通常,在正常情况下,防火门保持打开状态,方便人员进出。当发生火灾或需要关闭防火门时,人员可以通过手动装置,如手动按钮、手柄或拉链等,将门体关闭以隔离火源。

自动控制能够感知火灾信号,并自动关闭防火门。

自动控制的防火门具有反应速度快、无需人工干预的优势,能够减少人为失误和提供更高的安全性。同时,在自动控制系统中,需要通过定期维护和检测来确保其正常运行和可靠性。

现代建筑中还经常可以看到电动安全门,它是疏散通道的出入口,其状态是:平时(无火灾时)处于关闭状态、火灾时呈开启状态。其控制目的与防火门相反,控制电路基本相同。

(2) 防火卷帘的控制

防火卷帘通常设置在建筑物中防火分区通道口外或需要防火分隔的部位,起到火灾区隔烟、隔水、控制火势蔓延的作用。根据设计规范要求,防火卷帘两侧设置感烟、感温火灾探测器组及其报警控制装置,且两侧应设置手动控制按钮及人工升降装置。

防火卷帘平时处于收卷状态,当火灾发生时,受消防控制室联动控制或手动操作控制而降下。

一般防火卷帘分两步降落，当火灾发生时，感烟火灾探测器动作报警，经火灾报警控制器联动控制或就地手动操作控制，使卷帘首先下降至预定点（1.8m 左右处），其目的是便于火灾初期时人员的疏散，经火灾报警控制器联动控制，经过一段时间延时后，控制防火卷帘降至地面。

一般还应联动水幕系统电磁阀，启动水幕系统。

在防火卷帘的内外两侧都设有紧急升降按钮的控制盒，该控制盒的作用主要是火灾发生后让部分还未撤离火灾现场的人员，可以通过人工按紧急上升按钮，把防火卷帘升起来，让未撤离现场的人员迅速离开现场；当人员全部安全撤离后再按紧急降落按钮，使防火卷帘的卷帘落下。

（3）排烟阀与防火阀的控制

排烟阀装在建筑物的过道、防烟前室或无窗房间的防排烟系统中，用在排烟口或正压送风口。平时阀门呈关闭状态并满足透风量要求，火灾或需要排烟时手动和电动将其打开。排烟阀的电动操作机构一般采用电磁铁，当电磁铁通电时即执行开阀操作。电磁铁的控制方式有两种形式：一是消防控制室火警联动控制；二是自启动控制，即由自身的温度熔断器动作实现。

防火阀与排烟阀相反，正常时是打开的，当发生火灾时，随着烟气温度上升，熔断器熔断使阀门自动关闭，一般用在有防火要求的通风及空调系统的风道上。

5. 消防电源

在火灾发生后，报警联络、自动灭火、防排烟、应急照明、疏散等都需要用电，电源是各种消防设备运转的先决条件，尤其是超高层建筑楼宇，发生火灾主要利用自身的消防设施进行自救。但发生火灾时，特别由于电路短路等原因造成的火灾，需要停止正常运行的供电，因此在消防报警系统中需要有一个专用的供电系统，通常采用柴油发电机组，在火灾发生时也能正常地独立地工作，能够确保消防报警系统工作时所需要用电。

6. 诱导疏散系统

火灾发生过程中，有效诱导疏散系统，会极大地保护人们的生命安全。火灾诱导疏散设施主要由消防应急广播、消防应急照明、疏散指示标志等组成。

（1）消防应急广播

消防应急广播又称火灾事故广播，其作用是在发生火灾时，通过广播向火灾楼层或整栋建筑发出语音通报，引导人们迅速撤离。

通常，消防应急广播系统与大厦的音响、紧急广播系统合并，但要求火灾事故有最高级优先广播权，即消防广播有信号时可自动中断背景音乐和寻呼找人等广播功能，且扬声器的开关或音量控制不再起作用。

消防应急广播既可分区工作，选层广播，也可对整栋建筑大厦广播，既可自动播放预制的录音，又可用作麦克风临时指挥。

（2）消防应急照明

消防应急照明设备所使用的电源由柴油发电机组提供，在应急照明配电箱中设有市电和柴油发电机组供电电源的自动切换装置，以便在市电被切断的情况下，及时供电。

（3）疏散指示标志

疏散指示标志，如图 5-17 所示，通常安装在疏散通道、通往楼梯或通向室外的出入口处，并采用绿色标志，可以根据公共场所的实际需要，灵活进行安装，地面、梯面、墙壁的不同部位均可安装。

7. 电梯控制系统

消防电梯是消防人员运输必要的消防器材，及时抢救伤员，完成灭火工作的必备工具。高层建筑均设有消防电梯，发生火灾时可击碎一层的电梯报警按钮或在消防主机控制下进行联动，消防电梯专供消防人员使用。其他电梯全部迫降一层并开门，切断电源停止使用，并显示故障状态和停用状态，不能作为疏散逃生的设施。

8. 消防通信系统

消防通信系统是一种专用的通信系统，火灾发生后，为了及时了解火灾现场的情况，便于组织救灾活动，必须建立独立的通信系统，用于消防监控中心与火灾报警器设置点及消防设备机房等处的紧急通话。

图 5-17 疏散指示标志

通常采用集中式对讲电话，主机设在消防监控中心，在大楼各楼层的关键部位及机房等重地，均设有与消防监控中心紧急通话的插孔，巡视人员所带的话机可随时插入插孔进行紧急通话，同时要具备录音功能。

5.4 智慧消防系统的管理与维护

在城市、社区、建筑的安全管理中，消防安全管理处在首要位置。消防管理的基本目的是预防火灾发生，减少损失，为人们生产和生活提供安全的环境。因此，消防系统日常维护管理很重要。

5.4.1 智慧消防报警系统的日常管理

消防报警系统必须经当地消防监督机构验收合格后才可使用，其日常维护管理主要包括以下几点：

（1）应由经过专门培训，熟练掌握消防报警系统工作原理及操作规程的专人负责管理、操作和维护。当系统更新时，要对操作维护人员重新进行培训。

（2）应根据实际情况制定出具体的定期检查试验程序，并严格执行。

（3）每日必须如实填写值班记录，严密监视设备运行状况，遇到报警，要按规定程序迅速、准确处理，做好各种记录，遇有重大情况要及时报告。

（4）实行每日检查、季度检查与试验、年度检查与试验，如观察各系统电源信号是否正常；操作前，观察各个系统是否设置在自动位置；操作后，观察各个系统运行是否正常；火灾扑灭后，进行事后工作，即所有系统要复位，对所有系统的设备进行检修；事故后要详细整理记录资料等，保证火灾自动报警系统的连续正常运行。

（5）妥善保管系统竣工平面图、设备的技术资料、年检查登记表及值班记录等。

5.4.2　智慧消防设备的日常维护与管理

建筑物消防设备的日常维护与管理主要包括：报警控制器的维护和保养、火灾探测器的定期试验和清洗维护、自动喷淋灭火系统的维护、防排烟系统的维护、广播通信系统的维护、气体灭火系统的维护、消防电源的维护等。

1. 报警控制器的维护和保养

报警控制器是消防报警系统的核心设备，要严格例行每日巡检、月检、季度检查、年度检查测试，保证系统正常工作。其包括系统检查，启动系统自检功能，对面板上的指示灯、显示器和音响器件进行功能检查；设置检查，启动方式、工作状态、打印设置等；运行检查，查看系统运行记录和火警记录等；功能测试，测试消防泵、防排烟风机等重要的消防设施设备启动情况，并记录有关情况。

火灾报警控制器在使用过程中，会有大量的灰尘吸附在控制器的电路板上。灰尘过多会影响电路板散热，潮湿的情况下还有可能发生短路，所以定期清洁报警控制器是十分必要的。

火灾报警控制器的用户软件要定期备份。

备用电池能保证控制器在一定时间内继续工作，应定期使用专用电池测试仪测试电池，及时更换失效电池，保证消防控制器正常供电。

2. 火灾探测器的定期试验和清洗维护

消防报警系统经过一段时间的运行后，火灾探测器可能会由于空气污染或灰尘的积累，出现漏报和误报现象。

因此需要对火灾自动报警系统进行定期检查和试验，火灾探测器投入使用两年后，应每隔三年全部清洗一遍。

火灾探测器要由专业机构清洗，以免损伤探测器部件和降低灵敏度。清洗方法主要有超声含氟溶剂清洗方式、超声气相清洗方式和超声纯水溶剂清洗方式三类。目前，国内采用较多的是超声纯水溶剂清洗方式。

3. 自动喷淋灭火系统的维护

自动喷淋灭火系统应进行每日检查的内容有：水源的水量和水压、消防泵动力、报警阀各部件的工作状态，保证系统处于无故障状态。

除日常检查外，应每季度或半年对系统进行一次定期检查，内容包括：喷头、报警阀、管路、水源等。

每年应进行一次可靠性评价。

4. 防排烟系统的维护

对机械防烟、排烟系统的风机、送风口、排烟口等部位应经常维护，如扫除尘土、加润滑油等，并经常检查排烟阀等手动启动装置和防止误动的保护装置是否完好；每隔1~2周，由消防中心或风机房启动风机空载运行5分钟；每年对整个建筑的送风口、排烟阀进行一次机械动作试验。

5.4.3 消防设备常见故障分析及解决方法

1. 主电源故障

故障现象：火灾报警控制器发出故障报警，主电源故障灯亮。

故障原因：市电停电；电源线接触不良或主电熔断丝熔断等。

处理方法：UPS 可连续供电 8 小时，市电正常后故障自动恢复；检查或重新连接主电源线，或使用烙铁焊接牢固；检查更换熔断丝或保险管。

2. 备用电源故障

故障现象：火灾报警控制器发出故障报警、备用电源故障灯亮。

故障原因：备用电源损坏或电压不足；备用电池接线接触不良；熔断丝熔断等。

处理方法：开机充电 24 小时后，备用电源仍报故障，需更换备用蓄电池；用烙铁焊接备用电源的连接线，使备用电源与主机良好接触；更换熔断丝或保险管。

3. 火灾探测器故障

故障现象：探测器误报警。

故障原因：环境湿度过大，风速过大，堆积灰尘和昆虫，机械振动，探测器使用时间过长，元件老化，器件参数下降等，或者探测器本身损坏，一般火灾探测器使用寿命约 10 年，据有关统计，60% 的误报是因灰尘影响，因此要求每 3 年做 1 次全面清洗。

处理方法：根据安装环境选择适当灵敏度的探测器，安装时应避开风口及风速较大的通道，定期检查，根据情况清洁和更换探测器。

4. 手动按钮故障报警

故障现象：按下按钮后，控制器上未显示手动按钮报火警。

故障原因：按钮使用时间过长，参数下降，或者被人为损坏。

处理方法：定期检查，损坏的及时更换，以免影响系统运行。

5. 通信故障

故障现象：火灾报警控制器发出故障报警，通信故障灯亮。

故障原因：区域报警控制器或火灾显示盘损坏或未通电、未开机；通信接口板损坏；通信线路短路、开路或接地性能不良等造成短路。

处理方法：开启报警控制器，使设备供电正常；检查区域报警控制器与集中报警控制器的通信线路、通信板，若存在开路、短路、接地接触不良等故障，及时维修或更换通信板；若因为探测器或模块等设备造成通信故障，更换或维修相应设备。

6. 消火栓故障

故障现象：打开消火栓阀门无水。

故障原因：可能是管道中有泄漏点，使管道无水，且压力表损坏，稳压系统不起作用。

处理方法：检查泄漏点及压力表，修复或安装稳压装置，保证消火栓有水。

7. 消防泵故障

故障现象：按下手动按钮，不能启动消防泵。

故障原因：手动按钮接线松动，按钮本身损坏，联动控制柜本身故障，消防泵启动柜故障或连接松动，消防泵本身故障。

处理方法：检查各设备接线、设备本身器件，检查消防泵本身电气、机构部分有无故障并进行排除。

8. 水流指示器故障

故障现象：水流指示器在水流动作后不报信号。

故障原因：除电气线路及端子压线问题外，主要应该是水流指示器本身问题，包括浆片不动、浆片损坏，微动开关损坏或干簧管触点烧毁或永久性磁铁不起作用。

处理办法：检查浆片是否损坏或塞死不动，检查永久性磁铁、干簧管等器件。

9. 排烟阀故障

故障现象：排烟阀手动打不开或者不启动。

故障原因：排烟阀控制机械失灵，电磁铁不动作或机械锈蚀造成排烟阀打不开。

处理办法：经常检查操作机构是否锈蚀，是否有卡住现象，检查机械系统、手动操作机构、电磁铁及控制部分各器件系统连线是否工作正常。

10. 防火卷帘门故障

故障现象：防火卷帘门不能上升、下降，或有上升无下降或有下降无上升；在控制中心无法联动防火卷帘门。

故障原因：可能为电源故障、电机故障或门本身卡住；下降或上升按钮问题，接触器触头及线圈问题；限位开关问题；接触器联锁常闭触点问题；控制中心控制装置本身故障，控制模块故障，联动传输线路故障。

处理办法：检查主电、控制电源及电机，检查门本身；检查下降或上升按钮，下降或上升接触器触头开关及线圈，检查限位开关及下降或上升接触器联锁常闭接点；检查控制中心控制装置，检查控制模块及传输线路。

11. 消防广播故障

故障现象：消防广播无声，或个别部位无声，无法实现分层广播；不能强制切换到事故广播，或对讲电话不能正常通话。

故障原因：一般为功率放大器无输出；扬声器有损坏或连线有松动；切换模块的继电器不动作，分层广播切换装置故障；对讲电话本身故障，对讲电话插孔接线松动或线路损坏。

处理办法：检查扩音机本身，扬声器及接线，继电器线圈及触点，切换装置及接线，对讲电话及插孔本身，线路。

12. 紧急事故的处理

消防设备事故都应视为紧急事故。制定应急预案，紧急事故的处理程序是按事故的大小逐级上报，在处理上应本着小事故随发生随处理、一般事故及时排除、大事故紧急处理的原则。精心组织人员抢修，查明事故原因，做好记录存档。

一旦发生火情，紧急报警，救助工作纳入应急灭火作战中。如图5-18所示为某企业消防应急灭火流程图。

13. 其他注意事项

（1）未经公安消防部门同意不得擅自关闭火灾自动报警系统。

（2）控制器是否显示隔离、火警、动作以及故障等信息，如果存在，应查明原因并尽快恢复，保证控制器显示屏上没有异常信息。

第 5 章　智慧消防管理系统

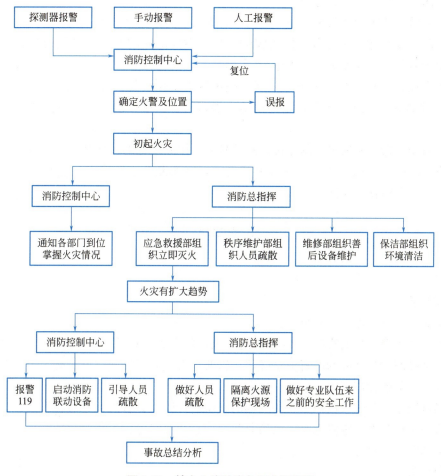

图 5-18　某企业消防应急灭火流程图

（3）因故障而隔离的探测器或其他设备应及时检修并排除故障，在隔离期间应加强对相关场所巡视检查。

（4）不能擅自拆装控制器的主要部件及外围线路，不能擅自改变系统的设备数量与连接方式，不能擅自对控制器进行系统设置操作，不能修改设备定义、二次编码、联动公式等有关内容，以免影响系统正常工作。

本章小结

消防管理系统是建筑楼宇的重要组成部分，以防为主，防消结合，功能是对火灾进行早期探测和自动报警，并能根据火情位置，及时对建筑内的消防设备、配电、照明、电梯、门禁、广播等装置进行联动控制，起到帮助灭火、排烟、疏散人员的作用，确保人身安全，减少各种损失。

智慧消防管理是智慧城市消防信息服务的数字化基础，主要是利用物联网、大数据、人工智能等技术让消防变得自动化、智能化、系统化、精细化，体现在智慧防控、智慧管理、智慧作战、智慧指挥等方面。

一个完整的消防管理系统一般分为防火、灭火、疏散三个方面。

防火的主要作用是探测并预防火灾的发生，主要由探测器、手动报警按钮、声光报警器、报警控制器等完成；灭火的主要作用是一旦发生火灾，及时扑灭，降低人财物的损失，主要由消火栓、自动喷淋等完成；疏散的主要作用是在发生火灾过程中，控制火灾蔓延、排烟散气，疏散人群，主要由防火卷帘门、防排烟设备、应急照明、消防广播等完成。

消防联动是指火灾报警控制器接收到信号后，按照设定的程序和控制逻辑，启动声光报警、应急广播、排烟风机、喷水灭火等设备，并切断非消防电源，进行火灾的自动扑救，引导人员有序安全疏散。

本章实践

实训项目 1　探测器地址编码设置

实训要求：

学会对火灾探测器编码及更换。

为了实现火警信号的准确传输和快速定位，每个火灾探测器都被赋予一个唯一的编码，将每个探测器与相应的位置信息绑定，以便在发生火灾时能够准确确定火源位置，并及时采取相应的救援措施。

编码可以帮助管理人员对火灾探测器的状态进行监控和管理。通过识别编码，可以追踪探测器的工作状态、维修记录、更换时间等信息，及时进行维护和更换，保证火灾探测系统的可靠性和有效性。

实训设备：

微动开关式编码探测器、电子式编码探测器、电子编码器等。

实训步骤：

1. 对微动开关式编码探测器进行编码。

例如 JTY-GD-3001 探测器编码开关位于探测器底部，采用 7 位二进制编码，可在 0～127 范围内任意设定。编码开关从 1～7 位分别对应 1、2、4、8、16、32、64 数码，将开关置于"ON"位置，该开关对应数码有效。将所有置于 ON 位置的开关对应的数码相加，即为该探测器地址码（表5-3）。

7 位编码开关数位对应表　　　　　　　　　　表 5-3

编码开关 n	1	2	3	4	5	6	7
对应数 2^{n-1}	2^0	2^1	2^2	2^3	2^4	2^5	2^6
对应数字	1	2	4	8	16	32	64

例如：当第 1、3、4、6 位开关处于"ON"接通位置，其他位开关处于"OFF"关闭位置，该探测器的地址码为：

$2^0+2^2+2^3+2^5=1+4+8+32=45$

同一区域的多只探测器可以用同一地址码。

2. 通过电子编码器对编码设备（探测器、模块等）进行电子编码。

消防系统的输入输出模块、探测器、报警按钮等总线设备均需要编码，使用的编码工具为电子编码器，如图 5-19 所示。

编码器可对探测器的地址码、设备类型、灵敏度进行设定，同时也可对模块的地址码、设备类型、输入设定参数等信息进行设定。

图 5-19　电子编码器

编码前，将编码器连接线的一端插在编码器的总线插口内，另一端的两个夹子分别夹在探测器或模块的两根总线端子"Z1""Z2"（不分极性）上。开机后可对编码器做如下操作，实现各参数的写入设定。

第一步，读码。

按下"读码"键，液晶屏上将显示探测器或模块的已有地址码，按"清除"键后，回到待机状态。

如果读码失败，屏幕上将显示错误信息"E"，按"清除"键清除。

第二步，地址码的写入。

在待机状态，输入探测器或模块的地址编码，如地址码为 123，按下"编码"键，应显示符号"P"，表明编码完成；错误显示"E"，按"清除"键回到待机状态。

第三步，按下编码器上的"清除"键，让编码器回到待机状态，然后按下编码器的"读码"键，此时液晶屏上将显示探测器的已有地址编码。

第四步，探测器灵敏度或模块输入设定参数的写入。

在待机状态，输入开锁密码，按下"清除"键，此时锁已被打开；按下"功能"键，再按下数字键"3"，屏幕上最后一位会显示一个"—"，输入相应灵敏度或设定参数，按下"编码"键，屏幕上将显示一个"P"字，表明相应的灵敏度或模块输入参数已被写入，按"清除"键清除；输入加锁密码，按"清除"键返回。

探测器的参数在出厂时已设置，一般无需修改；另外，为防止非专业人员误修改一些重要数据，编码器可以设置密码，不要随便操作。

实训项目 2　消防报警联动编程

实训要求：

1. 掌握消防报警联动系统的基本知识；
2. 学会对消防联动系统进行联动编程；
3. 能够对消防报警联动系统进行功能测试。

消防报警系统处于自动控制状态时，温感、烟感接收到信号，或者人为的按手动报警按钮，信号被送到主机，相应的联动设备声光报警器响起、排烟风机启动、电梯迫降首层、切断非消防电源、火灾层及其上下层或全部地下层广播响起等；当有喷淋头爆破后，水流指示器动作，由于压力变化，压力开关动作，信号送回到报警主机后，主机会发出指令，喷淋泵动作；当按下消火栓启泵按钮后，消火栓泵启动。

总的来说就是让系统实现联动。首先是前面的编码，就是给每个点一个地址身份，以便系统能够识别,其次是定义相互间的逻辑关系,也就是联动编程,让系统实现自动控制。

实训设备:

消防联动报警实训台

实训步骤:

第一步,探测器编码。

按上述实训项目给探测器进行编码,并记录。按照已定下的编址进行安装,防止安装器件时发生地址错误。同时该地址号也为联动关系编程提供联动器件逻辑编号。

第二步,消防分区,设定地址。

根据消防设备情况要求标定前端探测器、模块、手动报警按钮等设备安装位置的名称,并划分区域,以便报警控制器能显示报警点的地址名称。

第三步,编程设置。

根据探测器和各种模块的编号整理出《工程地址编码表》,例如某区域消防设备地址编码如表 5-4 所示,并根据《工程地址编码表》和系统消防设备的控制要求进行显示关系、系统信息和联动关系编程。

消防设备地址编码表 表 5-4

设备编号	设备名称	设备位置	设备编号	设备名称	设备位置
1	烟感	一楼一分区	61	烟感	四楼四分区
2	烟感	一楼一分区	62	烟感	四楼四分区
3	烟感	一楼一分区	63	烟感	四楼四分区
4	烟感	一楼一分区	64	烟感	四楼四分区
5	温感	一楼一分区	65	手动报警按钮	四楼四分区
6	温感	一楼一分区	66	声光报警器	四楼四分区
7	温感	一楼一分区	67	消火栓按钮	四楼四分区
8	温感	一楼一分区	68	消火栓按钮	四楼四分区
9	手动报警按钮	一楼一分区	69	光感	四楼四分区
10	消火栓按钮	一楼一分区	70	光感	四楼四分区
11	电箱强制切换模块	一楼一分区	71	卷帘门模块	四楼四分区
……	……	……	……	……	……
59	温感	三楼三分区	116	声光报警器	六楼六分区
60	温感	三楼三分区			

第四步,联动编程。

第五步,消防报警测试。

实训项目 3 消防巡检

实训要求:

能够对消防报警联动系统进行日常的管理与维护。

联合学校安防部门针对校园进行一次消防巡检。

现如今建筑环境错综复杂，一旦发生火灾，会严重危害到人们的生命和财产安全。特别对于高层建筑来说，定期进行消防巡检，排除火灾隐患是十分重要的，早一分钟发现火灾隐患，就会减少一点伤亡和损失。

消防巡检就是对消防设备系统进行全面的检查，以确保每一个设备完好，运行状态良好，能在火情发生初期就能及时发现，并能启动消防设备及时参与灭火，把火灾扼杀在萌芽状态，把火灾损失降至最低，从而确保人们的生命和财产安全。

实训步骤：

第一步，消防设施检查；

第二步，填写《消防检查记录表》（表5-5）。

消防检查记录表　　　　　　　　　　　　　　　表5-5

检查时间：　　年　　月　　日　　　　　　　检查人：

检查项目		检查内容	发现问题
灭火器材	摆放位置	摆放在阴凉、干燥便于取用的位置	
	有效期	灭火器气压表指针是否处于绿色区域，如果指针在红色区域，说明失效了，要更换或重装	
	器材情况	灭火的瓶体、保险销是否完好无损，器材是否擦拭干净，灭火器药液是否减少、被动用过	
消火栓	器材情况	栓体是否干净，是否被杂物遮挡，保卫部所贴的封条是否完好	
		消火栓内水带、水枪、消防斧、消防扳手、开关是否正常，器材是否完好，有无丢失	
疏散标志应急照明	器材情况	标志是否完好、处于明显处、便于确认、应急照明灯是否完好，被遮挡、损坏，紧急情况下能否照明等	
自动喷淋	器材情况	喷淋头是否损坏，是否有无漏水现象	
室外消火栓	栓体情况	消火栓是否被埋压、圈占，地下消火栓井盖是否有手提或拉链，消火栓是否漏水，消火栓帽是否遗失	
	开关情况	消火栓能否快速打开，正常输水	
	标识牌	是否遗失、干净	
消防泵	器材情况	最不利消火栓点水压能否达到要求，远距离控制能否在要求的时间内达到所要求的压力（2分钟内达到充实水柱15m）	
疏散系统	系统情况	紧急疏散、广播系统、消防电梯是否正常运行	
消防系统及设备	设备情况	消防控制中心是否能正常运行，各报警探头是否损坏，能否正常报警，由电话能否联系控制中心	
通道照明	器材情况	通道照明、步梯灯是否完好无损，正常照明	
安全通道	通道情况	消防通道是否畅通、有无杂物堆放堵塞，是否有易燃易爆等危险品	
停车场	场地情况	车位车棚是否完好、正常运行，防排烟是否达到备用状态；停放的车辆有无异常，场内是否堆放易燃易爆物品	

续表

检查项目		检查内容	发现问题
装饰施工现场	人员证件情况	现场施工人员是否持证进入小区,在此居住的人员是否办理暂住证,认真检查核实	
		是否和保卫部签订《安全管理责任书》,是否办理"施工进场许可证"	
安全措施		施工现场是否配置足够的灭火器材(检查时按灭火器检查标准执行),施工现场八不准是否张贴在明显处,有无违章施工等	

码5-2
第5章
自测题目

第 6 章
智慧安全防范管理系统

Chapter 06

知识导图

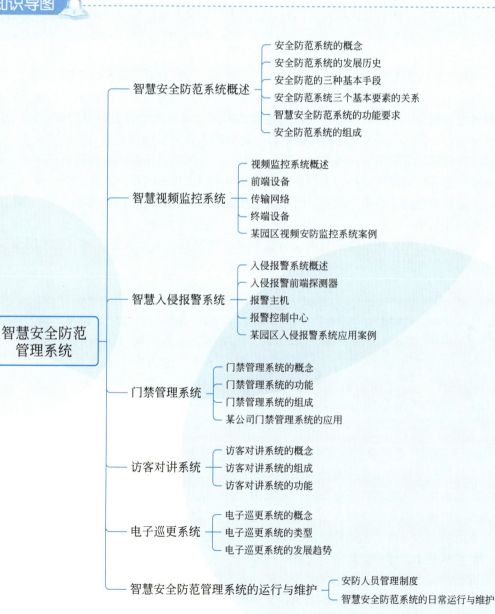

知识目标

1. 掌握智慧安全防范管理系统的作用和工作原理;
2. 熟悉智慧安全防范管理系统的功能要求;
3. 掌握安全防范管理系统的主要设备功能和使用方法。

技能目标

1. 学会操作安全防范管理系统主要设备;
2. 能够对安全防范管理系统进行日常维护和管理。

随着生活水平的日益提高,人们对自己的人身安全和财产安全要求越来越高,若安全没有得到保障,社会就会出现不安宁因素,民生就会受到影响,从而导致社会发展受到影响。

因此,为人们提供安全的生活和工作环境成为当今社会必不可少的任务。

目前人身安全和财产安全面临的主要问题有:一是人为因素,是指由人为破坏或实施犯罪过程的行为,如抢劫、盗窃等;二是自然因素,是指因建筑物自身问题引起的危害,如高空坠物、漏水等。那么如何才能更有效地保障人身、财物或重要资料的安全呢?要设法预防防范区域不安全事件的发生,若一旦发生,必须能立即报警并快速响应处置,同时系统还应有清晰的图像资料为事件处理提供证据,如此构建的系统才能安全可靠。

安全防范系统正是基于此类不断增长的社会需求而产生的一门涉及多学科、多门类的综合性应用技术。

智慧安全防范管理系统是利用高科技手段对管理辖区进行安全管理的技术防范系统,避免人员伤害和财产损失,为业主提供高质量的管理服务。

6.1 智慧安全防范系统概述

6.1.1 安全防范系统的概念

"安全防范"是社会公共安全科学技术及其产业的一个分支,是指以维护社会公共安全为目的,在建筑物或建筑群内(包括周边地域),或特定的场所、区域,通过采用人力防范、技术防范和物理防范等方式,采取防入侵、防破坏、防爆炸、防盗窃、防抢劫和安全检查等措施,综合实现对人员、设备、建筑或区域的安全保护。

人力防范和实体防范是传统的防范手段,是安全防范的基础。随着科学技术不断进步,计算机技术、传感器技术、自动控制技术、人工智能、物联网等技术广泛应用,形成一个完整的安全防范技术自动化系统,简称安全防范系统。

安全防范,在国外则更多称其为损失预防与犯罪预防(Loss Prevention & Crime Prevention)。损失预防是安防产业的任务,犯罪预防是警察执法部门的职责。

安全防范系统的功能不仅要防止外部人员的非法入侵,而且对某些重要的地点、物品以及内部工作人员或重要人员实施保护,还要作为案件发生后的辅助破案的重要手段和依据,是楼宇智能化系统工程的一个必备系统,有智能化的安防系统作技术保障,可以为建筑楼宇内的人员提供安全、安心的工作和生活环境。

近年来,随着云计算、大数据、人工智能、物联网等新技术迅速发展,我国智能安防行业发展势头迅猛,智能安防市场规模持续增长,逐渐成为智慧城市、智慧社区、智慧交通、智能家居等行业的重要组成部分。为此,我国政府相关部门出台多项相关政策法规,主要政策内容围绕完善社会治安防治防控网络建设领域,来推动智能安防新技术的落地应用和新应用场景的再开发。近年来我国部分安防相关政策文件见表6-1。

近年来我国部分安防相关政策文件　　　　　表6-1

发布时间	发布部门	政策名称	重点内容
2022年7月	住房和城乡建设部、国家发展改革委	《"十四五"全国城市基础设施建设规划》	加快推进智慧社区建设,智能停车、智能快递柜、智能充电桩、智能灯杆、智能垃圾桶、智慧安防等配套设置,提升智能化服务水平
2022年1月	国务院	《国务院关于印发计量发展规划(2021—2035年)的通知》	建立适用于智能制造、智能交通、智能安防等领域的智能水平评价标准和计量测试平台,提升数据和知识协同驱动的计量测试能力
2021年7月	工业和信息化部等十部门	《5G应用"扬帆"行动计划(2021—2023年)》	推进5G与智慧家居融合,深化应用感应控制、语音控制、远程控制等技术手段,发展基于5G技术的智能家电、智能照明、智能安防、智能音箱、新型穿戴设备、服务机器人等,不断丰富5G应用载体
2021年6月	中国安全防范产品行业协会	《中国安防行业"十四五"发展规划(2021—2025年)》	有效提升智能化应用水平,全面服务国家、行业、民用安防项目需求,为新型智慧城市、数字孪生城市、无人驾驶、车城网等提供技术支撑;开发高安全、高质量、智能化的物理防盗、物理周界、智能锁具等实体防护产品,利用物联网与集成技术扩大实体防护与电子防范技术的综合应用
2020年12月	住房和城乡建设部	《住房和城乡建设部等部门关于推动物业服务企业加快发展线上线下生活服务的意见》	推动智能安防系统建设,建立完善智慧安防小区,为居民营造安全的居住环境
2020年7月	工业和信息化部	《工业和信息化部办公厅关于开展2020年网络安全技术应用试点示范工作的通知》	结合智慧家庭、智能抄表、零售服务、智能安防、智慧物流、智慧农业等典型场景网络安全需求,在物联网卡、物联网芯片、联网终端、网关、平台和应用等方面的基础管理、可信接入、威胁监测、态势感知等安全解决方案
2020年7月	国务院	《国务院办公厅关于全面推进城镇老旧小区改造工作的指导意见》	各地要抓紧制定本地区城镇老旧小区改造技术规范,明确智能安防建设要求,鼓励综合运用物防、技防、人防等措施满足安全需要

智慧建筑运维

随着城市人口不断聚集，新的大都市和城市群不断形成，人口流动活动增加，对城市的安全防范管理提出了更高的要求。现代园区、建筑楼宇、工厂、学校等场所的大型化、多功能化、高层次和高技术的特点，也使得对安全防范系统的需求越来越高。因此，智慧化安全防范管理系统的出现也就成了必然。

目前智慧安全防范系统已经得到非常广泛的应用，深入人民群众的周边生活，如城市智慧安防系统、社区智慧安防系统以及家庭智慧安防系统等方面。

6.1.2 安全防范系统的发展历史

安全防范系统的发展历史可以追溯到人们对于安全问题的关注以及对于科技应用在安全领域的探索。

1. 早期的报警系统

古代人们使用各种方式来警示可能的入侵或威胁，例如设置哨岗、使用急促的鸣笛声等。后来人们使用钥匙和锁来保护贵重物品，这是安全防范系统的基础。

2. 城堡防御系统

中世纪的城堡防御发展出了一系列复杂的安全防范系统，包括城墙、护城河、堡垒以及各种陷阱和警报装置。

3. 现代报警系统

20 世纪初，随着电气技术的发展，现代报警系统开始出现。最初的报警系统主要使用铃铛、警笛等声音信号作为报警方式。

4. 闭路电视系统（CCTV）的出现

20 世纪 50 年代，闭路电视系统开始被应用于安全领域。这种系统通过监控摄像头和显示器实时观察和记录周围环境，以增加安全性。

5. 电子安全系统的兴起

20 世纪 60 年代，随着计算机技术的发展，电子安全系统开始得到广泛应用。这些系统包括入侵报警系统、门禁系统、视频监控系统等。

6. 智能安全系统的崛起

21 世纪，智能安全系统逐渐走进人们的生活。智能安全系统通过传感器、摄像头、人脸识别、声音识别等技术实现更高级别的安全防范和自动化管理。

7. 智慧安全防范系统

近年来，随着人工智能和物联网技术的迅猛发展，建立了可视化、立体化、信息化的安全防控体系，提高了社区、物业、业主应对突发事件的预防监控和处置能力，为人们提供了安全、舒适、人性化的居住环境。

安全防范系统的发展，经历了从简单的警报装置到复杂的智慧安全体系的演进过程，不断应用最新的科技成果，提升了安全性和保护力度。

6.1.3 安全防范的三种基本手段

安全防范是包括人力防范（Personnel Protection）、物理防范（Physical Protection）

和技术防范（Technical Protection）三个方面的综合防范体系。

1. 人力防范（简称：人防）

人力防范是指具有相应素质的人员或群体的一种有组织的执行安全防范任务的行为，主要有保安站岗、人员巡更等。

2. 物理防范（简称：物防）

物理防范主要是指实体防护，如建（构）筑物、屏障、周界栅栏、围墙、入口门栏等，能预防、延迟风险事件发生的各种实体防护手段。

3. 技术防范（简称：技防）

技术防范是以各种现代科学技术，通过运用技防产品，实施技防工程手段，以各种技术设备、集成系统和网络作为安全保证的屏障，以提高探测、延迟、反应能力和防护功能的安全防范手段。

在物业服务管理中的安防工作管理主要有封闭式管理和开放式管理两种方式。

封闭式管理的特点是整个物业为封闭体系，入口有安防人员 24 小时看守，有通行权限的人员配备有效证件，外来人员须征得同意并办理登记手续方可入内，适用于办公单位、住宅小区等物业。

开放式管理的特点是用户无需办理通行证件，外来人员也可自由进出，适用于商业楼宇、医院等场所。

当然也有将这两种方式结合起来的管理方式。

不管是何种管理方式，根据被防护对象的使用功能和要求，综合运用人防、物防、技防手段，构成安全、可靠、智慧的安全防范管理综合应用系统，确保辖区或建筑物的安全。

6.1.4 安全防范系统三个基本要素的关系

安全防范系统的主要任务是根据不同的防范类型和防护风险的需要，保障人身与财产的安全，达到预期的防范效果。

首先要通过各种传感器和多种技术途径（如监控、门禁报警等），探测到防范区域环境物理参数的变化或传感器自身工作状态的变化，及时发现是否有强行或非法侵入的行为。

其次是通过物理阻隔设施起到阻滞的作用，尽量推迟风险的发生时间，理想的效果是在此段时间内入侵不能实际发生或者入侵很快被中止。

最后是在防范系统发出警报后采取必要的行动来制止风险的发生，或者制服入侵者，及时处理突发事件，控制事态的发展。

因此安全防范系统有三个基本防范要素，即探测时间（Detection time）、延迟时间（Delay time）和反应时间（Response time），三者之间必须满足：

$$T_{反应} \leqslant T_{探测} + T_{延迟}$$

探测是需要感知显性和隐性风险事件的发生并发出报警；延迟是需要延长和推延风险事件发生的进程；反应是需要组织力量制止风险事件的发生所采取的快速行动。

探测、延迟和反应三个基本要素之间是相互联系、缺一不可的关系。一方面，探测要准确无误,延迟时间长短要合适,反应要迅速;另一方面,反应的总时间应小于等于探测加延迟的总时间。

在安全防范的三种基本手段中,要实现防范的最终目的,都要围绕这三个基本防范要素开展工作、采取措施,以预防和阻止风险事件的发生。当然三种防范手段在实施防范的过程中,所起的作用是有所不同的。

人力防范手段,是利用人们自身的五官作为传感器进行探测,发现损害或破坏安全的目标,做出反应,如用声音警告、恐吓、设障、武器还击等手段来延迟或阻止危险发生,在自身力量不足时,可以发出救援信号,制止危险的发生或处理已发生的危险。

物理防范手段,主要作用在于推迟危险发生,为反应提供足够的时间。现代的物理防范,已不是单纯物质屏障的被动防范,而是越来越多地采用高科技的手段,使实体屏障被破坏的可能性变小,增大延迟时间。

技术防范手段,主要是人力防范手段和物理防范手段的功能延伸,是对人力防范和物理防范在技术手段上的补充和强化。它要融入人力防范和物理防范之中,使人力防范和物理防范能力在探测、延迟、反应三个基本要素中不断地增加高科技的含量,不断提高探测能力、延迟能力和反应能力,使防范手段真正起到作用,达到预期的目的。

6.1.5 智慧安全防范系统的功能要求

智慧建筑的安全防范系统是一个功能分层的体系,防范为先(出入口控制系统的功能)、报警准确(入侵报警系统的功能)、证据完备(视频安防监控系统的功能)。这三个层次的各个环节必须协调工作,环环相扣,只有先设计好周密的系统方案,最终才能收到理想的安全防范效果。

智慧建筑具有大型化、自动化、高层次化的特点,因此其对于安全防范系统要求更高。智慧建筑对安全防范系统的功能要求如下:

1. 防范功能

防患于未然是智慧建筑对安全防范系统的主要要求,不论是对财物、人身或重要数据和资料等的安全保护,都应把防范放在首位。也就是说,安全防范系统使作案人员不可能进入或在企图进入作案时能被察觉,从而采取措施。

2. 布防与撤防功能

为了实现防范的目的,系统应具有布防和撤防功能,即当合法授权人员离开时应能布防。例如一个防盗门,合法人员离开时布了防,当合法授权人员正常进入,则通过开"锁",使系统撤防,这样就不至于产生误报。

3. 监视与报警功能

安全防范系统应该能够对楼宇中需要监控的地方进行 24 小时不间断实时监控,当发现楼宇出现相关安全威胁或隐患时,系统应能在监控中心和有关地方发出各种特定的声光报警,并把报警信号通过网络送到有关保安部门(如银行机构需联网当地的 110 接警中心)。这样可以及时应对和处理突发事件,保障建筑楼宇的安全。

4. 记录与追踪功能

在出现安全威胁或其他紧急情况发生报警的同时,系统应同步地把现场图像和声音传送到监控中心进行显示并录像,保存一定时间的监控记录,需要能够识别和追踪进出建筑楼宇的人员和物品,包括车辆、包裹等。这样可以帮助管理者实时了解建筑内人员和物品的动态,提高对潜在威胁的感知能力,留下证据以便侦查破案。

5. 自检和防破坏功能

系统应能够进行不定期的自检,并应具有消除误报、漏报的功能。系统应有自检和防破坏功能,系统内一些关键设备或线路遭到破坏时,系统应能够主动报警。一旦线路遭到破坏,系统应能发出报警信号;在某些情况下布防应有适当的延时功能,以免工作人员还在布防区域就发出报警信号,造成误报。

6. 联网功能

安全防范系统应能提供向上层系统集成的手段,以便将其最终集成到智慧建筑综合管理系统中。系统应能通过统一的通信平台和管理软件将监控中心设备与各子系统设备联网,实现由监控中心对各子系统的自动化管理与监控。安全防范系统的故障应不影响各子系统的运行;某一子系统的故障应不影响其他子系统的运行。

7. 远程监控和管理功能

安全防范系统需要具备远程监控和管理的能力,管理者通过云平台或移动应用可以随时随地及时了解、监控建筑的安全情况,并可以进行远程操作和管理,有效提高工作效率。

8. 数据的存储和分析功能

安全防范系统需要具备存储和分析大量监控数据的能力,以便后续的安全事件溯源或事故调查,可以帮助楼宇管理者对安全问题进行分析和研究,提高安全防范的水平。

智慧建筑的安全防范系统还需要能够准确识别不同类型的风险与威胁,如入侵、火灾、煤气泄漏,甚至居家老人摔倒等,并能够通过智能算法分析和处理威胁。这样可以避免虚假报警,提高安全防范的准确性。

随着人工智能、物联网等新技术的广泛应用,安全防范系统的功能越来越强大,不断满足人们对建筑楼宇安全的新需求。

6.1.6 安全防范系统的组成

安全防范系统一般由视频监控系统、入侵报警系统、出入口控制系统、访客对讲系统、电子巡更系统等构成,如图 6-1 所示。

1. 视频监控系统

视频监控系统,又称闭路电视监控系统,根据建筑物或区域的安全防范管理需要,视频监控系统应对主要公共活动场所、通道、电梯及重要的场所和设施的特殊部位等进行实时、有效的视频探测、视频监视、视频传输、显示和记录。

显示与记录装置应该与入侵报警系统联动,即当入侵报警系统出现警情时,视频监控系统应同步显示并记录发生警情的现场情况。

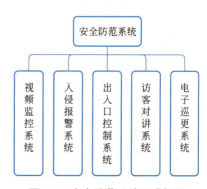

图 6-1 安全防范系统组成框图

2. 入侵报警系统

入侵报警系统，又称防盗报警系统，就是利用各种探测装置对设防区域的非法入侵、破坏、盗窃、抢劫等，进行实时有效的探测和报警。根据各类建筑安全防范部位的具体要求，设置周界防护报警、区域空间防护、重点目标防护等。

3. 出入口控制系统

出入口控制系统，又称门禁管理系统，应能根据建筑物的使用功能和安全防范管理需求，对需要控制行为的出入口，按各种不同的通行对象及其准入级别，对其进出实施实时控制与管理，并应具有报警功能。

系统应能独立运行，并都能与入侵报警、视频监控等系统联动，与安全防范系统的控制中心联网，与火灾报警系统和其他紧急疏散系统联动。当发生火警或者需紧急疏散时，所有出入口应畅通无阻，所有人员应能迅速安全通过。

4. 访客对讲系统

访客对讲系统可以分为可视型和非可视型两种类型，是实现各类住宅或公寓内访客与住户之间对讲和可视等功能及保障住户安全的必备设备。通过访客对讲系统，实现与访客通话，远程控制开锁，实现小区、楼宇智能访客管理，有效防止非法人员进入住宅楼内。有的多功能访客对讲系统还具有报警、求助等功能，家中遇到特殊突发事件，可以通过访客对讲系统与物业保安取得联系，及时得到帮助。

5. 电子巡更系统

电子巡更系统应能根据建筑物的使用功能和安全防范管理的要求，按照预先编制的保安人员巡更程序，通过信息识读器或其他方式对保安人员巡逻的工作状态（是否准时、是否遵守顺序等）进行监督、记录，并在发生意外情况时及时报警。

6. 其他子系统

在某些特定的场所，如机场、车站、大型活动场所等，会设立防爆安全检查系统、人员识别系统、特殊物品识别系统等。

6.2 智慧视频监控系统

6.2.1 视频监控系统概述

视频监控系统（Video Control System）是建筑楼宇智能化管理的"千里眼"，采用图像处理、模式识别和计算机视觉技术，通过在监控系统中增加智能视频分析模块，借助计算机强大的数据处理能力，过滤掉视频画面无用的或干扰信息，自动识别不同物体，分析抽取视频源中关键有用信息，快速准确定位事故现场，判断监控画面中的异常情况，并以最快和最佳的方式发出警报或触发其他动作，从而有效进行事前预警，事中处理，事后及时取证的全自动、全天候、实时监控的智能系统。

1. 视频监控系统的发展

视频监控系统起源于 20 世纪 80 年代，随着社会进步和技术的发展，从技术角度出发，视频监控系统发展划分为第一代模拟视频监控系统（CCTV）、第二代基于"PC＋多媒体卡"的数字视频监控系统（DVR）、第三代完全基于数字技术的数字视频监控系统（DVSS）。

第一代为模拟视频监控系统，依赖摄像机、线缆、录像机和监视器等专用设备。例如，摄像机通过专用同轴电缆输出视频信号。电缆连接到专用模拟视频设备，如视频画面分割器、矩阵、切换器、卡带式录像机（VCR）及视频监视器等。

模拟视频监控系统存在大量局限性，有限监控能力只支持本地监控，受到模拟视频电缆传输长度和电缆放大器限制；有限可扩展性系统通常受到视频画面分割器、矩阵和切换器输入容量限制；录像负载重，用户必须从录像机中取出或更换新录像带保存，且录像带易于丢失、被盗或无意中被擦除。

第二代是基于"PC＋多媒体卡"的数字视频监控系统，主要是在后端的图像处理、存储方式上改进，采用了数字视频压缩处理技术。前端摄像机采集的视频信号仍采用模拟方式传输，通过相应的线路（同轴电缆、光缆）连接到监控中心的 DVR 终端上，DVR 监控终端完成对图像的多画面显示、压缩、数码录像、网络传输等功能，可支持有限 IP 网络访问。

该种系统仍存在大量局限，可扩展性有限，DVR 典型限制是一次最多只能扩展 16 个摄像机；可管理性有限，需要外部服务器和管理软件来控制多个 DVR 或监控点；远程监视、控制能力有限，不能从任意客户机访问任意摄像机，只能通过 DVR 间接访问摄像机。

第三代为基于数字技术的数字视频监控系统，是一种在视频信息的获取、传输、显示、存储等环节采用数字信号处理方式的监控系统。全数字时代的视频是从前端图像采集设备输出时即为数字信号，并以网络为传输媒介，基于 TCP/IP 协议，采用流媒体技术实现视频在网上的多路复用传输，并通过设在网上的虚拟（数字）矩阵控制主机（IPM）来实现对整个监控系统的指挥、调度、存储、授权控制等功能。

该视频监控系统具有巨大的优势，所有摄像机都能利用现有局域网或以太网连接到网络，简捷方便；强大中心控制功能；易于升级与可扩展性；实现全面远程监视等。

2. 智慧建筑对视频监控系统的功能要求

视频监控系统在智慧建筑的安全防范领域起着非常重要的作用，它为事件的调查、追溯和破案提供证据。因此视频监控系统应具备以下功能：

（1）全天候实时监控

根据各类建筑物安全防范管理的需要，对建筑物内（外）的主要公共活动场所、通道、电梯、周界围墙、停车场及重要部位和场所，24 小时不间断地进行视频探测、图像实时监视和有效记录、回放。对高风险的防护对象，显示、记录、回放的图像质量及信息保存时间应满足管理要求。

（2）高清晰度成像

采用高清晰度成像技术对所辖区域内实施监控，提供高清、稳定的视频画面，有利于记录建筑、园区、社区车辆车牌、人员面部等详细特征，以便于管理人员对监控区域进行观察和分析，为追溯提供有效信息。

(3) 设备控制功能

系统的画面显示应能任意编程，能自动或手动切换，画面上应有摄像机的编号、部位、地址和时间、日期。为实现对目标细致观察和抓拍的需要，可远程控制云台、镜头的变倍、聚焦等；对于室外前端设备，可远程启动雨刷、灯光等辅助功能。

(4) 异常事件检测、报警功能

视频监控系统对各监控点进行有效布防，避免人为破坏；当发生断电、视频遮挡、视频丢失等情况时，现场发出报警信号，同时将报警信息传输到安防控制中心，能让管理人员第一时间了解现场情况，完成迅速精准定位，协助管理人员有效提升安全管理效率。

视频监控系统还需要具备异常事件检测的能力，能够通过图像识别技术自动检测异常行为，比如人员聚集、物品遗留等，一旦发现异常，立即向相关工作人员发送报警信息，加强对异常情况的及时处理，提高安全性。

(5) 分级管理、联动功能

系统可以独立运行，也能与其他子系统（如入侵报警系统、出入口控制系统等）联动。当与入侵报警系统联动时，能自动对报警现场进行图像复核，能将现场图像自动切换到指定的监视器上并自动录像。记录配置客户端、操作客户端的信息，包括用户名、密码和用户权限，在客户端访问监控系统前执行登录验证功能。在安防控制中心设置综合安防管理平台，对于远程访问和控制的人员，可通过授权登录客户端，实现对摄像机云台、镜头的控制和预览实时图像、查看录像资料等功能。

(6) 数据存储和管理

视频监控系统需要能够对监控数据进行有效的存储和管理，这包括存储大量的视频数据，并支持按照时间、地点等关键信息进行检索和回放。此外，系统也需要具备自动化的管理功能，比如设备状态监测、存储空间管理等，保障数据的可靠性和完整性。

(7) 数据分析与利用

视频监控系统还应当有数据分析与利用的功能，通过对监控数据的分析，可以提取出有价值的信息，比如人流量统计、场所利用率分析等。同时，系统还应当能够与其他智能设备进行联动，比如智能门禁系统、智能灯光控制系统等，实现更加智能化的楼宇管理。

(8) 远程访问与管理

视频监控系统也需要支持远程访问与管理，工作人员可以通过手机、平板电脑等终端设备随时随地访问监控画面，并进行管理操作。这样就能够方便地监控楼宇的安全状态，并及时对异常事件进行处理。

(9) 高效性与稳定性

视频监控系统还有高效性和稳定性的要求，系统需要具备较高的处理能力，保证实时监控的流畅性和响应速度。同时，系统也需要具备一定的冗余和容错能力，以防止硬件故障或其他问题导致监控系统瘫痪。

(10) 其他功能

一些智慧园区、社区的视频监控系统还具备融合数据资料，为基础设施建设、公共交通、产业布局、耗能、室内环境等管理方面的核心指标值，给予数据可视化综合性监控，协助管理人员掌控园区、社区的运作状况。

比如监控园区人员相对密度、公共交通、停车场应用等,依靠人工智能技术进行面部识别和车辆识别分析分辨,协助管理人员同步控制交通情况,合理减少人员和车辆异常滞留。

如图6-2所示为智慧监控,这些功能的实现将有效提升建筑楼宇的安全管理水平,提供更智能化、高效可靠的管理服务。

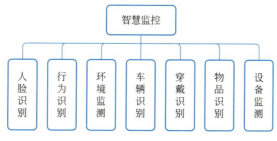

图 6-2 智慧监控

3. 视频监控系统的组成

视频监控系统具有对图像信号摄像、传输、显示与记录的分配、切换、存储、处理、还原等功能,主要由前端设备、传输网络、终端设备三个主要部分组成,如图6-3所示。

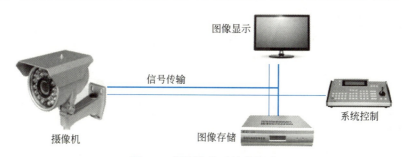

图 6-3 视频监控系统的组成

前端设备是采集音视频信息的设备,主要包括摄像机、镜头、云台、防护罩、支架、解码器等;传输网络是将前端设备采集到的信号传送给控制中心,主要包括线缆、调制解调设备、网络交换设备等;终端设备是把从前端传送回来的信号转换成图像在监视设备上显示并存储,主要包括监视器、存储设备、处理控制设备等。

6.2.2 前端设备

前端设备的主要任务是获取监控区域的图像和声音信息。

1. 摄像机

前端设备的主体是摄像机,如图6-4所示,其功能是观察、收集图像信息,保证信息清晰、不失真。

在视频安防监控系统中,摄像机用来进行定点或流动监视和图像取证,这就要求摄像机体积小、重量轻、易于安装。由于要公开或隐蔽地安装在防范区内,除了需要长时间不间断地工作外,其环境变化无常,有时还需要在相当恶劣的条件下工作,如风、沙、雨、

165

(a) 云台摄像机　　　　(b) 半球机　　　　(c) 高速球机　　　　(d) 红外日夜摄像机

图 6-4　常用摄像机

雪、雷、高温、低温等环境，所以摄像机的可靠性要高，性能要稳定，要能够在任何环境下连续工作。灵敏度和清晰度要高，光动态范围要大，必要时通常还需配有自动光圈变焦镜头、多功能防护罩、云台、接口控制设备（解码器）等。

（1）摄像机的种类

摄像机按照分类标准不同，有很多种类型。

按照传输信号不同，可分为模拟摄像机和数字摄像机；按照画面分辨率不同，可分为标清摄像机、高清摄像机；按照摄像机外形不同，可分为球形摄像机、半球形摄像机、枪式摄像机；按照安装环境不同，可分为室内摄像机、室外摄像机；按照传感器不同，可分为 CCD 摄像机、COMS 摄像机等。

摄像机还有黑白和彩色之分，通常黑白摄像机的水平清晰度比彩色摄像机高，且黑白摄像机比彩色摄像机灵敏高，更适用于光线不足的地方和夜间灯光较暗的场所。黑白摄像机的价格也更便宜。但彩色的图像容易分辨衣物与场景的颜色，便于及时获取、区分现场的实时信息。

（2）摄像机的选择

每种摄像机都有它的优缺点，根据具体情况进行选择。

1）摄像机需要监控多大范围

监控摄像机需要覆盖多大范围决定了使用什么类型的摄像机。如球型摄像机适合于大范围监控，高清全景摄像机可实现无盲区 360°视频监控，而枪型摄像机适合于通道、走道、周界区域。

2）根据安装地点选择

半球型摄像机体积小巧，外形具有一定的隐蔽性，适合办公场所以及装修档次高的场所使用，可以吊装在天花板上。

红外日夜两用摄像机具有夜视距离远、性能稳定等优点，适合安装在监控区域的周围无光源或光源不足的情况下的室外小区监控、停车场监控、道路监控等。

高空抛物，是一种不文明的行为，会带来很大的社会危害，被称为"悬在城市上空的痛"。高空抛物监控摄像机采用百万高清红外夜视机，具有高倍变焦功能，对高空抛物可获取到清晰的证据，对园区、社区、小区文明建设可起到积极的监督作用。

3）根据环境光线选择

如果光线条件不理想，应尽量选用照度较低的监控摄像头，如彩色黑白自动转换两用型监控摄像头、低照度黑白监控摄像头等，以达到较好的图像采集效果。如果光线照度不高,而用户对监视图像清晰度要求较高时,宜选用黑白摄像机;如果光线照度足够,为了增加辨识度,可以选用彩色高清摄像机。

4)在室内或者室外使用

大部分监控摄像机适合室内外安装,有些需要特别考虑的产品功能,例如安装位置以及防潮防水,不支持室外安装的摄像头应该考虑使用保护防水外壳。如果是在极端寒冷的环境下工作,在选择摄像头时必须选择摄像头支持可靠设计,并内置加热器,可确保摄像机在低温下能正常工作。在其他的工业环境,例如加工厂,摄像头同样需要采取防尘保护措施。在一些比较特殊环境的地方,摄像机甚至加装防爆保护罩,室外加装雨刷,定时清洗摄像机护罩等。

5)摄像机是否必须隐蔽安装

摄像机安装的地点以及监控的范围决定了是使用普通的还是隐蔽的监控摄像机。

普通枪机摄像头通常尺寸比较大,安装后最显眼,可提醒人们该区域被视频监控并震慑犯罪分子,减少盗窃、抢劫等不安全事件发生。

半球摄像头小体积设计,是要求隐蔽安装最好的选择。

6)是否需要进行语音监控

集成音频采集到视频监控系统中,使保安人员可以与嫌疑人进行语音对讲警告,并进行声音监听。从视频监控方面来说,也可实现单独的声音探测功能,可触发录像或者报警。实现语音监控,前端摄像头必须带内置麦克风和扬声器,或者摄像头需带音频输入输出接口。

2. 防护罩及支架

摄像机在安装使用时,需要配备相应的支架(图 6-5)和防护罩(图 6-6)。防护罩有室内型和室外型两种。室内外型防护罩的作用主要是保护摄像机免受灰尘及人为损害。

(a) 吸顶式支架　　　　　(b) 壁式支架　　　　　(c) 壁式支架

图 6-5　摄像机支架

(a) 室外防护罩　　　　　　　　(b) 室内防护罩

图 6-6　摄像机防护罩

在室温很高的环境下，室内型防护罩需要配置风扇，帮助散热。室外型防护罩也称全天候防护罩，结构、材料要求较室内型复杂和严格。首先，外罩一般有双层防水结构，由耐腐蚀铝合金制成，表面还涂防腐材料。其次，要有防雨水积在前窗下的刮水器、防低温的加热器和通风的风扇等。在选用室外防护罩时除了防雨之外，其余各项则根据实际的环境条件选定。

3. 云台

为了扩大视频监控系统的监视范围，有时要求摄像机能够在一定角度内自由活动。以支撑点为中心，能够固定摄像机并能带动摄像机做一定范围内自由转动的机械结构称为云台，如图6-7所示。

图6-7 摄像机云台

云台是摄像机支撑配件，云台可以分为手动式及电动式两类。随着遥控设备的发展，电动式云台得到了广泛的应用。

电动式云台的遥控可以采用电缆传输的有线控制方式，也可以用无线控制方式。必要时也可以使用自动跟踪云台。当摄像机捕捉到被搜索的目标信息之后，遥控云台便按照指令带动摄像机自动追踪目标运动的方向进行摄像，从而延长了监视摄像的持续时间，可以获得更多的目标信息。

4. 解码器

除了近距离和小规模的系统采用多芯电缆作直接控制外，在有云台、电动镜头和室外防护罩的视频监控系统中，都是由主机通过总线方式将信息送到解码器，由解码器先对总线信号进行译码，即确定对哪台摄像单元执行何种控制动作，这样在控制室中操纵键盘相应按键即可完成对前端设备各动作及功能的控制，比如：

（1）前端摄像机的电源开关控制；
（2）云台的定位及左右、上下旋转运动控制；
（3）镜头光圈变焦变倍、焦距调准；
（4）摄像机防护装置（雨刷、除霜、加热）控制。

解码器通常与带有云台、镜头等的摄像机一起安装在现场。一般必须与系统主机同一品牌，这是因为不同厂家生产的控制解码器与系统主机的通信协议、编码方式一般都不相同，除非某控制解码器在说明书中特别说明该设备与某个品牌的主机兼容，否则不宜选用。

6.2.3 传输网络

传输网络主要是将视频监控系统的前端设备和终端设备联系起来，主要任务是将前端图像和声音信息不失真、安全、准确、高效地传送到终端设备,同时将控制中心的各种指令及时、准确地传送到前端设备。

根据视频监控系统的传输信号类型、传输距离、信息容量和功能要求的不同,主要分为无线传输和有线传输两种方式。目前大多采用有线传输方式。有线传输方式主要是利用同轴电缆、双绞线和光纤来传送图像信号。每一种传输特点不同,在实际操作中,我们要根据现场环境和传输距离来决定使用什么介质,如表 6-2 所示。

不同介质传输视频信号的区别　　　　　　　　　　表 6-2

介质类型	参考图片	类别	特点	传输距离	应用范围
同轴电缆		粗同轴电缆	传输距离远,但弹性差,不适合复杂环境	75-3 线:150m 左右 75-5 线:300m 左右 75-7 线:500m 左右	用来连接数个由细缆所结成的主干网络
		细同轴电缆	价格便宜,但传输距离近,衰减大		架设终端设备较为集中的小型以太网络
双绞线		超五类线	衰减小,串扰少,延时误差小	最远距离达 1500m 左右	用于千兆位以太网
		六类线	传输速率快,串扰回波损耗小		用于传输速率 1Gbps 的应用
光纤		单模光纤和多模光纤	传输距离长,传输速度快,容量大,质量高,抗干扰性能好	几十千米至几百千米	传输距离较长,并且对信号质量要求很高的场合

由于光纤具有传输速度快、抗干扰性能好、容量大等优点,在较大型的系统广泛使用。

不论是有线传输还是无线传输方式,根据信号传输距离的远近、摄像机的多少以及其他方面的有关要求,视频安防监控系统又有不同的传输方式。一般来说,当摄像机安装位置离控制中心几百米以内,多采用视频基带传输方式;当各摄像机的位置距离监控中心较远时,可采用双绞线传输差分图像信号的视频平衡传输方式;当距离更远时往往采用射频信号有线传输或光纤传输方式,如表 6-3 所示,各种传输方式各有优缺点,可根据实际需求进行选择。

6.2.4 终端设备

终端设备是视频安防监控系统的控制中枢,它的主要任务是对前端设备送来的各种信息进行处理和显示,并根据需要向前端设备发出各种指令,由中心控制室进行集中控制。终端设备主要包括显示、记录设备和控制切换设备等,如监视器、硬盘录像机、视频分配器、控制键盘以及其他一些配套控制设备等。

不同视频信号传输方式的区别　　　　　　　表 6-3

传输方式	特点	优点	传输距离	缺点	适用场合
视频基带传输	传统的视频信号传输方式,对 0~6MHz 视频基带信号不作任何处理,通过同轴电缆(非平衡)直接传输模拟信号	短距离传输图像信号损失小,造价低廉,系统稳定	几百米	传输距离短,远距离高频分量衰减较大,无法保证图像质量;一路视频信号需布一根电缆,传输控制信号需另布电缆;布线量大,维护困难,可扩展性差	小型系统
视频平衡传输	把视频信号由发送机传输变为由一正一负的差分信号来传输	布线简易,成本低廉,抗共模干扰性能强	两千米内	一根双绞线只能传输一路图像;质地脆弱抗老化能力差,不适于野外传输;传输高频分量衰减较大,图像颜色会受到很大损失	中小型系统
射频信号有线传输光纤传输	把视频及控制信号转换为光信号在光纤中传输,为解决远距离传输的最佳方式	传输距离远,衰减小,抗干扰性能好,适合远距离传输	几十甚至几百千米	对于几千米内监控信号传输不够经济;光熔接及维护需专业技术人员及设备操作处理,维护技术要求高,不易升级扩容	大型系统

1. 监视器

监视器是视频监控系统中的显示设备,如图 6-8 所示。其通常分为黑白和彩色两种,清晰度较一般电视机要高,由于控制中心有多台监视器、视频处理器装在一起,为了减少相互之间的干扰,多装有金属外壳。

图 6-8　视频监视器

目前,视频监控覆盖率越来越高,不可能一台摄像机对应一个监视器,采用画面分割器把多台摄像机送来的图像信号同时显示在一台监视器上,这样可以大大节省监视器,并且监控人员观看起来也比较方便。但是,不宜在一台监视器上同时显示太多的分割画面,如果画面太多,则有时某些细节难以看清楚,影响监控效果。况且被监视场所的情况不可能同时都有突发意外情况发生,所以平时只要隔几秒或十几秒显示一下即可。如果某个被监视场所发生突发情况时,可以通过切换器将这一路信号自动切换到某一台监视器上固定显示,并能对其遥控跟踪记录。

2. 硬盘录像机

在控制中心总控制台上设有硬盘录像机,如图 6-9 所示,将模拟的音视频信号转变为数字信号存储在硬盘上，并提供录制、播放和管理功能。可以随时把被监视场所的图像记录下来，以便备查或作为取证的重要依据。根据存储硬盘的大小，一般可录一周到几个月的录像，并支持实时预览、回放、远程查看、远程控制等功能。对于与入侵报警系统联动的录像系统，数字硬盘录像机还同时具有报警信号输入的功能。

3. 控制设备

（1）多画面处理器

又称画面分割器，把多路视频信号合成为一路输出，进入一台监控器的设备，可在屏幕上同时显示多个画面，分割方式常有 4 画面、9 画面及 16 画面等。

（2）视频矩阵

视频矩阵是视频监控系统中管理视频信号的核心设备，如图 6-10 所示。

图 6-9　硬盘录像机

图 6-10　视频矩阵

视频矩阵用于监控中心把任意一路的摄像机信号送到任意一路的监视器上显示，也可以将多台摄像机的输入视频信号送到任意监视器上，轮换输出分配显示，同时处理多路控制命令，内置循环切换功能，能任意设定间隔时间和通道，具有断电现场切换记忆保护功能；有一些视频矩阵也带有音频切换功能，能将视频和音频信号进行同步切换，这种矩阵也称为视、音频矩阵，部分产品还允许视、音频异步控制，如图 6-11 所示。

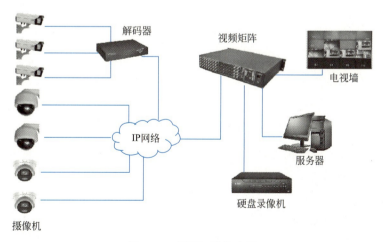

图 6-11　视频矩阵的应用

（3）控制键盘

控制键盘是视频监控系统中的专用控制终端，一般用它来控制系统中的其他设备，如

图 6-12 控制键盘

图 6-12 所示。

控制键盘有主控键盘和分控键盘之分,根据操作人员键入的不同命令向相关设备发出指令,如通过矩阵控制主机进行选路、扫描、锁定、解锁等处理;通过解码器控制云台上、下、左、右转动;通过解码器控制摄像机镜头的焦距长短、聚焦远近等。

控制键盘可以放在桌面上,也可以镶嵌在控制台上。

6.2.5 某园区视频安防监控系统案例

图 6-13 所示是某园区视频安防监控系统结构图。系统由前端设备(包括摄像机、防护罩、云台等)、视频解码器、网络服务器、硬盘录像机、监视器、相关软件和其他辅助设备组成。

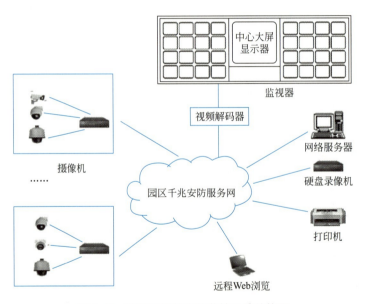

图 6-13 某园区视频安防监控系统结构图

监控点位布置包括园区出入口监控、周界监控、地下停车场车辆及人员监控、办公楼宇出入口、走廊、电梯门厅及轿厢监控、高空抛物监控等。

系统采用基于园区计算机局域网络为传输平台的数字监控系统进行设计,所有前端各个监控点摄像机监控图像信号直接接入视频服务器,采用标准以太网接口接入安防智能化专网中。

园区安防监控中心是整个系统的"大脑"和"心脏",是整个系统功能实现的指挥中心。设置液晶监视墙,通过视频解码器,还原网络上的数字图像,满足大屏幕监控的要求,通过管理服务器控制键盘,能够切换前端各处的任意一路摄像机图像到监视墙上。

系统通过网络与入侵报警系统实现联动控制，以形成完整的安全防范系统。

6.3 智慧入侵报警系统

6.3.1 入侵报警系统概述

入侵报警系统（Intruder Alarm System），又称防盗报警系统，是应用传感器技术和电子信息技术对设防监测区域的非法或试图非法进入防区的入侵、破坏、盗窃、抢劫等行为，进行实时有效探测，发出报警信息，并辅助提示值班人员，发生报警的具体区域部位的电子系统。

入侵报警系统是预防抢劫、盗窃等意外事件发生的重要设施。根据各类建筑安全防范部位的具体要求，可设置周界防护报警、区域空间防护、重点目标防护等。

一旦发生突发事件，就能通过声光报警信号在安保控制中心准确显示事件地点，便于迅速采取应急措施。

1. 智慧建筑对入侵报警系统的要求

入侵报警系统包括智能楼宇内部入侵报警系统和周界入侵报警系统。

智能楼宇内部入侵报警系统负责建筑内外各个点、线、面和区域的巡查报警任务；周界入侵报警系统负责建筑周边区域的巡查报警任务。

根据国家相关部门对入侵和紧急报警系统技术文件要求，智慧建筑中的入侵报警系统应具备以下功能：

（1）实时监测

入侵报警系统应该具备对设防区域实时监测的能力，全方位地监测建筑内部和周边环境的安全状态，能够及时感知任何入侵行为或异常情况，并能及时、可靠和正确无误地报警，以便及时采取应急措施。

（2）抗干扰能力

入侵报警系统应灵敏度高，误报率低，具有防电磁干扰、抗小动物干扰的能力。

（3）区域划分和防护

建筑楼宇通常由多个区域组成，入侵报警系统需要支持对区域进行划分，并能够按时间、按部位或区域任意编程、设防或撤防，设置相应的安全防护措施。发生异常，系统应能显示报警区域、时间，能打印、记录、存档备查。

（4）联动功能

入侵报警系统应可以独立运行，同时也要具备与智慧建筑其他系统的集成能力，如视频监控系统、门禁系统等，提供防区的监控图像，能控制防区的门禁、灯光照明等信号，以实现信息共享和综合安全管理。

为预防抢劫或人员受到威胁，系统应设置紧急报警装置并留有与110公安报警中心联网的接口。

(5) 远程监控和管理

智慧建筑的入侵报警系统应该支持远程监控和管理，可以通过互联网进行远程访问和控制，方便对系统进行设置、配置和维护。除应具有本地报警功能外，还应具有异地报警的相应接口。

(6) 强大的分析能力

入侵报警系统应该具备强大的数据分析能力，能够识别出真正的安全威胁并减少误报，同时也能够对入侵事件进行溯源和分析。

2. 入侵报警系统的组成

入侵报警系统是建筑安全技术防范系统的重要组成部分，是打击和预防犯罪的有力武器，能协助安防人员承担警戒任务，可节省人力、物力。入侵报警系统的组成如图 6-14 所示。

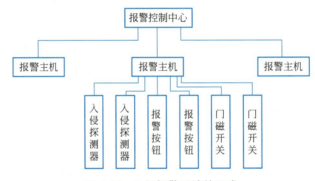

图 6-14 入侵报警系统的组成

前端入侵探测部分由各种探测器、开关、按钮等组成，是入侵报警系统的触觉部分，相当于人的五官和皮肤，感知防范现场区域的温度、湿度、气味、能量等各种物理量的变化，并将其按照一定的规律转换成适于传输的电信号。

报警主机实施测试、判断、传送报警信息、设防、撤防，对前端探测器转换传输来的信号进行处理，判断是否应该产生报警，以及完成某些显示、控制、记录和通信功能。

报警控制中心负责接收、处理各报警主机发来的状态信息、报警信息等，并将处理指令发送给相关联动系统或相关人员进行处理。

6.3.2 入侵报警前端探测器

入侵报警系统负责探测非法人员入侵，有异常情况时发出声光报警，同时向报警控制器发送信息。需要设置防范的可以是某些特定的点，如门、窗、展览厅的展柜；或是某条线，如边防线、警戒线、边界线；有时要求防范的是某个空间，如档案室、资料室等。因此，系统前端探测设备应根据安防管理需要、安装环境要求，选用适当的探测器，构成切实有效的防护系统，以达到安全防范的目的。

1. 入侵探测器的种类

(1) 根据探测工作原理，入侵探测器可分为磁开关探测器、主动红外探测器、被动红外探测器、微波探测器、超声波探测器、振动探测器、声波探测器、压力/重力探测器等。

(2）按探测器用途或使用的场所，入侵探测器可分为户内型探测器、户外型探测器、周界探测器等。

(3）按探测器的警戒范围，入侵探测器可分为点控制型探测器、线控制型探测器、面控制型探测器及空间控制型探测器，见表6-4。

探测器类型　　　　　　　　　　　　　　　　　　　　　　　表6-4

警戒范围	探测器种类	应用场合
点控制型探测器	开关式探测器，如磁控开关、微动开关探测器、压力探测器等	门窗、柜台、保险柜
线控制型探测器	主动红外探测器、激光探测器、感应式探测器、电子围栏	出入口、边界线、周界防范
面控制型探测器	振动探测器、被动红外入侵探测器	出入口、周界防范
空间控制型探测器	声控入侵探测器、超声波入侵探测器、微波入侵探测器、被动红外入侵探测器、微波红外复合探测器	档案室、资料室、武器库

(4）按探测器的工作方式，入侵探测器可分为主动式探测器与被动式探测器。

主动式入侵探测器有微波探测器、主动红外探测器、超声波探测器等。

被动式入侵探测器有被动红外探测器、振动探测器、声控探测器等。

(5）按探测信号传输方式，入侵探测器可分为有线探测器和无线探测器。

2. 入侵探测器的基本要求

(1）抗干扰能力

为了防止误报，入侵探测器应具有抗电磁干扰能力，包括外界光源、电火花、噪声等干扰。还应具有抗小动物干扰的能力，如有鸟、猫、松鼠等类似小动物的红外辐射特性物体，探测器不应产生报警。

(2）防拆、防破坏能力

入侵报警探测器应具有防拆和防破坏的保护功能。如若受到破坏，被拆开外壳或信号传输线短路、断路以及并接其他负载时，探测器应能发出报警信号。

(3）校验、试验功能

为便于调试，应具有步行试验功能。探测器应有对准指示，便于安装校准。

3. 常见入侵报警探测器

(1）开关探测器

开关探测器是通过开关闭合或断开，控制电路导通或断开，从而触发报警的探测器。常用的开关探测器有微动开关、磁开关等。

门磁开关是用在入侵报警系统中最基本、最简单有效的开关探测器，有常开和常闭两种，由两部分组成，一部分为永磁体，内部有一块永久磁铁，用来产生恒定的磁场，另一部分内部有一个常开型的干簧管开关，如图6-15所示。使用时把门磁开关固定在希望警戒的门、窗上。

当门或窗处于关闭状态时，开关部分与磁铁部分间隔非常近，门磁开关处于守候状态，如果被强行打开后会发出报警；而当开关部分与磁铁部分间隔较远，即门或窗处于打开状态时，不存在强行入侵的现象，门磁开关处于关闭状态。

图 6-15 门磁开关

(2) 主动红外探测器

主动红外探测器又称光束遮断探测器,其是用红外线光束组成一道保护开关。目前用得最多的是红外线对射式探测器,如图 6-16 所示,它是由一个红外发射器和一个红外接收器组成,以相对方式布置组成。

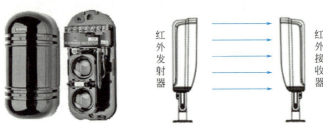

图 6-16 红外线对射式探测器

工作时,发射器要向探测现场发出某种形式的能量,经反射或直射在接收器上形成一个稳定信号,当非法入侵者横跨门窗或防护区域时,遮断了不可见的红外线光束(红外光束被完全遮断或按给定百分比遮断),接收端电路状态即发生变化,稳定信号被破坏,从而引发报警。

主动红外探测器最短遮光时间范围一般是 30～600ms。在实际应用中需要根据具体情况进行调定,以减少系统的误报警。

主动红外探测器受雾影响严重,室外使用时均应选择具有自动增益功能的设备,当气候变化时灵敏度会自动调节。另外,所选设备的探测距离较实际警戒距离留出 20% 以上的余量,以减少气候变化引起系统的误报警。多雾地区、环境脏乱、风沙较大地区的室外不宜使用主动红外探测器。

(3) 被动红外探测器

被动红外探测器,又称热感红外探测器,如图 6-17 所示,其特点是工作时不需要附加红外辐射光源,本身不向探测现场发出信号,而是直接探测来自防区移动目标的红外辐射。

任何物体因表面温度不同都会发出强弱不同的红外线,各种不同物体辐射的红外线波长也不同,人体辐射的红外线波长是 $10\mu m$ 左右,而被动红外探测器的探测波范围为 $8\sim 14\mu m$,因此能较好地探测到活动的人体跨入禁区段,从而发出警戒报警信号。

被动红外探测器按结构、警戒范围及探测距离的不同,可分为单波束型和多波束型两种。单波束型采用反射聚焦式光学系统、小视角一般小于 5°警戒,但作用距离较远(可达百米)。多波束型采用透镜聚集式光学系统,用于大视角警戒,可达 90°,作用距离一般只有几米到十几米。一般用于重要出入口入侵警戒及区域防护,如图 6-18 所示。

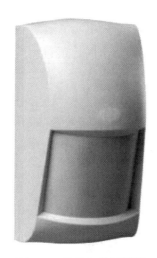

图 6-17　被动红外探测器

图 6-18　多波束型被动红外探测器

(4) 振动探测器

振动探测器是由振动传感器和信号处理电路两部分构成。通常用于铁门、窗户等通道和防止重要物品被人移动的场合,是以探测入侵者的走动或进行各种破坏活动时所产生的振动信号(如入侵者凿墙、钻洞,破坏门、窗等)强度超过阈值时,触发报警的探测器。

振动探测器将最新压电式技术传感器与数字信号处理相结合,对振动信号的频率、振幅强弱和持续时间进行分析和处理,以区分真正的攻击行为和自然环境的振动干扰,确保快速可靠的最佳探测性能和超强的抗误报功能,特别适合用于保护 ATM 取款机、自动柜员机、保险箱、金库和门窗等防敲击物体或部位。

(5) 微波探测器

微波探测器的工作原理是目标的多普勒效应,也就是指当发射源和被测目标之间有相对径向运动时,接收到的信号频率将发生变化。人体在不同的运动速度下产生的多普勒频率是音频段的低频,所以只要检出这个多普勒频率就能获得人体运动的信息,达到检测运动目标的目的,完成报警功能。

(6) 玻璃破碎探测器

玻璃破碎探测器采用压电式拾音器,其安装在面对玻璃的位置。它只对高频的玻璃破碎声音进行有效检测,不受玻璃本身振动的影响,普遍应用于玻璃门、窗的防护。

(7) 电子围栏探测器

电子围栏探测器一般用来组成周界防护(图 6-19)。根据采用的原理不同,可分为张力式围栏和高压电子脉冲式围栏。张力式围栏线上没有电压,根据拉力的大小判断是否达到报警设置值,产生报警信号;高压电子脉冲式围栏是在围栏的高压线上加载周期性的高压脉冲电压(峰值一般几千到上万伏,间隔 1~1.5s/次),如果电子技术检测接收端超过规定周期没有接收到高压的脉冲信号,则发出报警信息,起到周界防护作用。

高压电子脉冲式围栏电压峰在几百到上千伏,有的可以在低电压模式下运行。高低电压之间的切换可以通过键盘、电脑软件或者是电子围栏主机的切换按钮操作,在一些特殊场所可以白天用低压,夜晚用高压,安全可靠。

(8)紧急报警按钮

紧急报警按钮如图 6-20 所示,其作用是在发生危险或突发情况时,通过人为手动按下紧急报警按钮立即产生报警,可以得到救援或者警告、驱逐入侵的效果。紧急报警按钮不受任何防区和布防的限制。

图 6-19 电子围栏

图 6-20 紧急报警按钮

紧急报警按钮安装位置应恰当,并应考虑老年人和未成年人的使用要求,一般在公共场所明显的位置、住宅卧室、客厅(起居室)、卫生间等区域安装紧急报警按钮(表 6-5)。

紧急报警按钮配置与安装要求 表 6-5

房间	安装位置	安装要求	适用范围
客厅/餐厅	易见且便于操作处	安装高度与装饰统一考虑,一般与其他开关齐平。若可视对讲室内机在客厅或近于客厅/餐厅,则该区域可以不再考虑安装紧急报警按钮	排屋、别墅、公寓等住宅
卫生间	马桶	安装在马桶左侧或右侧,高度一般与手纸盒平齐	普通住宅、公寓、别墅、酒店等
浴室	浴缸旁	设置于浴缸靠头部的左侧或右侧,确保躺下便于操作的位置	普通住宅、公寓、别墅、酒店等
老人房	床头	安装高度与装饰统一考虑,一般与其他开关齐平,优先安装在靠床头位置,便于老人操作	居家养老住宅、养老院等场所
地下室	易见且便于操作处	安装高度与装饰统一考虑,一般与其他开关齐平。若安装可视对讲机,则该区域可以不再考虑安装紧急报警按钮	普通住宅、公寓、别墅、酒店等

紧急报警装置应设置为不可撤防状态,应具有防拆卸、防破坏功能,应有错误触发的应对措施,被触发后应自锁。

6.3.3 报警主机

报警主机如图 6-21 所示，负责对前端探测设备进行管理，接收来自探测器的电信号后，判断有无警情，同时向报警控制中心传送管理区域内的报警情况。报警主机上一般会有布防、撤防、控制装置和显示装置，通常一台报警主机，区域内的探测器，再加上声光报警设备就可以构成一个简单的防区入侵报警系统。一旦发生报警，则在报警主机上可以反映出报警具体信息。

对于整个智能建筑来说，必须设置报警控制中心，才能起到对整个入侵报警系统进行管理和系统集成的作用。

图 6-21 报警主机

6.3.4 报警控制中心

报警控制中心一般由两部分组成，一是负责接收报警信号的报警管理主机，如图 6-22 所示，二是负责对系统内所有报警信号进行记录、管理等的报警管理软件。

图 6-22 报警管理主机

一般来说，报警控制中心有以下功能：

1. 布防与撤防功能

报警控制中心可手动布防或撤防，也可以定时对系统进行自动布防、撤防。在正常状态下，监视区的探测设备处于撤防状态，不会发出报警；而在布防状态下，如果有报警信号向报警主机传来，则立即报警。

2. 布防延时功能

如果布防时操作人员尚未退出探测区域，那么就要求能够自动延时一段时间，等操作人员离开后布防才生效。

3. 记录功能

报警控制中心应能够记录和存储布防、撤防、报警、故障等信息，以备查询和分析使用。

4. 报警联动功能

遇有报警时，报警控制中心能够把报警系统传上来的信号转发给所管理的报警控制器和报警中继器，联动其他系统，比如视频监控系统、门禁管理系统、照明系统等，特别是重点报警部位应联动监控系统，自动切换到该报警部位的图像画面，自动录像。

5. 防破坏功能

如果有人对报警线路或设备进行破坏，发生线路短路或断路，设备被非法撬开等情况时，报警控制中心会发出报警，并能显示线路故障信息。

6.3.5 某园区入侵报警系统应用案例

某园区的重点监管区域安装入侵报警系统，对重要监视区域及机房设备进行保护，如

图 6-23 所示。

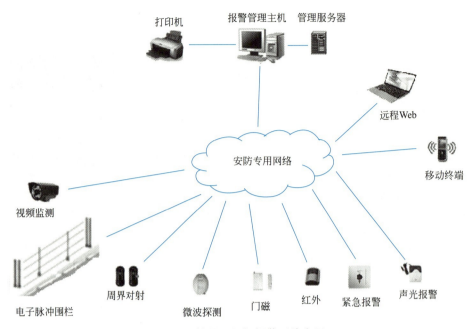

图 6-23 某园区入侵报警系统应用

园区设置了周界防范系统,主动红外线对射报警系统主要布防在防范区域的常闭通道、大门侧面围墙上以及一些不允许穿越的区域,四周围墙设置了电子脉冲围栏,全天候工作。

在建筑内重要通道和房间进行布防,它可以探测非法入侵,并且在探测到有非法入侵时,及时向有关人员示警。一旦报警,可记录入侵的时间、地点,同时向监视系统发出信号,录下现场情况。同时在重要位置设置紧急按钮,当发生紧急情况时,可手动报警。

通过系统集成,实现入侵报警系统与视频监控系统联动,在布防状态下,入侵者一旦进入布防区内,就会立即触发报警,系统可将报警现场附近的摄像机画面切换到主监视器画面上,同时在工作站上显示报警位置,提醒操作人员注意,及时对报警情况进行处理。同时联动楼宇自动化系统及门禁等系统,以实现现场的灯光控制及视频保存。

入侵报警系统的控制中心设置在安保管理中心,在控制中心设置报警管理主机,计算机上配置功能强大报警管理软件,对于整个防盗报警系统进行日常管理和警报发生时的实时快速处理。

电源由中控室的 UPS 统一提供并进行相应变压后使用。

在技术方案中,报警管理主机与报警管理软件之间主要是通过 TCP/IP 的通信方式进行控制指令的下行与报警状态信息的上传。

本系统主要功能:

(1) 可由用户手动或按事件表自动对系统各报警点进行布防/撤防操作,并记录操作时间和操作人。

(2) 报警响应后,管理主机上能区分、显示、记录每一报警发生的地点、时间。

(3) 事件结束后由监控中心报警管理计算机或报警管理主机解除系统报警,包括解除警报及照明灯的工作。

（4）报警主机能在与 PC 机通信不畅乃至中断时独立正常工作，并能存储 250 个事件记录，当通信恢复后立即将事件记录传给报警管理主机。

（5）具有报警事件记录功能，报警管理主机的报警事件记录包括：报警时间、地点、编号、报警结束时间、报警控制器复位时间。

（6）报警事件的记录数据自动生成，不能进行修改，数据的删除必须由高级别管理员做了数据异地备份后才能进行。

（7）报警事件结束后由值班人员填写处理过程、措施，结束后进行报警复位并将值班人员填写的内容添加到报警记录中，报警复位后，包括联动的子系统在内的全系统自动复位。

（8）具有历史文档存储及操作能力，能在线记录及显示运行记录，并对运行记录进行存储，存储时间不小于 30 天。可由用户对历史文档按照时间顺序、防区地址、时间性质等进行检索，检索结果能生成报表文件。

（9）可通过报警管理主机联动通信线至 110 中心或指定电话。

6.4 门禁管理系统

6.4.1 门禁管理系统的概念

门禁管理系统（Entrance Guard System），又称出入口控制系统，是以安全防范为目的，能根据建筑物的使用功能和安全防范管理需求，对设防区域的通道、重要房间等需要控制行为的场所出入口，按各种不同的通行对象及其准入级别，对其进出实施实时控制与管理的一种智能化管理系统（图 6-24）。

门禁管理系统解决了企事业单位、学校、社区、办公室等场所的安全问题，是智能楼宇安全防范的第一道防线，其目的就是将有作案目的的人拒之门外，是最经济实用的安防技术。

常用的门禁管理系统包括密码识别出入口控制系统、卡式识别出入口控制系统和生物特征识别出入口控制系统。

1. 密码识别出入口控制系统

通过检验输入密码是否正确来控制进出权限，系统判断密码正确就驱动开启电锁。

这类产品的优点是成本低，操作方便；缺点是密码容易泄露，安全性较差。其适用在对安全要求低、成本低、使用不频繁的场合。

2. 卡式识别出入口控制系统

通过读卡或读卡加密码方式来识别进出权限。

这种门禁寿命长，读取速度快，安全性高，是出入口控制系统常用的方式。

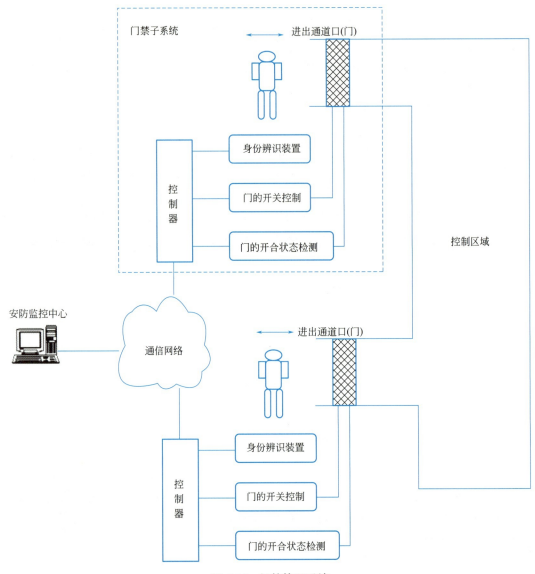

图 6-24　门禁管理系统

3. 生物特征识别出入口控制系统

其是根据人体生物特征的不同而识别身份的出入口控制系统。常见的有指纹出入口控制系统、人脸识别出入口控制系统、掌纹出入口控制系统、虹膜出入口控制系统等。

这种门禁系统技术先进，无须携带卡片等介质，重复概率极小，不易被复制，安全性高，适用在安全性要求高的场所。

门禁管理系统能独立运行，也应与入侵报警、视频监控等系统联动，与安全防范系统的控制中心联网，与火灾报警系统和其他紧急疏散系统联动，系统设置必须满足消防规范要求和人员紧急疏散要求，疏散出口的门均应向疏散方向开启，人员集中场所门均应向外开门。当发生火警或者需紧急疏散时，所有出入口应畅通无阻，所有人员无须使用钥匙或工具，可以迅速、安全通过。

6.4.2 门禁管理系统的功能

门禁管理系统是用来保护人员和财产安全的，系统自身必须安全，应该保证设备、系统运行的安全和操作者的安全，例如：设备和系统本身要能适应环境需求，防雷击、防爆、防触电等，还应具有防人为破坏，如具有防破坏的保护壳体，以及具有防拆报警等。

随着门禁管理系统的应用范围越来越广泛，人们对门禁管理系统的应用已不局限在单一的出入口控制，门禁管理系统应具有开放性的硬件平台，具有多种通信方式，实现各种设备之间的互联，要有很大的灵活性和扩展性。

1. 进出权限的管理

系统应具备对进出的权限、方式、时段等进行按需设置的基本功能。

2. 出入记录查询功能

系统可储存所有的进出记录、状态记录，可按不同的条件查询，若配备相应软件可实现考勤、一卡通等相关功能。

3. 实时监控功能

系统管理人员可以通过计算机实时查看每个门禁人员的进出情况，门禁的实时状态，包括门的开关、各种非正常状态报警等；也可以在需要时为业主、用户或者访客开门，或在紧急状态时进行远程控制打开或关闭所有的门。

4. 备用电源

系统要有不间断电源，断电后由 UPS 电源供电，一般能支持 8～12h。

5. 异常报警功能

如发生非法侵入、门超时未关等异常情况，系统应可以实现报警。

6. 消防报警监控联动功能

该系统与消防报警系统、视频监控系统进行联动，出现火警时，门禁管理系统可以自动打开所有电控锁，让里面的人紧急逃生。在异常情况时监控系统能自动切换或录下当时的状况。

7. 逻辑开门功能

对于重要区域，同一个门需要几个人同时刷卡（或其他方式）才能打开锁。例如：贵重物品、重要资料、仪器、贵重元器件保存区域的进出。

除上述功能外，在智能大厦或智能社区的门禁控制，还可与其他系统联动控制，有的还需要员工身份识别语音提示、安防报警、停车场控制、电梯控制、办公室能源自动管理等。

6.4.3 门禁管理系统的组成

门禁管理系统主要由辨识设备、传输部分、执行设备、控制管理部分组成。

1. 辨识设备

在正常情况下，门禁管理系统会对进出人员的身份进行验证，只有经过辨识装置验证合法的人员才有权限进入。授权人员在系统中预存的合法特征很多，可以是编码，如密码、卡片等，也可以是自身的人体生物特征，如指纹、人脸特征等。下面介绍几种常用的识别装置（图6-25）。

(a) 卡片识别、密码　　(b) 指纹识别、密码　　(c) 人脸识别、指纹　　(d) 掌纹识别设备　　(e) 虹膜识别设备
　　识别读卡器　　　　　识别电子锁　　　　　　识别设备

图6-25　门禁管理系统的辨识装置

（1）读卡器及卡片

读卡器设置在出入口处，是出入口控制系统的主要组成部分，主要对通道出入人员身份进行识别和确认。

卡片是门禁系统的电子开门钥匙，可以是磁卡、IC卡、ID卡或者其他卡片。

（2）指纹识别

指纹识别是生物识别技术中发展较早、成熟度较高的识别系统，识别率可达99%以上，识别时间为1~6s。其使用方便，操作容易，但如患有严重皮肤病或手汗症的人被拒绝的可能性会有所提高。

（3）人脸识别

人脸识别是基于人的脸部特征信息进行身份识别的一种更为便捷和精确的生物识别技术，它通过视频采集设备获取识别对象的面部图像，和数据库里已有的数据进行比对，最后判断出用户的真实身份。目前广泛应用于机场、车站、码头、出入境等场所出入口及安全检查。

（4）虹膜识别

虹膜识别是基于眼睛中的虹膜进行身份识别的一种较为方便和精确的生物识别技术。

这种系统几乎无法复制，安全性高，技术复杂，造价高，适用于安全性要求较高的特殊的重要场所。

2. 传输部分

传输部分包含前端辨识设备和执行设备至出入口控制器的传输线路及出入口控制器至安防中心的传输线路。目前常用的联网型的传输网络有两种，一种是利用RS-485总线传输的网络，如图6-26所示；另一种是利用TCP/IP协议传输的网络，如图6-27所示。

3. 执行设备

根据出入口管理/控制部分的指令完成出入口的开启或关闭动作。常用的出入口执行设备有电控锁、磁力锁、三辊闸等，如图6-28所示。

4. 控制管理部分

控制管理部分是整个出入口控制系统的核心，负责整个系统输入、输出信息的处理、

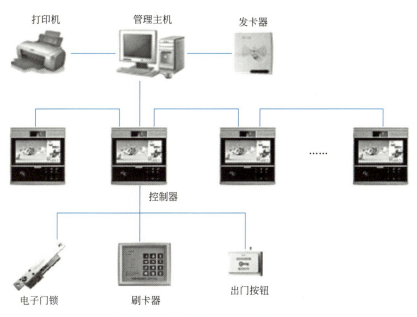

图 6-26 RS-485 总线传输方式的门禁管理系统

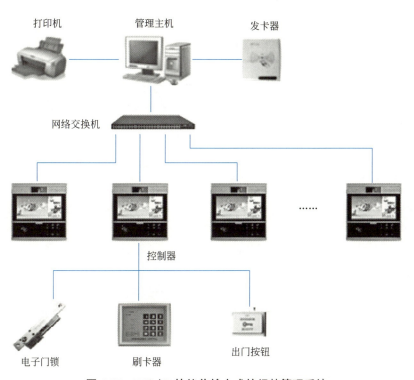

图 6-27 TCP/IP 协议传输方式的门禁管理系统

存储、管理和控制等。其主要包括门禁控制器、管理主机、打印机及相关管理软件等。

(1) 门禁控制器

门禁控制器是门禁系统的核心,相当于计算机 CPU,负责对输入信号进行处理和控

 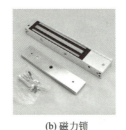  

(a) 电控锁　　　　　(b) 磁力锁　　　　　(c) 摆闸　　　　　(d) 三辊闸

图 6-28　常用执行设备

制。验证前端辨识设备输入信息的正确性，并根据出入规则判断其有效性，有效即为系统已经授权的有效人员，然后对执行设备发出动作信号，无效则报警。

（2）管理主机及管理软件

门禁管理软件负责整个门禁系统的监控、管理、记录、查询等工作，系统管理员可以进行授权管理、出入口控制方式的设定。

系统可设一台门禁系统数据库服务器，也可用门禁管理主机兼做数据库服务器。可实现对整个门禁管理系统的集中管理，包括：

1) 接收从识别装置发来的目标信息，指挥、驱动出入口执行机构动作。

2) 实现对通道出入目标的授权管理和出入目标的身份识别。

3) 实现系统操作员的授权管理，出入口控制方式的设定等。

4) 实现实时监控、所有人员进出信息统计、事件报警、信息查询、记录存储、系统维护、故障报警记录等。

5) 实现与其他子系统的联动，如与入侵报警、视频安防监控、消防报警等系统联动。

6.4.4　某公司门禁管理系统的应用

某集团公司拥有多个办公楼和大量员工，为了确保办公环境的安全和管理效率，安装了一套功能强大且可定制化的门禁管理系统，如图 6-29 所示，在每个办公楼安装了相关设备。

1. 准确身份识别

每位员工都配备了门禁卡或使用手机上的虚拟门禁卡，通过刷卡或近场通信技术可以准确地识别员工的身份。只有经过授权的员工或访客才能进入公司大楼的指定区域，避免未经授权人员进入。

2. 高级权限管理

门禁管理系统可以根据员工的职位和权限设置不同的进入权限。例如，高层管理人员可以访问所有区域，而普通员工只能进入自己所在部门的办公区域。这样可以精确控制员工的进入权限，提高安全性和管理效率。

3. 出入记录管理

门禁管理系统能够记录每位员工的进出时间、进出地点以及通行方式等信息。公司管

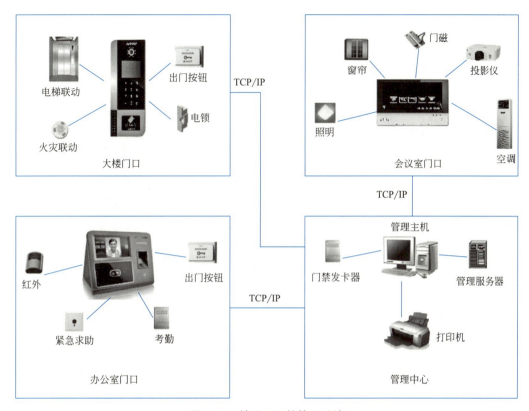

图 6-29 某公司门禁管理系统

理人员可以随时查看员工的出勤情况，并且在有安全事件发生时能够快速定位和追踪员工行踪，提高应急响应的效率。

4. 考勤管理集成

门禁管理系统可以与公司的考勤系统进行集成，自动记录员工的上下班时间。通过自动化的考勤记录，可以减少人为错误和作弊行为，提高考勤管理的准确性和公正性。

5. 访客管理

门禁管理系统还可以方便地管理访客的进出记录和权限。访客需要提前登记并领取门禁卡或二维码等，被访问的员工可以在系统中授权访客的进入权限和有效期限。这样可以更好地管理访客进出，避免安全风险和管理混乱。

6. 报警与监控

门禁管理系统可以与公司的监控系统集成，在异常情况下触发报警并提供实时监控。例如，当员工尝试非法进入某个区域或出现人员密集等异常情况时，系统会立即发出警报并将监控画面实时传输给安保人员，提供快速的响应和处理。

7. 智能联动管理

门禁管理系统可以联动红外报警、紧急求助等安防设备，如门禁可以联动智能家居系统的照明、窗帘、空调、投影仪等设备。

6.5 访客对讲系统

6.5.1 访客对讲系统的概念

访客对讲系统可实现各类住宅或公寓内住户与访客通话、控制开锁等功能,有效防止非法人员进入住宅楼内,保障住户安全的必备设备。多功能访客对讲系统还具有报警、求助等功能,如家中遇到特殊突发事件,可以通过访客对讲系统与物业保安取得联系,及时得到帮助。

访客对讲系统按功能可分为单对讲型基本功能和可视对讲型多功能两种。

一般住宅小区、高层、小高层、多层公寓住宅、别墅、商住办公楼等建筑都会安装访客对讲系统,能实现业主与访客对讲、开启电锁等功能,可视装置能使各楼宇内的主人立即看到来访者的图像,决定是否接待访客,起到安全防范的作用。

6.5.2 访客对讲系统的组成

访客对讲系统由门口主机、室内分机、电控锁和管理主机等组成,如图 6-30 所示。

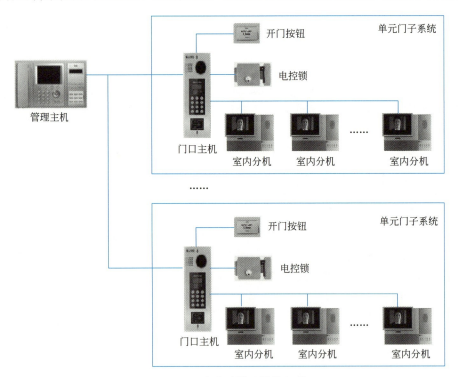

图 6-30　访客对讲系统的组成

门口主机带有摄像机、数码显示、拾音器、扬声器和数码按钮,来访者输入被访户的编号即可呼叫被访户的室内分机。每户室内分机带有显示器、送话器、扬声器和开门按钮、报警按钮等,门口主机摄像机可拍摄实时画面,住户观察画面并可通过送话器、扬声器与来访者通话,同时决定是否给出开门信号。

来访者也可以通过门口主机与管理主机联系,管理主机一般安装在保安值班室,来访者可以与保安值班人员联络来访事宜。

1. 门口主机

门口主机一般安装在住宅小区主要出入口,公寓、别墅出入口外,配有数码按键、摄像头及语音通话等设备,如图6-31所示。

图 6-31 门口主机

2. 室内分机

室内分机安装在入口管理室及各住户家中,配有显示器、开锁按钮、报警按钮及语音通话设备等,如图6-32所示。

图 6-32 室内分机

按照功能的不同,室内分机可分为:

(1) 对讲分机

对讲分机结构简单,功能比较少,一般可以接收访客呼叫、与访客进行通话、控制开锁、呼叫管理主机。

(2) 可视对讲分机

可视对讲分机一般除了具备对讲分机的功能之外,还可以实现三方通话、监看或接收室外主机送来的图像、紧急求助信号等。

(3) 多功能分机

多功能分机除具有可视对讲分机的基本功能外,还有一些其他增值功能,如可以安装专用软件,实现物业缴费、报修、咨询、投诉等功能,可以接探测器,与防火、防盗等系统融为一体。

3. 电控锁

电控锁是具有电控磁吸力功能的锁具,是系统动作执行部件,其质量的好坏直接关系到整个系统的稳定性。

根据适用门的不同,电控锁又分为磁力锁、电插锁、阳极锁和阴极锁四种。

4. 管理主机

管理主机是接受单元门口主机、室内分机的呼叫,及各联动报警器的报警求助,并提供给管理人员的设备,如图 6-33 所示。管理人员可以通过管理中心主机呼叫与之相连的单元门口主机、室内分机,也可以通过管理主机监视与之相连接的单元门口主机的图像。

图 6-33 管理主机

此外,电源是任何系统都不可缺少的组成部分,是负责向访客对讲系统的主机、分机、电控锁等各部分提供电源的装置。当主电源断电时,应能自动转入备用电源连续不间断地工作。当主电源恢复正常后,应能自动切换使用主电源工作。

6.5.3 访客对讲系统的功能

访客对讲系统以充分满足用户的需求为出发点,可实现访客对讲、出入口管理、户户对讲、多方通话、安防报警、电梯联动、信息发布、智能家居等功能,为人们提供一个舒适、安全、智能、高效的生活空间。

1. 访客对讲功能

来访客人可在单元门口主机或围墙门口主机上拨号呼叫住户室内分机,住户室内分机振铃,屏幕上同时显示来访者的图像,住户提起话机即可与来访者通话;住户确认后开启电控门锁,并且门口主机有图像抓拍功能,室内分机可存储门口机抓拍的图像,对楼宇的访客进行严格有效的出入控制,进一步保障住户的安全。

2. 出入口管理功能

(1)刷卡开锁:授权人(业主、物业管理人员、保安、清洁工)可以使用感应卡开启大门。

(2)密码开锁:授权人也可以通过密码开启大门,也能根据需要修改密码或生成临时密码授权开门,如图 6-34 所示。

(3)遥控开锁:访客呼叫住户后,主人如需接见访客,只需按下室内分机开门键,大门自动打开;系统可以支持移动终端服务,支持手机扩展功能,可以手机接听对讲并开锁、呼叫、监视等,用户可以不用走到室内分机的位置,用手机查看到来访的客人并通话，或者主人不在家，可以远程遥控开锁，如图 6-35 所示；访客进入后，大门自动关闭。控制中心管理员也可以通过管理主机遥控开启各楼门口电控锁。

图 6-34　密码开门

图 6-35　远程遥控开锁

3. 户户对讲功能

对讲系统室内机具有户户对讲功能，如同局域网内部电话一样，即在同一个小区内任意两个室内分机之间，可以实现呼叫对讲通话，无需任何费用，充分利用了可用资源。

4. 多方通话功能

（1）来访者与住户通话：客人来访，通过单元门口机拨打住户号码，对应的室内分机即发出铃声，同时将来访者图像传至室内分机，按接听键即可通话。

（2）住户与管理中心通话：住户可通过室内分机直接呼叫管理控制中心，同时管理中心会显示该住户的信息；管理控制中心有事情通知住户时，也可通过管理主机拨通住户分机，与住户实现双向对讲通话。

（3）来访者与住户、管理中心通话：来访者通过门口主机，可呼叫住户与管理中心，实现双向对讲通话。

5. 安防报警功能

住户对讲室内分机具有安防接口，可实现住户紧急求助和安防报警。

6. 信息发布功能

（1）信息群呼：管理控制中心可以通过信息发布软件，发布特定的信息，如天气预报、小区活动、收费通知等。

（2）信息指定发送：管理控制中心也可以按房间号向指定住户发送信息，如催交物业费等。

7. 视频监控功能

住户和管理中心可通过单元门口机内置的摄像机监视周围环境，实现视频监控功能。

8. 电梯联动功能

访客对讲系统可以实现电梯联动，如图 6-36 所示。

（1）访客呼梯：访客通过单元门可视对讲呼叫住户，住户通过室内分机确认访客身份后进行开锁，开锁的同时输出楼层信息至电梯控制系统，开放指定楼层权限。

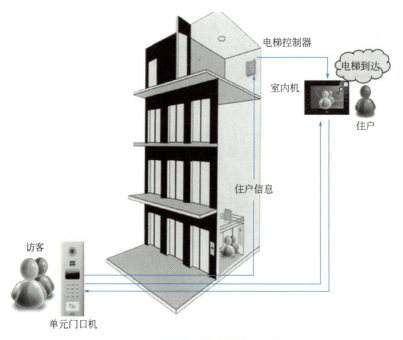

图 6-36 访客对讲系统联动电梯

（2）住户呼梯：住户通过安装在家中的对讲室内分机上的"呼梯"按键（或室内机菜单选择），呼叫电梯到达指定楼层。当电梯到达指定楼层时，同时对讲室内分机发出电梯到达提示音。

（3）住户互访：住户通过对讲室内分机呼叫被访问住户，同时被访问住户通过室内分机菜单进行确认，电梯到达访问者楼层并接送访问者到达需访问的楼层。

9. 智能家居功能

多功能室内分机还可以控制住户室内电视、空调、灯光、插座等各类设备，具有多种场景模式；其与家电之间采用无线通信方式，无需另外布线；可远程电话操作，也可通过网络远程控制，实现家居智能化管理。

10. 其他功能

可视对讲系统是楼宇管理系统中应用率最高的系统，可以将很多常用的功能集成在其中，如报修服务，如图 6-37 所示；车辆管理、生活缴费、投诉、快递服务等，如图 6-38 所示。

因此，在设计过程中可以充分考虑未来智慧建筑中其他系统的信息共享联动要求，为智慧建筑、智能化小区全方位的综合管理系统预留接口，实现系统的集成性、开放性和可扩展性，为系统扩充和增容做好准备。

图 6-37 报修服务

第 6 章　智慧安全防范管理系统

图 6-38　其他服务

6.6　电子巡更系统

6.6.1　电子巡更系统的概念

电子巡更系统（Guard Tour System）是安全防范系统的一个重要组成部分，根据建筑物的使用功能和安全防范管理的要求，将技术防范与人工防范结合，在预先规定的地点设置巡更点，保安人员按规定的巡逻路线在规定时间到达指定的巡更点，向安保控制中心发回信号。

电子巡更系统既可以对保安人员巡逻的工作状态（是否准时、是否遵守顺序等）进行监督、管理和记录，又能在保安人员巡逻有异常情况发生时及时报警，软件可以自动显示相应区域的布防图、地址等，以便报告值班人员分析现场情况，并立即采取应急防范措施。其主要应用于大厦、园区、厂区、库房等有巡逻作业需求的场所。

6.6.2　电子巡更系统的类型

电子巡更系统根据系统数据采集存储方式，通常分为离线式电子巡更系统和在线式电子巡更系统两种。两者区别在于：离线式电子巡更系统不能及时记录与显示系统的信息；而在线式电子巡更系统能实时记录与显示系统的信息。

1. 离线式电子巡更系统

离线式电子巡更系统由信息钮、巡更棒、数据传送器、管理主机及系统软件等组成，如图 6-39 所示。

图 6-39　离线式电子巡更系统

信息钮安装在巡逻路线关键点处，一般是无源、纽扣大小、安全封装的存储设备，信息钮中储存了巡更点的地理信息，可以镶嵌在墙上、设备上或其他支撑物上，无需布线，安装与维护都非常方便（图 6-40）。

值班人员巡更时，手持巡更棒读取信息钮数据，便可记录巡更员巡视到达的日期、时间、地点及相关信息。若不按正常程序巡视，则记录无效，经查对核实后，即可视为失职。巡更结束后，通过巡更棒将所有信息传输到管理计算机，进行存储、记录和打印。离线式巡更系统安装比较方便，无需布线，缺点是不能进行实时数据管理（图 6-40）。

图 6-40　巡更信息钮及巡更棒

通过系统软件可以对整个巡更过程进行查询记录、操作和检验。针对不同的产品，有不同的软件配置。软件一般易安装、易操作，有统计分析、打印、备份等功能，便于管理人员管理。随着巡更系统应用领域扩大，巡更软件功能也在扩展，以便适应不同的客户群。

一个完善的系统管理软件为用户提供的基本功能如下：

（1）密码设置。

管理人员可以设置操作员密码，以避免无关人员修改系统数据。

（2）人员设置。

即为用户提供操作人员身份识别。

（3）巡检计划设置。

巡检计划设置即为不同巡逻地点提供巡检计划，如图 6-41 所示。巡检计划设置是通过计算机查询近期记录，组合和优化巡更地点、巡更人员、编排巡更班次、时间间隔、线路走向，有效地管理巡更人员的巡检活动、时间、事件等，提出在巡更过程中根据具体情况增加和减少巡更人员、调整班次等。

图 6-41　巡检计划设置

2. 在线式电子巡更系统

在线式电子巡更系统，也称为实时巡更系统，适用于在一定范围内巡检要求特别严格或巡检工作有一定危险性的地方。

在线式巡更系统包括有线和无线两种形式。

有线形式的优点是可以实时管理、及时报警；缺点是需要进行埋管、穿墙打洞、布线、工程量大，成本高、周期长，易受破坏，需设专人值守，运行维护费用也高。

无线形式的优点是能够实时报警，又可以脱机工作，造价低廉，工程简便，不需要埋管，不需要布线，整个工程量就是把没有任何连线的巡更点（信息钮）固定在需要巡更的位置上。

在线式电子巡更系统由计算机、网络收发器、前端控制器、巡更点等组成。巡更点触发设备可以是信息钮，也可以是 IC 卡读卡机。安保值班人员到达巡更点触发巡更点刷卡或读取信息，信号通过前端控制器及网络收发器送到计算机，计算机会自动实时显示和记录巡更点触发的时间、地点和巡更人员编号、巡查状态以及未巡查报警等，在安保值班室可以随时了解巡更人员的巡更情况。

电子巡更系统根据信息数据的采集方式分为接触式和感应式两类。

接触式巡更是在巡更的线路上，巡更人员手持巡检器，到了巡更点时将巡检器碰一下信息钮或信息卡，才可以采集到该点的巡更数据。

感应式巡更顾名思义是采用无线电感应系统，来感应信息卡或信息钮的内码，无需接触即可读取信息钮的信息。

目前大多数感应式巡更器可近距离感应，距离3～7cm时可自动读卡，具有掉电记忆、低功耗、防高低温、容量大的特点，可以存储2000～8000条信息，而且操作方便。目前，感应式离线巡更方式是应用较多的巡更方式。

6.6.3 电子巡更系统的发展趋势

1. 互联网巡更时代

随着互联网，特别是移动互联网的发展，电子巡更系统从巡更棒发展到了手机电子巡更。

手机电子巡更有两种方式，一种是通过扫描二维码；另一种是通过RFID。第一种方案，成本低廉，部署方便，只要将二维码拍照片即可实现巡检；第二种方案，手机需要支持NFC功能。

互联网式电子巡更的方式彻底改变了原有的巡更路线固定单一的不足，可以根据需要变化巡更线路。

互联网式电子巡更系统与传统的巡更系统相比有几大优点：

（1）操作全自动，数据可以实时进行传输；
（2）巡查点不受限制，可以实现全过程的记录；
（3）路线连贯，行为分析准确；
（4）遇到特殊情况时可以及时有效进行协调和调度；
（5）可以配置专用摄像头，具有拍立传功能，可以便捷完成报警。

在GPRS和终端软件的辅助下，配合110报警求助联动服务系统，极大地提高了安防水平和应急处置能力，并可与消防巡查相结合，实现对安保人员的全过程高效管理，通过GPRS巡查路径信息的数据统计，还可以即时掌握安保人员的分布情况，合理优化巡防人员的调度管理。

市场上的"巡检卫士"如图6-42所示，是基于移动互联网的云服务平台，拥有固定点巡检、移动点巡检、离线式巡检、微信巡检等多种应用模式，巡检人员可以用手机录入巡检记录，管理人员仅通过手机便可有效监督巡检人员是否及时到位、避免漏检情况，图文并茂记录现场实际状况，及时发现并解决隐患问题，巡检质量和效率大大提高。

图6-42 巡检卫士

2. 人工智能巡更时代

人工智能时代的电子巡更系统可以辨识人的固有生物特征,不需要身外的其他标识物。比如采用人手脉络识别技术,用户只需将手掌快速挥过设备感知区,就可以实时完成身份核验与授权管理。该技术的识别准确率极高,可以达到百亿人次 0.3s 闪速识别,支撑起 10 亿级的用户需求,完美替代了码、卡、证,实现实时、大流量、零介质、零接触、零漏洞刷手认证的巡更。

巡更签到身份认证系统将实现巡更人员必须亲临巡更点进行签到确认,从而实现巡更人员不可相互代签、仿签、冒签,个人必须到达巡更点进行身份认证确认并登记巡更点的状态,保障了巡更的严肃性,实现更加智慧化的巡更管理。

6.7 智慧安全防范管理系统的运行与维护

坚持预防为主、防治结合的原则,做好防范工作。

安防控制中心(安防值班室)是管理辖区安全防范工作的指挥中心,也是安防设备的自动控制中心,在现代智能物业管理中,安防控制中心和消防管理中心、设备监控中心、信息情报管理结合在一起,形成中央控制管理中心。

6.7.1 安防人员管理制度

(1)管理中心值班室是大厦安全保障的中心,值班员必须树立高度的责任感,有高度的警惕性,做好 24 小时的监视工作,严肃认真地监视区域的各种情况,发现可疑或不安全迹象,及时通知值班保安就地处置。

(2)遵守值班纪律,坚守岗位,不准擅离岗位,不得迟到、早退,上岗时必须保持清醒的头脑,不得闲聊、吵闹、喝酒、睡觉。

(3)保持管理中心值班室内卫生整洁,严禁其他无关人员进入。

(4)记录当班的监视情况,严格执行交接班制度。

(5)定期检查、维修、保养好安防设施,发现设备故障要立即通知值班保安人员加强防范,并立即设法修复。

(6)发生情况时要严格按照程序处理。

6.7.2 智慧安全防范系统的日常运行与维护

智慧安全防范管理系统需要定期进行维护,保持设备清洁、硬件检查和软件升级,以延长设备的使用寿命和提高系统的稳定性。

1. 维护计划与记录

制订详细的维护计划,包括维护周期、维护内容、维护人员等,系统自动生成订单,记录每次维护的情况,以便于跟踪和评估维护效果。

2. 定期巡检

定期巡视安防系统设备，检查设备是否正常运行。例如，检查摄像头是否正常拍摄，监控录像是否保存完整，报警器是否正常工作，云台转动、镜头伸缩是否灵活，检查所有接线是否松动等。

3. 设备维护

定期对安防设备进行维护，如清洁摄像头，检查并更换监控录像硬盘等。对于一些重要的安防设备，如摄像头、传感器等，需要定期进行校准和检查，以确保设备的准确性和稳定性。

4. 故障诊断与排除

当系统出现故障时，需要及时进行故障诊断、排除和维修，通过分析故障现象，确定故障原因，并采取相应的措施进行修复，确保系统正常运行。

5. 数据备份与恢复

对于重要的安防数据，需要定期进行备份，以防止数据丢失。同时，在数据出现故障时，需要及时进行恢复，以保障系统正常运行。

6. 防尘、防潮、防腐、防雷、防静电

对于长时间暴露在环境中的安防设备，如摄像头、监控设备等，需要采取防尘、防潮和防腐措施，以避免设备受损或运行异常。安防设备中大部分都是电子设备，易受雷电和静电影响，所以在维护过程中要做好相应的防护措施。

7. 异常情况处理

需制定应急预案，对于系统中出现的异常情况或故障，及时采取有效的处理措施，以保障系统的正常运行。

8. 技术升级与拓展

根据实际需要，合理确定安防设备的位置和数量，以及优化设备配置，以提高系统的监测能力和效率。随着技术不断进步，智慧安防系统的硬件和软件也需要不断升级、更新和拓展，以适应新的应用场景和需求。

9. 网络安全防护

在维护过程中，需要特别注意保障系统的网络安全，防止黑客攻击和数据泄露。例如，在进行硬件和软件更新时，需要确保更新的内容是安全的，不会引入新的安全隐患。

智慧安全防范系统维护是一个持续不断的过程。需要定期进行维护、检查、更新和升级，以确保系统的稳定性和安全性。同时，也需要为用户提供培训和支持，帮助他们更好地使用和维护系统。

本章小结

"安全防范"是指以维护社会公共安全为目的，在建筑物或建筑群内（包括周边地域），或特定的场所、区域，通过采用人力防范、技术防范和物理防范等方式，采取防入侵、防破坏、防爆炸、防盗窃、防抢劫和安全检查等措施，综合实现对人员、设备、建筑或区域的安全保护。

安全防范是包括人力防范、物理防范和技术防范三个方面的综合防范体系。

第 6 章　智慧安全防范管理系统

　　智慧建筑的安全防范系统是一个功能分层的体系，防范为先（出入口控制系统的功能）、报警准确（入侵报警系统的功能）、证据完备（视频安防监控系统的功能）。

　　根据建筑物或区域的安全防范管理需要，视频监控系统应对主要公共活动场所、通道、电梯及重要的场所和设施的特殊部位等进行实时、有效的视频探测、视频监视、视频传输、显示和记录。

　　入侵报警系统就是利用各种探测装置对设防区域的非法入侵、破坏、盗窃、抢劫等，进行实时有效探测和报警。根据各类建筑安全防范部位的具体要求，设置周界防护报警、区域空间防护、重点目标防护等。

　　出入口控制系统能根据建筑物的使用功能和安全防范管理需求，对需要控制行为的出入口，按不同的通行对象及其准入级别，对其进出实施实时控制与管理，并应具有报警功能。

　　访客对讲系统可以分为可视型和非可视型，是实现各类住宅或公寓内访客与住户之间对讲和可视等功能及保障住户安全的必备设备。通过访客对讲系统，实现与访客通话，远程控制开锁，实现小区、楼宇智能访客管理，有效防止非法人员进入住宅楼内。有的多功能访客对讲系统还具有报警、求助等功能。

　　电子巡更系统应能根据建筑物的使用功能和安全防范管理的要求，按照预先编制的保安人员巡更程序，通过信息识读器或其他方式对保安人员巡逻的工作状态（是否准时、是否遵守顺序等）进行监督、记录，并能在发生意外情况时及时报警。

本章实践

实训项目 1　视频监控系统的安装与调试

实训要求：
1. 掌握视频监控系统的基本知识；
2. 学会选择监控摄像机，能够根据要求安装摄像机；
3. 能够对视频监控系统进行日常管理与维护。

实训设备：
视频监控实训台、导线若干及移动终端。

实训步骤：
视频监控是各行业重点部门或重要场所的"千里眼"，管理部门可通过它获得有效数据、图像或声音信息，对突发性异常事件的过程进行及时监视和记忆，为高效、及时地指挥、布置警力、处理案件等提供依据。

　　第一步，选择安装摄像机，进行参数及网络设置。

　　第二步，上电、自检，确保摄像机正常工作。

　　第三步，调节云台，测试摄像头上、下、左、右不同角度录像是否正常。

　　第四步，进行多画面设置及定时切换设定，如图 6-43 所示。

　　第五步，一般多功能摄像头都有人体感应功能，具备 AI 人形跟踪、远程语音对讲、自动防御、语音警告及报警推送功能。根据需要进行功能测试。

　　第六步，进行现场录像、录像查询、回放测试。

图 6-43　多画面视频监控

第七步，模拟设定一些故障，如云台某角度卡住转不动，摄像机没有画面等故障，进行分析和处理。

实训项目 2　门禁管理系统

实训要求：

1. 掌握门禁管理系统的基本知识；
2. 学会门磁开关的安装和调试方法及系统权限的设置；
3. 能够对门禁管理系统进行日常管理与维护。

实训任务：

1. 防盗门磁开关的安装与调试

门磁开关可以根据需要安装在门上或窗上，其一般不易被看到，因而能起到很好的安全报警作用，强行侵入者没有看到门磁开关而强制性进入门或窗时，就会报警，或者直接告知主人有非法者入侵。

（1）门磁开关工作原理

门磁开关主要由开关部分和磁铁部分构成，其中，开关部分主要是一个常开型的干簧管；磁铁部分主要是一个内部含有永久磁铁的永磁体，用于提供稳定的磁场。当开关部分与磁铁部分间隔非常近，即门或窗处于关闭状态时，门磁开关处于工作状态，接收到强行入侵者的袭击后会发出报警声音；而当开关部分与磁铁部分间隔较远，即门或窗处于打开状态时，不存在强行入侵的现象，门磁开关处于关闭状态。

对于门磁开关，家庭用户通常比商业用户更注重产品的外观，商用场合考虑的因素包括如何保护陈列在橱窗或展示窗中的贵重物品等。

（2）实训工具与材料

门磁开关、双面胶、螺栓、螺丝刀、移动终端等。

（3）实训步骤

第一步，认识门磁开关，如图 6-44 所示。打开门磁开关后面盖板，装入电池，进行安装前测试。

第二步，将门磁开关的安装位置处擦拭干净，使用螺栓（或双面胶）将开关部分与磁铁部分分别固定在门框和门上。

第三步,进行开门、关门报警测试。

第四步,使用遥控器,进行布防、撤防设置。

第五步,下载 App,添加设备,根据需求进行定时布防、撤防、延时设置,远程接收报警测试,如图 6-45 所示。

2. 门禁管理系统的权限管理与设置

门禁管理系统是控制人员出入的系统,而门禁管理系统的核心就是门禁控制器,其利用计算机技术和各种身份识别技术来管理门禁。由此可知,身份识别功能是门禁控制器的一项重要功能,只有对通行人员的身份进行正确识别,才能有效保障建筑楼宇中人员和财物的安全。

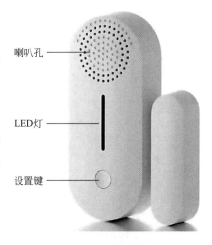

图 6-44 门磁开关

(a) 布防

(b) 报警

(c) 撤防

图 6-45 门磁开关的布防、报警、撤防设置

(1) 门禁识别装置工作原理

利用预设的具有出入权限的身份识别信息与当前获取的身份识别信息相匹配,若匹配成功,则确定当前人员有权限开启门禁。现有的门禁控制器是通过人工录入的手段来获取具有出入权限人员的身份识别信息,在发生人员变动时,需要根据员工的门禁权限,通过人工操作对逐一对应的门禁控制器进行权限设置。例如,在每增加一个员工或者减少一个员工或者员工的岗位发生变化时,就需要人工对一个或多个对应的门禁控制器进行设置。

(2) 实训设备及系统

本实训采用带人脸识别、密码识别及刷卡识别功能的门禁管理系统。

(3) 实训步骤

第一步,添加用户。

进入菜单(图 6-46),选择用户管理,添加持卡用户、人脸识别用户或者指纹用户,并对其个人信息(如姓名、部门、工号等数据)、权限进行设置。

第二步,删除用户。

进入菜单后,选择用户管理,进行用户的某项权限,如 IC 卡或者人脸识别或者指纹识别的删除,或者选择对用户进行删除。

第三步,时间权限的管理。

智慧建筑运维

图 6-46 门禁系统的菜单设置

有些智能门禁支持设置权限开放时间。权限组成员仅可以在权限开放时间内，通过门禁设备进行开门和打卡，更好地规范员工出入及维护公司安全。

按需设置权限开放时间，如：

全天开放：开启则表示权限在一整天均开放；关闭则可指定一天中的具体开放时间段。

开放周期：可以选择每天；也可以勾选周一至周日中的某天或某几天。

有效期：关闭则表示时间规则将在所有日期内失效；开启则可指定开始日期和结束日期，时间规则仅在该日期范围内生效。

第四步，数据管理。

智能门禁支持员工考勤功能，进入菜单，选择数据管理，可以选择时间段，进行数据下载，直接生成月度、年度考核报表。或者对于一些重要的出入口，可以进行出入人员和时间的查询，用于事件的分析、追踪。

（4）日常维护

门禁管理系统可以安全快捷地解决重要出入口人员进出问题，实现安全防范管理。要高度重视系统的日常管理与维护，按规定进行巡检，保障电源供电的连续性，定期检查识读装置、控制系统及网络连接情况，保证系统正常运行；定期清洁系统环境，保持干燥通风；检查电磁锁、门体及报警信号是否可以正常使用等。如系统出现问题，应及时联系维修人员进行维修。

系统管理员应对系统进行规范、有效管理，未经授权，禁止私自更改门禁系统相关信息，禁止管理员之外其他人私自查看和获取系统相关信息。

实训项目 3　主动红外对射探测器的安装与测试

实训要求：

1. 掌握主动红外对射探测器工作原理；
2. 学会主动红外对射探测器的安装和调试方法；
3. 能够对主动红外对射探测器进行日常的管理与维护。

实训工具与材料：

主动红外对射探测器、报警器、导线若干、螺丝刀、万用表等。

实训步骤：

主动红外对射探测器由主动红外投光器和被动红外受光器组成，当投光器与受光器之间的红外光束被完全遮断或按给定百分比遮断时能自动产生报警。其主要应用于住宅门窗、阳台、小区周界、别墅围墙、停车场等场所的周界安全防范。

第一步，打开投光器与受光器外壳，了解认识探测器的接线端子及组成结构。

第二步，安装主动红外对射探测器底座，安装在围墙上的探测器，其射线距墙的最远水平距离一般不能大于 30m。

第三步，安装红外投光器和受光器，接线。实际工程中线路绝对不能明敷，必须穿管暗设。配线接好后，请用万用表的电阻档测试探头的电源端子，确定没有短路故障后方可接通电源进行调试。

第四步，调节投光轴和受光轴，此时受光器上红色警戒指示灯熄灭，绿色指示灯长亮，而且无闪烁现象，表示光轴重合正常，投光器、受光器工作正常。

第五步，受光器上有两个小孔，上面分别标有"＋"和"－"，用于测试受光器所感受的红外线强度，其值用电压来表示，称为感光电压。将万用表的测试表笔插入测量受光器的感光电压，反复调整镜片系统使感光电压值达到最大值，这样探测器达到了最佳工作状态。

第六步，遮光时间的调整。在受光器上设有遮光时间调节钮，一般探头的遮光时间在50～500ms之间。在出厂时，遮光时间调节到一个标准位置上。在通常情况下，这个位置是一种比较适中的状态，考虑了环境情况和探头自身的特点，所以如没有特殊的原因，无须调节遮光时间。如果因设防的原因需要调节遮光时间，以适应环境变化，一般而言，遮光时间短，敏感性就快，但对于像飘落的树叶、飞过的小鸟等的敏感度也强，误报警的可能性增多；遮光时间长，探头的敏感性降低。应根据设防的实际需要调整遮光的时间。

第七步，连接报警器和防盗主机。探头设定后，将防拆开关接入防区输入回路中，接线完毕，盖上外壳，紧固螺栓。要求在防盗主机上该防区警示灯无闪烁、不点亮，防区无报警指示输出，表示整个防区设置正常。否则，要对线路进行检查，对探头进行重新调试，并对防区状态进行确定。

第八步，进行报警测试。

探测器在日常工作中，由于长期工作在室外，不可避免地受到大气中粉尘、微生物以及雪、霜、雾的作用。长久以往，在探测器的外壁上往往会堆积一层粉尘，在比较潮湿的地方还会长出一层厚厚的薛苔，有时候小鸟也会把排泄物排到探测器上，这些会阻碍红外射线的发射和接受，造成误报警。通常是在一个月左右蘸上清洁剂清洗干净每一个探测器的外壳，然后擦干。除了清洁探测器外壳，每隔一个月要做一次实验，检验防盗系统的报警性能。

码6-1
第6章
自测题目

第 7 章

智慧停车系统

Chapter 07

知识导图

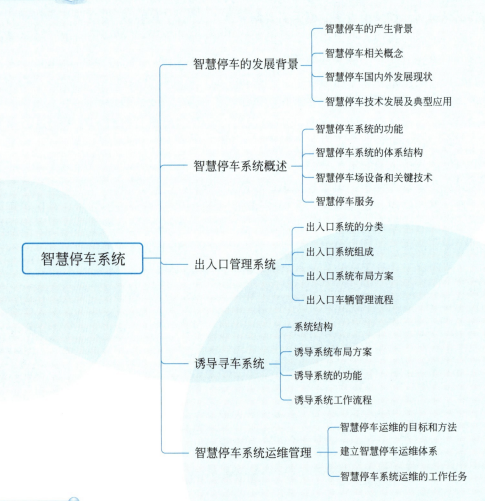

知识目标

1. 熟悉智慧停车、停车场、出入库管理系统、停车诱导、智慧停车平台等相关概念;
2. 了解智慧停车系统的产生背景和技术发展趋向;
3. 掌握智慧停车系统的功能、体系结构、设备及关键技术等内容;

4．掌握出入口管理系统的组成、布局及车辆管理流程。

技能目标

1．能够根据智慧停车系统的运维目标，制定智慧停车系统的简单管理流程；
2．能够根据实际需要控制智慧停车系统的相关设备。

7.1 智慧停车的发展背景

7.1.1 智慧停车的产生背景

在我国，"停车难"问题成为各大中型城市交通发展的主要障碍之一。为了解决这个问题，城市兴建了大量的停车场，并不断扩大其规模。这些措施虽然有效地缓解了"停车难"问题，但也引发了一系列新的问题，如出入口拥堵、车位利用率不高、"找位难""找车难"等。尤其是在商场、医院、火车站、飞机场和大型超市等车流量大的公共场所，找到一个空位往往需要花费车主大量的时间。在大型停车场中，车位数以千百计，车辆密集排列，标志物大都相同，方向难以辨别，车主需要花费大量时间才能找到自己的车辆。这些现象既降低了车辆流转的效率，也浪费了车主的宝贵时间，降低了他们对停车场的满意度。

鉴于当前国内现有的停车场数量和规模远远不能满足城市停车的需要，并且随着我国汽车保有量快速增长，停车场建设的数量和规模在未来仍会有很大的需求。因此，如何有效地管理和利用停车场，优化和避免出入口拥堵，实现快速停车和快速离场，提高车位利用率，避免发生"停车难""找车难"，成了停车场管理者亟需解决的问题。另外，随着人工成本不断上涨，通过智能化技术降低管理成本，提高停车场管理的自动化程度也极为必要。

1．传统停车场常见问题

传统停车场主要是以人工管理的停车场地，虽然部分停车场经历过一些简单改造，如加装车牌识别系统等，但还存在不少的问题。

（1）无法实时掌握空位信息

无法对停车场的整体余位情况和各区域余位情况进行及时准确掌握，需要靠人工巡逻和计数，不仅带来人力支出，还会造成管理效率低下、车位流转率低、客户体验差等问题。

（2）没有准确的余位发布

车主想要找到空闲车位，只能花费很长时间，在停车场内无序寻找空车位，不仅容易造成车辆的擦伤、损坏，同时车辆长时间怠速行驶也会加重停车场内污染，停车体验差。

（3）没有辅助寻车系统

车主寻找车辆，只能依靠车主的主观记忆和对停车场的熟悉程度，大多时候难以快速找到车辆，寻车体验差。

（4）停车安全问题

停车场内出现停车刮擦，甚至车窗被砸、车内物品被盗等现象，无法及时找到责任源，造成停车场既损失了金钱，又损失了信誉。

（5）人工收费效率低下

人工收费模式导致出入口的车辆通行效率低下，特别是在出口处车辆需要缴纳停车费用，车辆在出口处聚集等待时间过长；同时人工收费也会导致停车费用流失。

2. 车主的停车需求

（1）快速停车的需求

在车主进入停车场之前，了解停车场是否还有空余车位是非常必要的。这样可以帮助车主避免浪费时间在寻找空位上。当停车场有空位时，车主还需要知道哪个方向或区域有可用的车位，以避免在场内盲目地寻找车位。此外，当车主驾驶车辆进入停车场时，能够快速通行并一次性成功识别车辆，道闸快速开启，可以有效提升停车场的运行效率，并为车主带来更好的停车体验。

（2）安全行车的需求

在停车场内，如果存在急转弯、急下坡等特殊路况，很容易形成盲区，给驾驶者带来潜在的安全隐患。因此，当车主在停车场内驾驶车辆时，务必对盲区内是否有人或车辆进行充分的观察和提醒，以避免意外发生。车主需要实时提醒以便更好地把握周围状况，这就要求停车场有更加安全和舒适的驾驶环境。

（3）安全停车的需求

确保停车场停放车辆的安全是非常重要的。如果车主的车辆遭受损坏或者被盗窃，需要能够找到责任方并得到赔偿。因此，确保停车安全需要设置相关的安全设施，同时采取必要的预防措施来保护车辆。

（4）快速寻车的需求

车主在返回停车场取车时，往往会因为场内的立柱和已停放车辆的干扰，无法分辨方向和找到车辆停放的位置。尤其是在多层停车场中，车主寻找车辆会更加困难。因此，车主需要一种辅助手段来帮助他们快速找到车辆。

（5）多种便捷缴费方式的需求

为方便缴费离场，车主需要多种便捷的缴费方式。停车场需要支持微信、支付宝、银联、各银行的无感支付和ETC支付等便捷支付方式，可以提示车主提前支付，让缴费过程更加快捷。对于已经提前缴费的车主，他们在通过停车场出口时无需停留，道闸会快速开启并让他们迅速离开，通过提前支付的方式可以缩短车辆在停车场内的停留时间，提高停车场的使用效率和通行效率，让车主尽快离开停车场。而未提前缴费或无法手机支付的车主，也需要提供自助缴费或人工缴费。

3. 运营方对停车场的管理需求

（1）吸引车主停车的需求

能够将停车场余位数量发布在停车场入口，便于车主了解停车场余位情况，根据需要进场停车；保障停车场出入口畅通，通过快速开闸、潮汐车道等技术手段，实现车辆快进快出，让车辆快速、顺利地进场；当车主进场停车时，能够引导车主快速找到余位停车；

当车辆要离场时，帮助车主快速找到停车位置，让车主找车无忧，提升体验；提供多种多样的收费方式，满足车主的不同缴费习惯。

（2）满足商户为客户减免停车费的需求

提供停车优惠手段，让商户可以对在本店消费的车主进行停车优惠，以此吸引车主前来消费。

（3）停车场无人化的需求

通过打造智能化系统，实现车辆自助缴费、自主停车，逐渐减少甚至无需收费人员、停车场引导人员，降低停车场管理成本。同时可以借助系统快速收取停车费，增加停车场收入。

综上所述，随着车辆的增加和停车场规模的日益扩大，传统停车场的设备及管理模式效率低下，严重影响停车的效率和车主的体验，因此智慧停车改造势在必行。

7.1.2 智慧停车相关概念

智慧停车是指通过技术手段和数据分析等方式，实现停车位的高效利用和智能化管理，合理解决停车难问题。智慧停车涉及内容有很多，其核心概念主要有智慧停车、停车场、出入口管理系统、停车诱导和智慧停车平台等。

1. 智慧停车

智慧停车是利用多种技术手段，为需要在固定车位停放一段时间的车辆提供实时、精准、便捷的停车服务。它将无线通信、卫星定位和室内定位、地理信息系统、视觉感知、大数据、云计算、物联网、互联网、智能终端等技术融合起来，实现了对车位信息的实时采集、管理、查询、预订与导航服务等。通过智慧停车，车主可以快速找到空闲车位，预订所需车位，并获得准确的导航服务，大大提高了停车的便利性和效率。同时，智慧停车还可以实现停车位资源利用的最大化、停车服务效率的最大化和车主停车体验的最优化。

智慧停车涵盖了两个主要方面：一是优化和整合停车资源，消除停车信息孤岛现象，将分散的停车位数据实时互联，使系统能够及时了解空余泊位并进行发布，这样可以在不增加停车位的情况下显著降低车位空置率。二是实现车位导航，通过定位、感知计算和无线通信等技术，形成从车辆到目的车位的路径轨迹，引导车辆准确到达目标车位。也可以进行反向寻车的路径引导，帮助车主快速找到自己的车辆。这些功能的实现，可以显著提高停车效率，减少寻找车位和车辆的时间，提升停车体验。

2. 停车场

停车场是指供机动车停放的场所和空间，一般由出入口、停车位、通道和附属设施组成。

智慧停车可以应用于不同的停车场地。按照车位占用位置的不同，城市停车场地可分为路内停车位和路外停车场。路内停车位指在道路红线以内划设的供机动车或（和）非机动车停放的停车空间。路外停车场主要包括建筑物配建停车场和城市公共停车场，面向建筑物使用者和公众提供车辆停放，智慧建筑停车系统主要以路外停车场为管理对象。

3. 出入口管理系统

智慧化的停车场出入口管理系统，可提供更高效、便捷的停车服务。该系统运用先进的识别技术，如车牌识别和车型识别等，实现车辆的快速进出和收费管理。此外，该系统还能监测和管理停车场内的车辆，提供更安全、有序的停车环境。停车场出入口管理系统的智慧化提升，不仅提高了停车场的运营效率，也使得停车服务更加智能化和便捷化。

4. 停车诱导

通过停车场内安装的车位检测设备实时采集车位状态信息，并将信息按照一定规则传输到中心平台。管理模块对信息进行分析处理后，以电子显示屏、移动终端等为信息载体，实时发布停车场方位、车位数等信息，为车主提供诱导停车服务，以方便车辆选择合适的停车场和停车位。

5. 智慧停车平台

智慧停车平台通过信息和通信技术来实现对停车资源的监测、管理、服务，从而提高停车资源利用率、停车管理效率、停车服务质量。该平台可以实现智慧停车数据和业务的集成和开放，面向公众服务、运营服务、监管服务等需求，为用户提供停车数据的接入、管理、共享交换以及应用支撑服务。这种智慧停车平台可以为车主提供更加便捷、高效的停车服务，同时也可以为城市交通管理提供更加准确、实时的数据支持。

7.1.3 智慧停车国内外发展现状

1. 国外的智慧停车发展情况

自20世纪80年代以来，随着汽车的普及，发达国家开始面临停车需求不断增加和停车设施供给不足的问题。为了解决这个问题，许多国家逐步完善了停车政策和法规，并鼓励采用新技术手段，推动智慧停车行业的发展和普及，尽可能缓解停车供需矛盾，方便居民出行。下面以美国、日本、欧洲为例介绍智慧停车在国外的发展情况。

（1）美国

美国是世界汽车保有量大国，拥有超过2.8亿辆汽车，每千人乘用车保有量达到767辆。为了满足大量的停车需求，美国城市非常注重停车设施的合理安排和强化管理。通过制定并实施各项政策法规，城市中心停车设施的供给量得以满足停车需求，并且与城市的总体规划和经济发展目标相一致。此外，美国还重点发展了车位预订、停车诱导、代客泊车和电子收费等智慧停车应用。智慧停车企业通过在线预约停车服务平台和创新服务模式实现了盈利，进一步推动了智慧停车的发展。

（2）日本

随着物联网和移动互联网迅速普及，日本的智慧停车发展已经达到了较高水平。目前，日本的停车场已经基本实现了停车诱导、实时信息查询、无人值守和自主缴费等应用的普及。具体来说，停车场都设有醒目的停车诱导标志，自动显示停车场的空满状态、价格信息等。大部分停车场可以上传空满状态到停车服务平台，驾驶员可以通过智能终端查看周边停车场的位置、价格等信息。此外，停车管理网络还可以实时采集车辆进出、停车场利用率、机器故障等信息，通过运营分析，对不同地区的停车场制定动态的价格，合理引导车流，提高停车网络的整体经营水平。政府也在政策层面给予相应鼓励，一方面，对智慧停车场提供补贴优惠；另一方面，引导民间投资进入智慧停车行业，推动行业发展。

（3）欧洲各国

欧洲的人口密度较高，交通拥堵、停车难、停车贵等问题也十分突出。为了解决这些问题，欧洲已经启用了车牌视频识别技术，实现了停车场出入口的无人值守。欧洲智慧停车发展的特点是更多地围绕停车场运营打造生活与出行生态的闭环，政府牵头将智慧停车与智慧交通、绿色环保等多个行业结合，共同发展。为了调整城市交通结构，政府还通过停车政策引导，限制路上停车，促进公共交通出行方式，加强停车场管理，合理实施边缘地带停车管理，采取停车换乘等措施。这些措施有助于提高欧洲城市的交通效率和居民出行体验。

2. 智慧停车国内发展现状

进入 21 世纪后，随着国内汽车保有量的急剧增加，城市停车问题逐渐凸显。在此背景下，互联网、物联网、大数据等技术不断发展，为停车行业带来了巨大的发展机遇。为了解决停车难问题，国家相继出台了一系列产业政策，加强城市停车设施建设和运营管理，推动停车设施的智能化升级和智慧停车应用，实现高质量停车服务。这些政策的出台，旨在提高停车设施的利用效率，缓解城市停车难问题，推动停车行业的智能化升级。

全国主要城市积极推进智慧停车应用，首先聚焦在停车设施管理的智能化升级。车牌识别方式取代了 IC 卡取卡方式；停车场收费由传统的现金支付逐步转向便捷的电子支付方式；路内停车位管理由传统的人工收费逐步向 PDA 收费、PDA＋地磁、PDA＋地磁＋手机 App 等方式发展。此外，利用物联网和云计算技术手段，单个停车场管理系统的信息孤岛被打破，在城域范围建立统一的停车管理服务平台，覆盖多个不同位置的停车场，通过数据共享将分散的数据集中管理，实现停车诱导、车位预订等远程服务，为用户停车带来更多便利，对城市交通系统、停车场业主和运营方都产生了积极的影响。

尽管智慧停车发展迅速，但目前其应用仍未实现大规模覆盖，同时智慧停车市场面临的一些问题也不容忽视，如应用种类众多，但尚未形成有序的市场格局；现有的停车信息管理与诱导系统在城市范围内缺乏系统的规划和管理，导致各自独立且覆盖范围小，信息流通困难；车位导航尚未普及，智慧停车的"智能"程度有待提高，用户仍然面临着找不到车位或找不到车等问题。

综上所述，国内目前的智慧停车系统建设和应用，还处于高速发展期，在建设和运维过程中还是存在诸多问题，但随着技术不断进步，政策和管理制度的不断完善，智慧停车系统将成为智慧建筑和智慧城市建设的核心内容。

7.1.4　智慧停车技术发展及典型应用

停车行业对智慧停车应用始终保持着旺盛的需求，新场景、新技术层出不穷。根据服务对象的不同和技术手段的演进，智慧停车的发展可分为基础信息化、驾驶员泊车辅助和自动驾驶泊车三个阶段（图 7-1），随着智能化水平的逐步提升，实现停车效率和体验的明显改善。

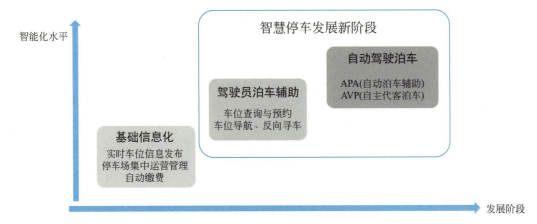

图 7-1 智慧停车发展趋势图

1. 基础信息化

在智慧停车发展的早期阶段,面向停车位供需不平衡的突出问题,通过停车资源信息化和停车运营管理信息化建设,整合城市停车资源,集中运营管理,实现有效供给,提升停车便利性。

基础信息化阶段的典型应用场景包括:

(1) 实时车位信息发布

通过部署传感器等感知设备,对路内停车位和路外停车场的车位使用状况进行采集,通过物联网将采集的信息以统一的数据格式上传至静态交通大数据平台,经过大数据动态分析后,生成实时车位信息,并通过停车场的电子屏幕或用户终端 App 进行发布,对车主进行停车诱导。

(2) 停车场集中运营管理

针对传统停车的粗放式运营管理问题,建设统一停车管理服务平台,对所辖区域或建筑的停车场进行统一联网接入,实施远程运营管理,提高停车场运营管理水平,实现降本增效。

(3) 自动缴费

利用 ETC 系统、车牌识别系统等,在车辆进场和出场时自动采集车辆身份信息,并进行自动计费和缴费,实现不停车进出场。

目前,国内智慧停车应用大部分还处于基础信息化阶段,以停车场出入口闸机管理和基于空余车位数量查询的停车诱导为主,单车位状态信息采集和发布还没有普及。对于大规模停车场,基础信息化已经无法满足业主管理效率和车主停车效率显著提升的需求。

2. 驾驶员泊车辅助

随着产业升级和信息通信技术不断发展,感知计算、定位导航、云计算等技术将广泛应用于停车设施的数字化和智能化改造。通过网络连接,停车设施运营管理方可以为车主提供车位信息查询、预约、车位导航等智能化停车辅助服务,进一步提升车主停车效率和体验。

驾驶员泊车辅助阶段的典型应用场景包括:

(1) 车位查询与预约:车主通过智慧停车服务平台,对周边的停车场位置、车位设置和占用情况、停车服务设施分布等情况进行查询，并可通过平台进行车位预约和费用自动结算，免去现找车位和排队支付的时间消耗。

（2）车位导航：智慧停车服务平台为车主提供目标停车位行驶路线等信息，结合停车场高精度车辆定位和线路状态感知，为车主进行停车路径规划和目标停车位导航，并可实时监控车辆在停车场内的行驶和停车入位过程，提供必要的安全保障。车位导航的应用改变了车主在传统停车场耗时耗力寻找车位的状况，优化了车主停车流程，同时，也有助于提高停车场车位使用率，实现停车资源的调度优化。

（3）反向寻车：在大型的公共停车场内，由于停车场的空间比较大，车主往返所需要的时间比较长，环境及指示标志、诱导牌分布不合理等原因导致方向不易辨别，车主容易在停车场内迷失方向，找不到自己的车辆。智慧停车服务可以结合车主提供的车位信息和车主位置信息，提供反向寻车路径规划和反向寻车导航，大大减少车主寻车时间和负担。还可以根据周边环境特征对车位位置信息和车主位置信息进行自动识别，进一步提高车主寻车的便利性。

3. 自动驾驶泊车

随着自动驾驶技术的逐步成熟，越来越多车辆具有自动驾驶停车功能，包括自动泊车辅助（Auto Parking Assist，APA）功能和自主代客泊车（Automated Valet Parking，AVP）功能。

（1）APA（自动泊车辅助）

APA是指车辆在低速巡航时使用传感器感知周围环境，帮助驾驶员找到尺寸合适的空车位，并在驾驶员发送停车指令后，自动将车辆泊入车位。搭载有自动泊车功能的汽车可以不需要人工干预，通过车载传感器、处理器和控制系统收集车辆的环境信息（包括障碍物的位置），可以实现自动识别车位和找到一个停车位，并自动安全地完成泊车入位操作。目前，作为L2级自动驾驶的典型应用，大部分车企已经将APA功能搭载在量产车型上。

（2）AVP（自主代客泊车）

随着自动驾驶技术的发展，自动泊车逐渐往自主泊车方向演进。自主泊车又称为自主代客泊车或一键泊车，是指车辆以自动驾驶的方式替代车主完成从停车场入口到停车位的行驶与停车任务。整个过程正常状态下无需人员操作和监管，对应于SAE L3级别。

自主泊车系统包含两个功能，即泊车与唤车。泊车功能是指当车主驾车到达停车场指定下车地点后，通过车钥匙或手机App下达停车指令，车辆即可自动行驶到停车场的停车位，无需驾驶员参与和监控；唤车功能是指当车主要离开时，只需在接驳处下达接车指令，车辆会从停车位自动行驶到车主身边。

相较于APA功能，AVP彻底代替车主完成了停车操作，可以有效解决医院、商场、写字楼等公共停车地区的停车难题。此外，低速行驶以及相对简单的停车场行驶环境，使AVP成为车企优先商用的高等级自动驾驶功能。自主代客泊车系统框架如图7-2所示。

目前，AVP的实现有三种技术方案：

① 单车智能方案

单车智能方案是一种在单车上进行感知与决策的智能系统，基本不需要对停车场进行改造。该方案适用于固定车位停车场景，如小区和写字楼停车场等。在AVP功能的基础上，单车智能方案进一步实现了记忆停车功能，车辆通过学习出入库路线，建立地图后，

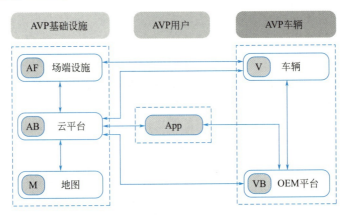

图 7-2 自主代客泊车系统框架

自动泊入泊出目标车位。

单车 AVP 是目前车企青睐并优先面向市场的方案。自动驾驶解决方案提供商已经与车企展开量产合作，如华为无人代客泊车系统。单车智能 AVP 的优点在于无需对场侧进行改造，对场侧设备依赖较少，主机厂把控力强，容易形成商业闭环。然而，单车智能 AVP 也存在一些缺点。缺乏场侧信息支持，对车端的感知能力和计算能力要求较高，单车成本相应增加。在停车场不标准、反光等复杂环境下单车智能 AVP 的使用受限，可靠性低。此外，单车智能 AVP 也无法解决障碍物遮挡、全局调度等问题。

② 场侧智能方案

场侧智能是一种以停车场为主导的自动代客泊车方案，通过在场侧安装摄像头或激光雷达等传感器，使用环境感知技术观测车辆和障碍物，为车辆提供定位和障碍物位置信息。与车端传感器相比，场侧方案可以更好地监测盲区。此外，场侧还具备决策能力，通过发送行驶指令控制车辆完成自动泊车操作。场侧智能方案的优点是不需要车辆搭载高精度地图和传感器，对车辆要求较低，前装相对容易。但是，这种方案的缺点是停车场投资较大，需要较高密度的传感器，且单车位改造成本较高。

③ 车场协同方案

车场协同方案是由场侧提供感知、地图定位、规划控制等辅助信息，并通过车联网（CV2X）直连通信发送给车端，由车端进行车辆控制。场侧平台能够对停车路线进行规划，实现车位最优配置。车辆按照停车场规划的路线行驶过程中，停车场可以对道路上的突发状况向车辆进行实时预警播报，确保车辆行驶安全并停到恰当的车位。

车场协同方案的优点是降低场侧投资，仅需提供辅助感知、地图定位等信息，传感器要求低；同时车端成本也低于单车智能方案，可复用量产车现有传感器与自动泊车入位功能，通过空中下载技术（OTA，Over The Air）功能升级即可更新为车场协同 AVP 模式；也可为自动驾驶功能安全提供双份保障，确保车辆行驶安全。缺点是目前行业内未形成统一方案，产业涉及利益相关方较多，协同困难；未形成统一标准，车场协同涉及场侧改造与车端适配，产业需要统一通信、数据、地图等标准。

AVP 发展面临的最大问题是停车场和主机厂之间的发展节奏不协调。停车场担心建设的 AVP 停车场没有足够多的车辆使用，而主机厂担心生产的 AVP 功能车辆没有合适的停车场可以使用，AVP 停车场的覆盖率和 AVP 车辆的渗透率互相制约，会影响 AVP 应用的最终落地。在 AVP 车辆还未规模商用的阶段，智慧停车场建设在控制成本的前提下可以考虑提前布局场侧通信、感知和定位等智能设施和系统，先面向驾驶员提供车位导航等停车辅助服务，解决当前"停车难"问题，实现停车效率和经济效益的提升，随着 AVP 车辆的规模商用，进而平滑演进到自动驾驶 AVP 服务。

7.2 智慧停车系统概述

7.2.1 智慧停车系统的功能

智慧停车场管理系统，能够提高停车场的信息化、智能化管理水平，给车主提供一种更加安全、舒适、方便、快捷和开放的环境，实现停车场运行的高效化、节能化、环保化，降低管理人员成本、节省停车时间。一个典型的智慧停车场，应该具备自动入场、智能引导、安全管理、自动缴费离场、远程管理等功能。

1. 自动入场及车位智能引导功能

（1）停车场入口处显示余位，引导车主进场停车；

（2）入场车辆车牌识别免停车取卡，系统准确记录车辆入场信息，并在入口处自定义显示和播报欢迎信息；

（3）停车场无空车位时，临时车不自动放行，直到有空车位后，自动开闸放行，并从开闸时计算停车时间；

（4）停车场内的余位在停车场入口、道路分叉口等位置的显示屏上发布，引导车主停车；

（5）在停车场内定位找车，自动导航，快速找车。

2. 安全管理功能

（1）通过视频监控保障车辆停放安全，可以查看实时视频或者视频录像；

（2）停车场内车行道路上的盲区预警，避免发生车撞人、车撞车的事故。

3. 自动缴费及远程管理功能

（1）根据停车时间对临时车辆进行收费，并在出口处自定义显示和播报车辆出入场时间、收费金额等信息；

（2）固定车辆、无需收费车辆、已提前缴费车辆出场时可不停车出场；

（3）多种方式支付停车费，便于车主根据自身情况选择合适的方式进行缴费；

（4）出入口无人时，管理人员可远程对出口车辆进行管理，通过和车主语音沟通后，进行远程开闸、修改车牌信息、匹配车辆照片等操作。

7.2.2 智慧停车系统的体系结构

停车场管理系统主要由出入口管理系统和诱导寻车系统两个关键部分构成。

出入口管理系统主要集中在信息的采集和比对上，通过网络和前端采集系统，将车辆

智慧建筑运维

的基础信息发送到后端管理中心，并利用车牌识别技术对号牌数据进行比对，以确保车辆的有序进出。这种方法不仅加快了固定车辆的快速通过，也使得临时车辆的收费和管理更加规范和高效，从而大大提高了出入口的通行效率和安全管理水平。

诱导寻车系统则是为了满足停车场对于快速停车和寻车的需求而设计的。该系统将机电设备、电子计算机、自控设备、视频技术和智能算法等各种技术手段相结合，构建了一种全面智能化的停车场管理体系。这种体系能够将人、车辆、车位、道路等元素都纳入一个智能化的系统中，通过各个元素的密切配合来进一步提高停车场的运营和管理效率。这不仅提高了停车场的智能化程度，也使得停车场的运营更加人性化，为车主提供了更加便捷和高效的服务。

为了更好地理解智慧停车系统，可以从智慧停车系统的系统结构、业务架构、数据架构三个维度进行分析。

1. 系统结构（图 7-3）

智慧停车系统结构包括出入口管理、室内诱导、反向寻车、移动端缴费 4 个功能模块（图 7-3），通过智慧停车云平台进行统一管理，控制界面和数据状态可以通过解码上墙控制设备，连接到大屏显示中心进行展示，方便管理人员集中管理停车系统。

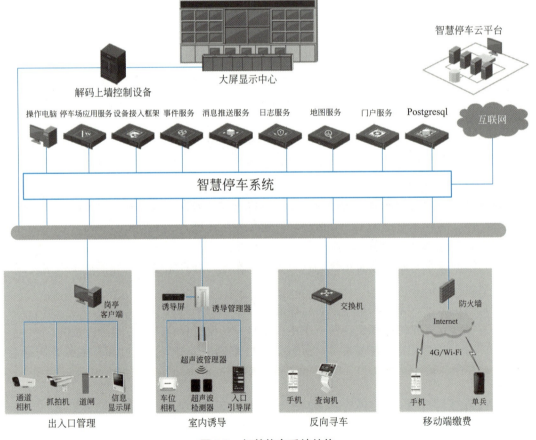

图 7-3 智慧停车系统结构

（1）出入口管理

出入口管理系统支持蓝牙、IC 卡、射频卡、车牌识别、车型识别等多种配置方式，适应各类出入口场景，实现了出入口控制管理高度智能化。

目前比较常用的是通过抓拍设备对出入场车辆进行抓拍识别，并将车牌作为车辆出入及缴费凭证，对于无牌车辆，可以通过将电子支付 ID（微信、支付宝等）作为车辆凭证，进行准确车辆管理，大大提高出入口的运行效率。

（2）室内诱导

通过安装在停车场内的车位检测设备，对停车场的车位状态信息进行采集，并按照一定规则通过网络将信息传送至中心平台，由相应的管理模块进行分析处理后，将余位信息发布到导航指示牌，展示区域车位编号和空置车位数量，向车主提供诱导停车服务。车辆入库时，智慧停车系统通过车辆识别与定位技术可以实时捕捉车辆的位置，引导车辆到达最近的空闲车位。

（3）反向寻车

车主通过查询机或者手机查询车辆信息，定位车辆位置，平台规划并展示车主和车辆间的最优寻车路径，辅助车主寻找车辆。

（4）移动端缴费

车主可以使用手机访问停车场系统，并在手机上进行缴费业务，停车场管理人员也可以使用手机访问停车场系统，帮助车主进行缴费。

（5）智慧停车云平台

智慧停车云平台对停车场内设备进行统一管理，可以对不同类型的停车场、不同车辆群组设置不同的收费、放行规则，支持多样化的收缴费模式，例如：自助缴费、岗亭收费、中央缴费等，支持支付宝、微信、现金等支付方式，实现余位的发布和反向寻车，并提供多样化的报表协助用户分析停车场的运营情况，提高停车场的运行效率。

2. 业务架构

从车主、收费员、巡逻保安、值班人员、系统管理员等不同角色的维度进行业务分析，形成智慧停车业务架构（图 7-4）。

车主的业务主要集中在查看剩余车位、快速进出停车场、寻找空车位停车、查找车辆停放位置、停车缴费、申报一户多车等；

收费员的业务主要是收取停车费用、控制道闸、查看出入口过车信息等；

巡逻保安的业务主要是处理专位占用、处理车辆违停、处理出入口拥堵；

值班人员是在岗亭没有收费员的时候，能够进行远程操作，比如修改出入口车辆车牌、反控道闸、视频监控出入口、停车场、车位、查看相关录像等；

系统管理员的业务主要是设置各类管理规则，维护车辆及人员信息，实现停车场的正常收费、放行、包期等业务。

3. 数据架构

（1）数据架构（停车场出入口）（图 7-5）

岗亭管理终端将停车场出入口的过车信息，比如车牌图片、车辆图片、过车时间等上传管理平台（管理中心），由平台进行记录和计时；管理平台通过核对相关记录将固定车名单、余位信息、语音播报内容、信息屏显示内容等发送给岗亭管理终端，实现在出入口的语音播报、信息显示、固定车快速开闸等。

智慧建筑运维

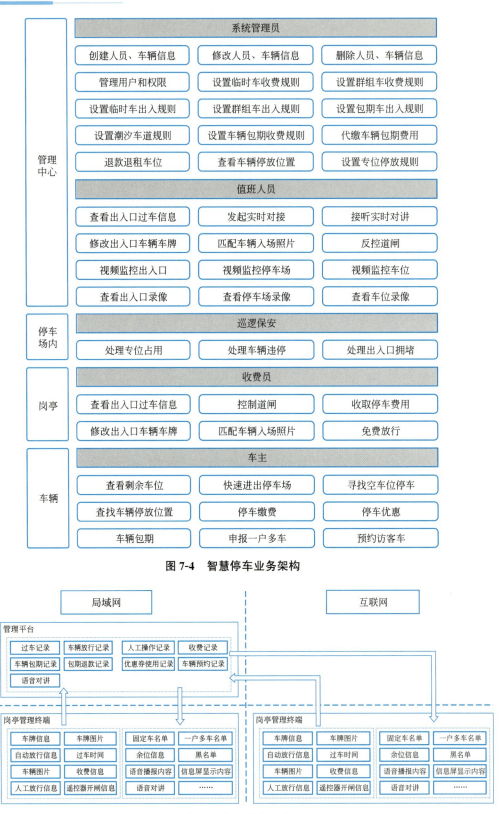

图 7-4　智慧停车业务架构

图 7-5　数据架构（停车场出入口）

第 7 章 智慧停车系统

无论是在局域网模式下还是互联网模式下,岗亭管理终端业务内容和部署方式必须保持一致,以保证系统功能和数据的统一性。

(2) 数据架构(诱导寻车)(图 7-6)

停车场的车位检测设备将车位状态以及停放在车位上的车辆信息,上传管理平台(管理中心),由平台进行分析和记录,并将空车位发布到诱导屏上,引导车主停车;车主寻车时,平台按照查询条件,将车辆位置和寻车轨迹,显示在查询机的界面上,引导车主寻车。

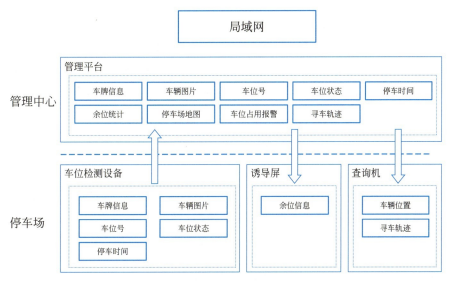

图 7-6 数据架构(诱导寻车)

7.2.3 智慧停车场设备和关键技术

智慧停车应用需要由软、硬件共同组成的信息物理系统实施。特别是面向驾驶员泊车辅助和自动驾驶泊车的新阶段智慧停车系统,在传统停车设施的基础上,还需要引入车场通信、感知计算、高精度定位等智能化设备和技术,融合先进的人工智能算法,完成更加复杂的智慧停车服务。

1. 感知计算设备及技术

停车场感知计算技术通过在场内部署的摄像机、雷达等感知设备和边缘计算单元,实现停车场内的车辆识别与定位、车牌识别、空闲车位识别、AVP 车辆监控与定位、障碍物感知与定位、停车场监控等功能,提供行为分析,车辆分析,行人抓拍,结构化数据等,为驾驶员提供车辆找位引导、反向寻车服务,为 AVP 车辆提供引导服务等。

(1) 车辆识别与定位

停车场通道上方以一定间隔部署高清分辨率摄像机,采集通行道路上的动态和静态信息,多个摄像机的视频码流通过场侧网络传输到边缘计算单元(图 7-7)。摄像机与边缘计算单元联合进行停车场道路状态、障碍物、目标车辆状态的动静态感知与识别,获得障碍物、行人、目标车辆位置的精准坐标数据,再结合高精度地图提供数字化全息视角和轨迹信息。可以将相关轨迹数据、行人及障碍物报警数据回传给后端平台及智能终端 App，辅助驾驶员安全行驶；或者，将本车精准坐标数据、障碍物、行人及周边车辆精准坐标数据发送给 AVP 车辆，进行自动驾驶引导。

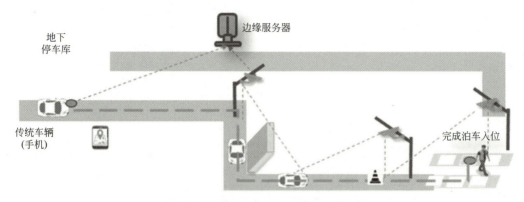

图 7-7　地下停车库感知计算系统示意图

（2）车牌识别

车牌识别是利用采集车辆的动态视频或静态图像进行车牌号码、车牌颜色的自动模式识别技术。技术的核心包括车牌定位算法、车牌字符分割算法和光学字符识别算法等。一个完整的车牌识别系统应包括车辆检测、图像采集、车牌识别等部分。当车辆检测设备检测到车辆到达时，触发图像采集单元采集当前的视频图像。车牌识别单元对图像进行处理，定位出车牌位置，再将车牌中的字符分割出来进行识别，之后组成车牌号码输出。停车场将车牌识别设备安装于出入口、通行道路上方和停车位前方，记录车辆的车牌号码、出入时间、行驶位置、停放车位，并与自动门、栏杆机的控制结合，就可以实现车辆的自动计时收费；进一步与云服务平台结合，又可以辅助实现反向寻车、车找位导航和 AVP 等智慧停车服务，提升了停车场管理效率及车主的通行效率和体验。

（3）空闲车位识别

空闲车位识别主要可以通过超声波雷达、激光雷达和视频方式实现。超声波雷达车位识别是将超声波探测器安装在车位上方，利用超声波反射的特性，侦测车位下方是否有车位，从而通过系统对车位进行检测。激光雷达车位识别通过发射光束来探测周围环境的目标，精准获取三维空间的点云信息，从而进行车位状态识别。视频方式空闲车位识别技术是将摄像机安装在车位上方，通过视频记录车位区域的实时场景，进而由系统自动分析车位占用情况。需要注意的是，视频方式空闲车位识别技术，能够获得更丰富的车位信息，单个设备可检测多个车位，成本也更有优势，逐步成为空闲车位检测的主流技术。

（4）停车场监控

停车场与外界相连通的出入口、主要车辆通道与人行通道、人员进出口等重点部位，应按照要求安装摄像机、激光雷达等感知设备，在各种光线情况下都应能稳定检测到机动车和非机动车、车牌、行人和其他动静态物体，并对异常事件进行识别，以实现停车场的视频安防监控、车辆管理和紧急报警。

2. 室内停车场高精度定位技术

在缺少全球导航卫星系统（GNSS）定位信息的室内停车场，高精度的室内定位可以利用 GNSS 系统，提供室内外无缝定位导航服务。可以说，高精度室内定位是智慧停车场解决"停车难""找车难"问题的关键技术。为了实现驾驶员车位引导和 AVP 自动驾驶，室内停车场定位的精度参考要求如表 7-1 所示。

室内停车场定位精度参考要求　　　　　　　　　　表 7-1

场景	定位精度参考要求（相对精度）		
	场道内车辆行驶（行车速度≤15km/h）	停车入位（自动驾驶）	车辆启动时初始定位
驾驶员车位引导	横向定位误差≤1m 纵向定位误差≤1m	无	横向定位误差≤1m 纵向定位误差≤1m
AVP 自动驾驶	横向定位误差≤20cm 纵向定位误差≤30cm 偏航角误差≤5°	横向定位误差≤10cm 纵向定位误差≤20cm 偏航角误差≤3°	横向定位误差≤20cm 纵向定位误差≤20cm 高度误差≤50cm 偏航角误差≤5°

目前，主流的室内定位技术包括视觉定位、红外线定位、超声波定位、Wi-Fi 定位、RFID（射频识别）定位、蓝牙定位、UWB（超宽带无线通信）定位等。其中，Wi-Fi、RFID、红外线、蓝牙等定位技术精度无法满足车位引导和 AVP 自动驾驶需求；超声波和 UWB 技术具备亚米级的定位精度，但由于系统成本相对较高，不适合在停车场场景规模应用，而且由于信息内容有限，无法支持 AR 反向寻车（需车位号和车牌关联信息等）和车找位导航。视觉定位可以通过在停车场内连续部署的摄像头，对停车场内道路上目标车辆、前方行人、车辆及障碍物进行感知与高精度定位，而无需车端搭载定位终端。视觉定位技术的优点还在于设备能够提供停车所需安防、停车场监控、车位检测、车牌识别等功能。

此外，场侧将高精度定位信息发送给车辆，还需要考虑通信延时对定位实时性的影响，例如通信网络延时应低于 200ms，以及进行必要的延时补偿。

7.2.4　智慧停车服务

智慧停车场的新设备和新技术应用，可为车主提供多种智慧停车服务。

1. 车找位引导服务

车找位引导服务在智慧停车中扮演着至关重要的角色。它能够帮助驾驶员快速找到空闲的停车位，避免误入禁行区域，从而提高交通道路的利用率，缓解车辆拥堵的情况。通过采集停车场道路和停车位设备的实时信息，对车辆的路径轨迹进行规划，借助高精度厘米级定位与多相机目标拟合技术，将实时动态感知信息叠加呈现在 App 的传统地图上，引导驾驶员将汽车快速地开到指定的空闲车位。在沿车找位导航路径行驶过程中，能够提供超视距动态路况预警，实时推送行人车辆信息，实现车路信息实时交互等服务，为驾驶员提供数字化全息视角，确保驾驶员的安全。车找位引导服务适用于车流量大、车位紧张的停车场，它能够帮助车主快速、高效地停车，大大提升停车效率。

2. AVP 服务

在停车场入口处，车主只需通过智能终端的"一键泊车"触发 AVP 功能，便可以安心离开。车辆会自动行驶并安全停到车位上，得到停车场场侧设施辅助。取车时，车主在取车区通过智能终端"一键召车"，车辆会自动启动并在场侧辅助下行驶到车主面前。场侧借助实时动态感知与高精度厘米级定位，将本车实时位置信息、前方障碍物实时位置信息、道路异常事件信息通过无线通信网络发送给车辆，用于辅助自动驾驶车辆安全行驶。或者，场侧将加减速、安全制动、转向等行驶指令发送给车辆，控制车辆自动行驶。这样，在停车场场侧的辅助下，AVP 得以应用在更加复杂的场景（如人车混行、非固定车位、跨层定位等），同时降低单车成本，提升停车场交通效率及保障通行安全。

3. AR 反向寻车服务

车主在返回停车场时往往由于停车场空间大，环境及标志物类似、方向不易辨别等原因，容易在停车场内迷失方向，寻找不到自己的车辆。在视觉感知技术获取的车位车牌信息的辅助下，车主可通过 App 对周围进行 AR 扫描，App 可根据车位车牌信息和 VSLAM（视觉即时定位与地图构建技术）特征信息推算车主位置，再根据目标车辆位置给出路径规划，进行室内沉浸式 AR 导航。用户可借助智能终端在停车场就能体验到实景导航功能。

7.3 出入口管理系统

出入口管理系统是通过采用电动挡车器＋车牌识别模块设备的组合，并对设备进行协同联动，来对车辆的进出进行管理。

7.3.1 出入口系统的分类

出入口系统分为有人值守出入口模式和无人值守出入口模式。

1. 有人值守出入口模式

有人值守模式出入口管理系统由出入口、岗亭和管理中心三部分组成（图 7-8），实现对进出场车辆的 24 小时全天候监控覆盖，记录所有通行车辆，自动抓拍、记录、传输和处理，同时系统还有车牌、车主信息管理等功能。

2. 无人值守出入口模式

无人值守模式和有人值守模式相比较，一是将岗亭管理终端设备放到了管理中心，二是必须要配备无人值守设备来实现收费管理。

无人值守模式的出入口管理系统由出入口和管理中心两部分组成（图 7-9），实现对进出场车辆的 24 小时全天候监控覆盖，记录所有通行车辆，自动抓拍、记录、传输和处理，同时系统还有车牌、车主信息管理等功能，另外遇到车辆无法正常进出场的问题，还能以远程协助的方式，帮助车主顺利进出场。

第 7 章 智慧停车系统

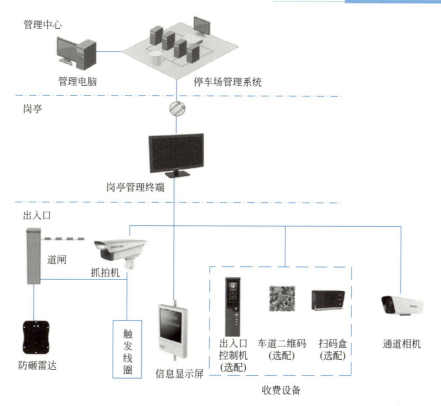

图 7-8　有人值守模式出入口系统结构

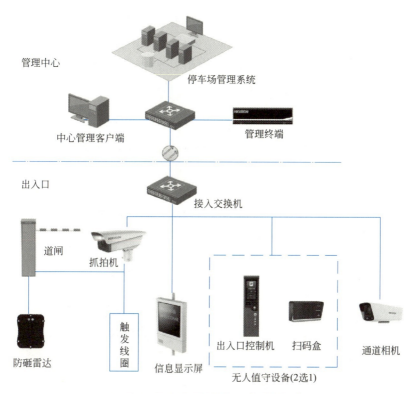

图 7-9　无人值守模式出入口系统结构

221

7.3.2 出入口系统组成

1. 出入口部分

出入口部分负责完成前端数据的采集、分析、处理、存储与上传，负责车辆进出控制、收费，主要由道闸、防砸雷达、出入口补光抓拍单元、车辆检测器、出入口 LED 显示屏等构成。

（1）道闸

道闸又称挡车器，是专门用于限制机动车行驶的通道出入口管理设备。道闸的结构主要分为机箱、挡车闸杆、传动部分和电子控制部分，根据闸杆不同一般分为栅栏道闸、直杆道闸、曲臂杆道闸（图7-10）。

(a) 栅栏道闸　　　(b) 直杆道闸　　　(c) 曲臂杆道闸

图 7-10　道闸

道闸一般应具备以下功能：①可通过手动按钮或者软件控制"开闸""常开"及"关闸"操作；②停电自动解锁，停电后可用摇把手动抬杆；③具有便于维护与调试的"常开模式"；④配备车辆检测器，具有"车过自动落闸""防砸车"功能；⑤具备丰富的底层控制及状态返回指令，可对电动挡车器进行最完备控制。

（2）防砸雷达

防砸雷达采用国际先进的微波高精度定位技术和高速数字信号处理技术，具有高精度、免调试、高稳定性等特点，用于控制自动闸杆升降，避免"砸车""砸人"现象发生。

（3）出入口补光抓拍单元

出入口补光抓拍单元是由防护罩、抓拍机及补光灯组成，包含 LED 高亮补光灯，采用高清晰逐行扫描 CMOS，具有清晰度高、照度低、帧率高、色彩还原度好等特点，对进出场车辆的车牌、图片进行抓拍和识别（图7-11）。

图 7-11　车牌抓拍单元

(4) 车辆检测器

车辆检测器通过检测地感线圈的电流变化来检测来往通行车辆，车辆驶近时，触发出入口抓拍机抓拍车辆。也可以采用出入口抓拍机自带的视频检测功能触发抓拍功能，或者采用触发雷达实现触发抓拍。

当有车轮压在地感线圈上时，车身的铁物质使地感线圈磁场发生变化，地感模块就会输出一个TTL（晶体管-晶体管逻辑集成电路）信号。进出口应各装两个地感线圈（图7-12），一般来讲，第一个地感线圈的作用为车辆检测，第二个地感线圈则具有防砸车功能，确保车辆在完全离开自动门闸前门闸不会关闭。

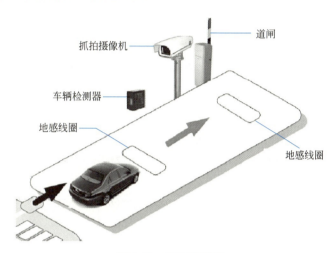

图7-12　车辆检测器

(5) 出入口LED显示屏

出入口LED显示屏是出入口信息显示屏的简称，用于实时显示"余位数""欢迎信息""收费金额"等信息，并具备语音播报功能。

(6) 出入口控制机

出入口控制机（图7-13）主要安装于停车场出入口处，对车辆进出进行控制和管理，保证场所运营的安全、便捷和高效。在停车场中，出入口控制机能够记录车辆的进出，进行车位管理和收费计费等工作，提高停车场的经营管理水平。

图7-13　出入口控制机

车辆正常出入通过抓拍机结合车牌识别系统放行即可，但如果遇到无牌车或者车牌污损无法识别等情况，需要增加出入口控制机设备来处理，出入口控制机具有显示二维码、扫码缴费和语音对讲的功能，分为入口控制机和出口控制机两种。

车主可以用移动设备扫入口控制机显示屏上的二维码，用微信/支付宝账号来代替车牌作为本次停车的唯一识别码，通过该识别码可以实现自主出入场和自助缴费，此种管理模式，无需岗亭工作人员给无牌车发卡。出口控制机用于处理无牌车与污损车牌车辆的自助出场与自助缴费，也可以用于处理正常车辆的出场缴费、超时补费等，缴费过程由车主自主完成，无需岗亭工作人员参与。

在有人值守模式下，采用出入口控制机箱进行收费，主要是为了减轻岗亭工作人员的工作。在无人值守模式下，车主在进出场时遇到问题，可以按对讲按钮与管理中心的值班人员进行对讲，语音沟通，方便解决问题。

（7）扫码盒及纸质二维码

扫码盒是扫码显示一体机的简称，具有扫码缴费和语音对讲的功能，安装在停车场出口，用于扫描车主的付款码进行收费。实现有牌车辆出场缴费、超时补费；无牌车辆出场，岗亭工作人员匹配无牌车进场的图片后，才能进行准确收费。

对于不方便手机扫码的车主，也可以通过本地平台打印纸质二维码（含车道信息）并进行扫码，在功能上与出入口控制机显示的动态车道二维码相同，可以用于无牌车进出场管理、收费，也可以用于有牌车的出场缴费、超时补费等。

（8）通道相机

通道相机具备出入口通道状态检测的功能，安装在停车场出入口，实现车辆进出数量统计、车道人员逗留检测、机动车拥堵检测、非机动车占道检测以及出入口车道的日常监控。

2. 岗亭部分（有人值守模式下配备）

（1）岗亭管理终端

岗亭管理终端是指安装了岗亭缴费客户端（EMU）的操作电脑，主要是给岗亭工作人员使用，负责对出入口设备进行管理，并将车辆信息采集、处理、上传后端平台，可实现岗亭收费、通过车辆抓拍图片显示、抓拍图片关联、软件开关闸、高峰期锁闸、设备连接状态显示、报警联动等功能。

（2）网络设备

网络设备负责完成出入口设备和中心平台的数据、图片、视频的传输与交换，主要由交换机、光纤收发器等组成。

3. 管理中心部分

管理中心主要包括中心平台、管理终端、中心管理客户端三部分。

（1）中心平台

中心平台完成过车数据的接入、比对、记录、分析与共享，可以对不同类型的停车场、不同车辆群组设置不同的收费、放行规则，支持多样化的收缴费模式，根据车牌来判断车辆类型，实现对车辆的收费和放行管理。

（2）管理终端

管理终端负责对出入口设备进行管理，并将车辆信息采集、处理、传输给中心平台。

管理终端是指安装了岗亭缴费客户端（EMU）的操作电脑，有人值守时，是安装在岗亭供岗亭工作人员使用，无人值守时，可以把该终端放到管理中心。

（3）中心管理客户端

中心管理客户端可以发起与出入口车道的语音对讲，可以接听车主发起的语音对讲，当出入口发生异常，造成车主无法正常进出场时，值班人员可以通过中心管理客户端进行修改车牌、异常放行、远程开闸、匹配入场图片等操作，确保车辆正常进出场。

无人值守模式下，出入口不再安排工作人员站岗管理，停车场出入口的管理都放在值班中心，中心管理客户端一般是安装在电脑上，供值班人员使用。

7.3.3 出入口系统布局方案

根据停车场出入口的场地和客户管理需求，可以选择合适的部署方案。在无人值守时，无需安装岗亭，但是相关设备仍需部署。

1. 有安全岛模式

对于比较宽敞的出入口，可采用有安全岛模式（图7-14），中间建设安全岛，值班岗亭、道闸、抓拍机、缴费设备等部署在安全岛上。

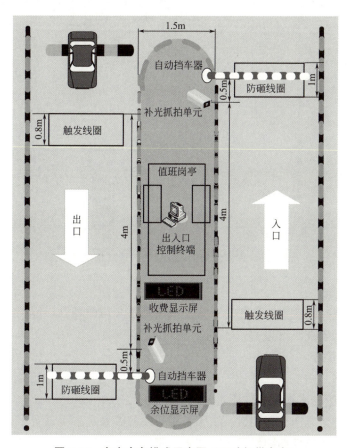

图7-14　有安全岛模式示意图（尺寸仅供参考）

2. 无安全岛模式

无安全道模式（图 7-15）适用于出入口比较狭窄的场景，中间没有足够空间建安全岛，值班岗亭、抓拍机、道闸、缴费设备等部署在车道边上。建议两车道间使用路锥隔开，并向前延伸，便于规范车辆驶入时摆正车头，确保能够一次抓拍识别成功。

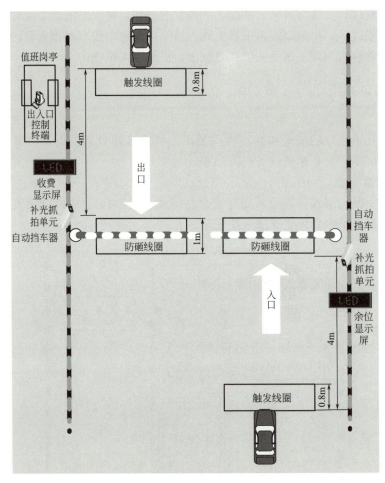

图 7-15 无安全岛模式示意图（尺寸仅供参考）

3. 出入混行模式

出入混行模式（图 7-16）适用于出入口共用一条车道的场景，值班岗亭、抓拍机、道闸、缴费设备等部署在车道边上。

4. 潮汐车道模式

潮汐车道模式（图 7-17）适用于特定场合和特定时间（上班早晚高峰/大型活动开始、结束），需要对车辆进出通道进行灵活控制的场景。

通过在出入两个方向部署相机、线圈、缴费设备等方式来实现对出入车辆的抓拍，通过平台配置出入两个方向的相机启用时间来控制潮汐车道的启用和关闭。

注意：无人值守时，此处无需安装岗亭，但是相关设备仍需安装。

第 7 章 智慧停车系统

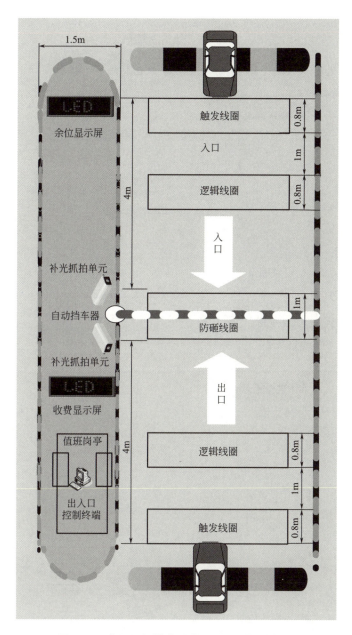

图 7-16 出入混行模式示意图（尺寸仅供参考）

5. 双相机抓拍模式

双相机抓拍模式（图 7-18）适用于出入口离马路较近，成像距离较近并且有多个方向的车辆进出的场景，此场景中，车辆车头难以摆正，使用双相机抓拍模式能够提高抓拍准确率。

系统采用双相机分别对 2 个方向的来车进行抓拍识别，过滤后，选择识别效果最好的进行输出，从而提高系统识别准确率。

注意：无人值守时，此处无需安装岗亭，但是相关设备仍需安装。

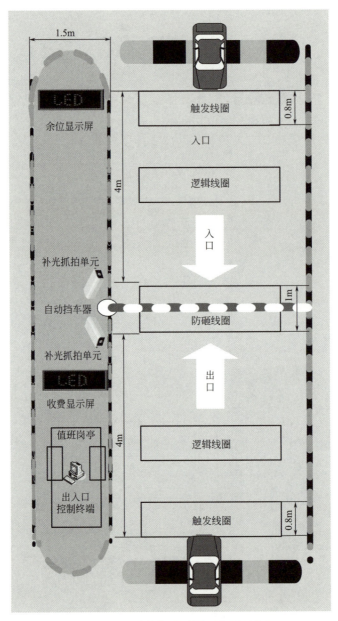

图 7-17 潮汐车道模式示意图（尺寸仅供参考）

7.3.4 出入口车辆管理流程

1. 车辆入场管理流程

车辆进场时，通过视频检测、触发雷达或线圈，触发抓拍机，拍摄车牌图像，通过车牌识别系统从图像中获取车牌号码，并把这个号码输入数据库进行比对。

如果是临时用户车辆，将获取的车辆信息和进入时间存入系统数据库并抬杆放行。

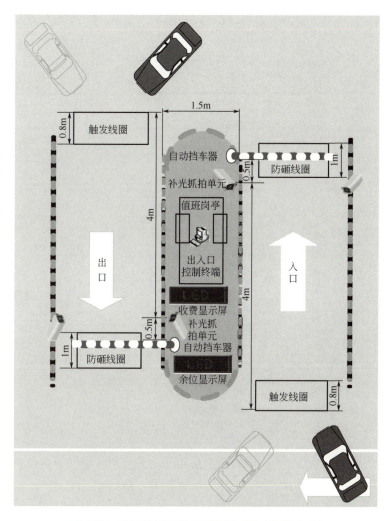

图 7-18 双相机抓拍模式示意图（尺寸仅供参考）

如果是固定用户车辆，核实信息无误，在系统数据库中存入进入时间后抬杆放行，要是信息核实失败或者固定停车已过期，将转入人工操作续费或转为临时用户车辆管理方式。

另外，若场内已无余位，在出入口的信息显示屏上显示"车位已满"信息，引导车辆离开。

车辆进场时，车辆信息、停车信息、欢迎信息等均会进行语音播报和在信息显示屏上显示。

车辆进场流程见图 7-19。

注意：此种管理方式，是无牌车进场不自动放行，需要使用微信/支付宝扫码，将微信/支付宝的 ID 当成车牌，从而实现进场时间记录。

2. 车辆出场管理流程

临时车辆和固定车辆出场有不同的处理流程。固定车辆通过系统自动核对车辆信息和出入场时间信息即可自动放行。临时车辆除了核对车辆和出入时间信息外，还需要确定是

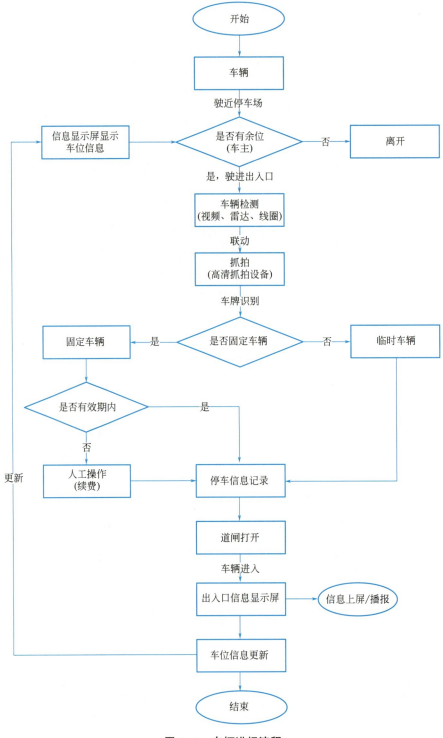

图 7-19 车辆进场流程

否已经缴纳停车费，如未缴费还需要发起计费、缴费流程，付费后才能放行，车辆出场流程见图 7-20。

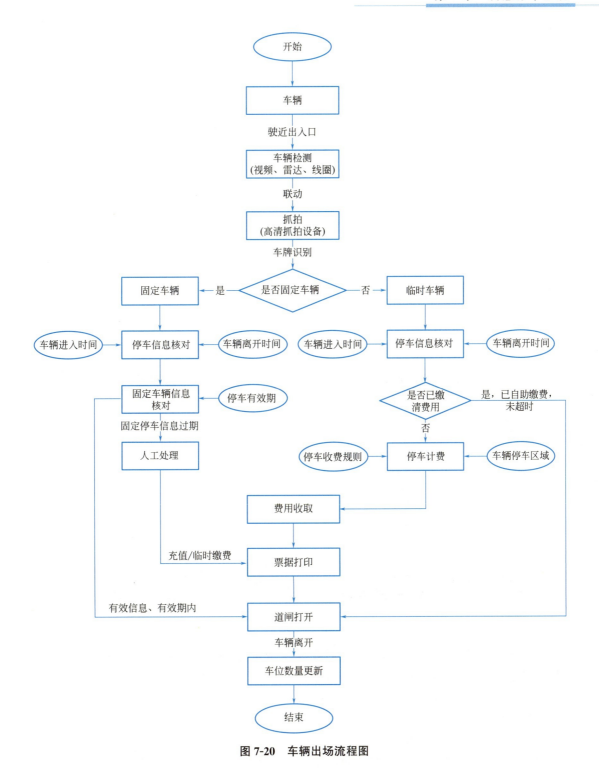

图 7-20　车辆出场流程图

3. 车位管理流程

车位管理流程包括车位分配和释放，以及将车辆出入信息实时传入系统数据库以更新车位信息。该流程分为两个阶段：车辆进入时，进行车位分配和车位信息更新（图 7-21）；

车辆离开时，进行车位信息更新（图 7-22）。通过这种管理方式，可以实时掌握车位使用情况，提高车位利用率。

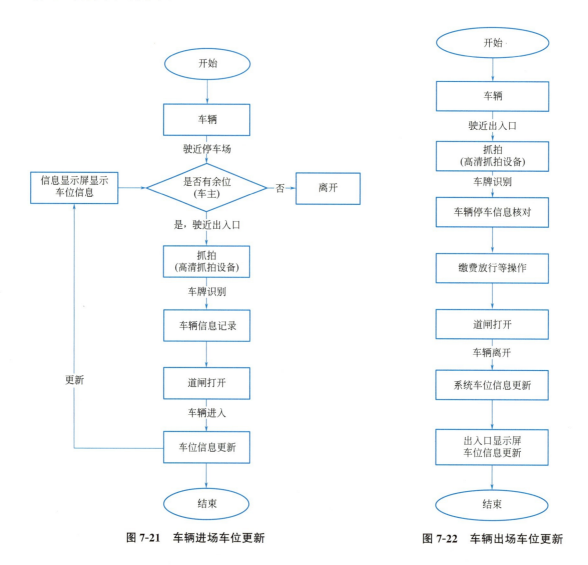

图 7-21　车辆进场车位更新　　　　图 7-22　车辆出场车位更新

4. 无牌车辆管理流程

基于智慧停车系统，无牌车辆管理可实现去介质化管理，车主只需将微信/支付宝账号与车辆进行关联，然后在车道上扫描二维码，即可通过微信/支付宝的扫一扫功能将账号信息作为无牌车辆的电子标签实现自主入场，出场时也可以通过扫码结算停车费用后离场。具体流程见图 7-23 和图 7-24。

5. 无人值守异常处理流程

在停车场出入口处，由于车牌识别异常、停车费无法缴纳等各类问题，车辆无法正常通过出入口，可采取远程人工协助的功能实现出入口管理，如管理人员主动发现，可以主动协助完成异常处理流程，也可以由车主通过无人值守设备的对讲按钮呼叫管理中心寻求解决。

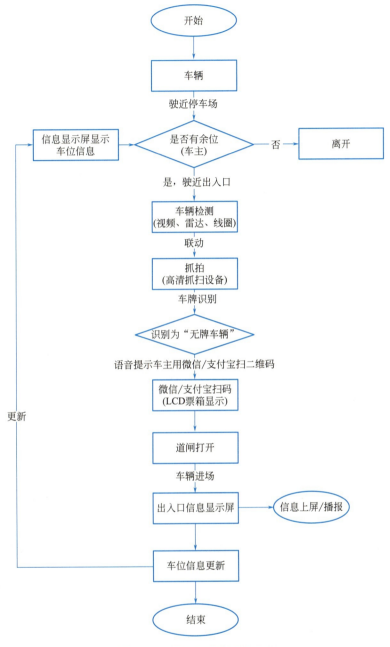

图 7-23 无牌车辆进场流程图

(1) 入口异常处理流程

入口异常处理分为主动协助和被动协助,被动协助(图 7-25)是车主通过入口处设置的通信对讲按钮来联系管理中心的人员处理入场事宜,而主动协助(图 7-26)是管理人员主动发现车辆停留在入口处无法入场时通过对讲系统协助车主处理入场事宜。

(2) 出口异常处理流程

出口异常处理也分为主动协助和被动协助,具体流程见图 7-27 和图 7-28。

智慧建筑运维

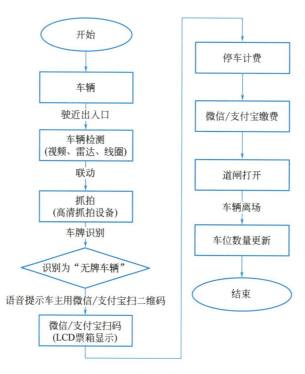

图 7-24　无牌车辆出场流程图

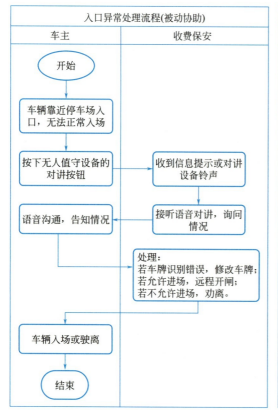

图 7-25　入口异常处理流程（被动协助）

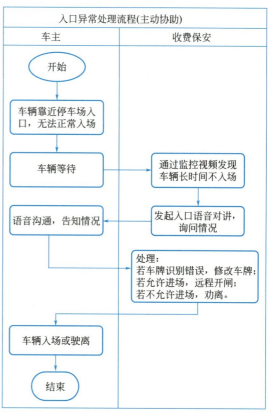

图 7-26　入口异常处理流程（主动协助）

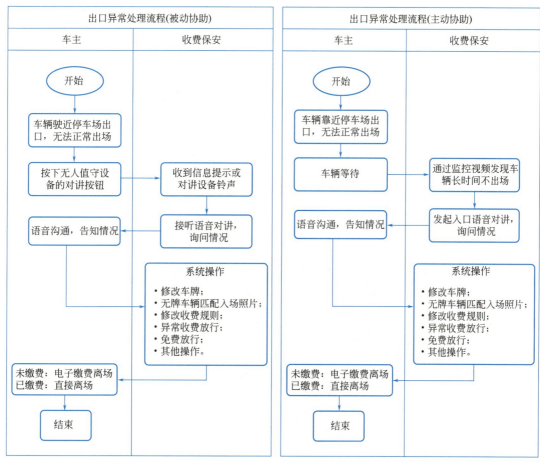

图 7-27 出口异常处理流程（被动协助）　　图 7-28 出口异常处理流程（主动协助）

7.4 诱导寻车系统

当驾驶员驾驶至停车场时，无效巡回消耗了大量时间，根据相关数据研究，这种无谓的车位搜索行为占据了交通流量的 12%～15%。驾驶者在寻找适当停车位的过程中，不仅耗费宝贵的时间，还干扰了其他车辆进出停车场。此外，这一过程中所排放的大量汽车尾气也对大气环境造成污染，进一步加剧了环境的负担。

因此，采取及时记录停车场车位使用情况并将空闲车位位置等信息即时反馈给驾驶员变得至关重要，停车诱导系统由此而来。

停车诱导系统（Parking Guidance Information System，PGIS）是指通过智能探测技术，将分散在各处的停车场空闲车位数据实时上传到管理平台，并进行实时发布，引导司机实现便捷停车，解决停车难问题的智能系统（图 7-29）。

停车诱导系统分为室内诱导与室外诱导两种不同应用场景，通过安装在停车场内的数据采集模块对停车场的车位状态信息进行采集，并按照一定规则通过数据传输网络将信息送至控制管理模块，由控制管理模块对信息进行分析处理后存放到数据库服务器中，同时发送到信息发布模块，提供诱导停车服务。

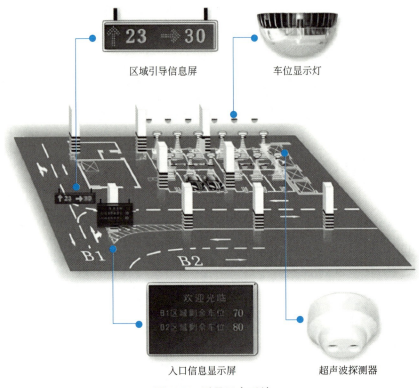

图 7-29　诱导寻车系统

7.4.1　系统结构

车位诱导与反向寻车系统是将电子计算机、机电设备、主动控制设备、机器视觉技术和智能算法有机结合，可实现车位引导与反向寻车等功能，提高停车场的信息化、智能化管理水平，给车主提供一种更加安全、舒适、方便、快捷和开放的环境，实现停车场运行高效化、节能化、环保化，降低管理人员成本、节省停车时间。

智慧建筑主要是以室内停车管理为主，下面就以室内停车场寻车诱导系统为例介绍系统的架构及主要设备，室外停车场诱导系统原理与其基本一致。

如图 7-30 所示，室内停车诱导系统主要由管理中心（客户端、停车场管理系统），网络线路及通信设备（交换机、网线等），诱导系统模块（诱导管理器、车位相机、超声波管理器、入口信息引导屏、室内引导屏等），寻车系统模块（查询机、手机）组成。

1. 管理中心及通信网络

管理中心是整个诱导系统的核心，它由中心服务器、停车场管理系统、客户端等设备组成，通过无线或有线网络与楼层交换机、控制器、传感器等设备相连。中心服务器主要负责数据存储和数据处理，停车场管理软件系统则负责车位分配、计费和报表等任务，工

第 7 章 智慧停车系统

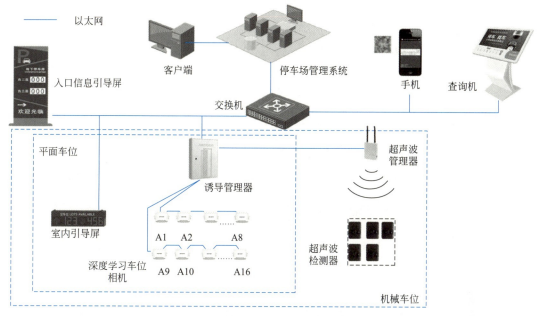

图 7-30 停车诱导系统架构（室内）

作站或客户端为管理员提供实时监控和操作。

2. 诱导系统模块

诱导系统模块主要由车位检测设备和余位发布设备组成。

车位检测设备主要包括车位相机和超声波检测器，室内车位检测推荐使用车位相机，通过视频检测车位状态和停放在车位上的车辆车牌，并将检测结果上报给平台。如果是机械停车位，则通过超声波设备来检测车位状态。

余位发布设备主要是指引导屏，包括入口信息引导屏和室内引导屏以及车位相机自带的车位显示灯等，平台对车位检测设备上报的剩余车位进行统计，并将结果发布到入口信息引导屏和室内引导屏上，引导车辆停车。

3. 寻车系统模块

反向寻车系统一般支持通过手机或者查询机实现快速寻车。

查询机：查询机一般是固定安放在通往停车场的电梯间、楼梯间、入口等处，车主输入车牌或者车位号，就能显示最优寻车路径。

手机：车主使用手机微信/支付宝扫码或者打开微信公众号的方式，输入车牌或者车位号，就能查询和显示最优寻车路径，当停车场部署了蓝牙设备，还能实现蓝牙定位导航寻车。

7.4.2 诱导系统布局方案

1. 室内平面车库

车位相机按照像素分为 70 万、130 万和 300 万三种类型。70 万像素车位相机管控单车位，130 万像素车位相机管控单车位或者两车位，300 万像素车位相机管控三车位或者在双排六车位（图 7-31）。

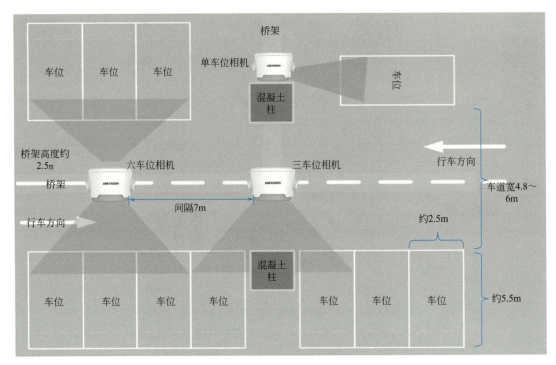

图 7-31 车位相机布局示意图

使用车位相机的模块定位，在微信公众号上实现蓝牙定位寻车，推荐使用三车位相机，单排部署的方式，对于三车位相机不能覆盖的车位，采用单车位相机来覆盖（表 7-2）。

车位相机安装位置参考表　　　　　　　　　　　　　　　　　　　　　　　　　表 7-2

车位相机类型（焦距）	安装距离（车位相机距离车位线）	安装高度（浮动）
130 万（2.8mm）	2.5～4.0m（单/双车位）	2.5m（2.3～2.8m）
130 万（4mm）	4～6.5m（单/双车位）	2.5m（2.3～2.8m）
300 万（2.8mm）	2.5～3.5m（三/六车位）	2.5m（2.3～2.8m）
300 万（4mm）	3.5～7m（三/六车位）	2.5m（2.3～2.8m）

2. 室内机械车库

车位相机及超声波检测器布局如图 7-32 所示，用车位相机管控最下面一排的车位，抓拍停入车辆的车牌；将超声波检测器部署在每个车位的托盘上，来检查每个机械车位的状态，然后通过诱导管理器将车辆车牌和车位进行关联，并上报平台记录。

3. 室内 LED 诱导屏部署

室内 LED 诱导屏分为单向屏、双向屏和三向屏，一般安装在室内停车场内的行车路口位置，显示各个区域的剩余车位，引导用户停车。原则上，室内 LED 诱导屏布置如图 7-33 所示，即十字路口用四块三向屏，丁字路口用三块双向屏，拐弯路口用两块单向屏。

第 7 章 智慧停车系统

图 7-32 车位相机及超声波检测器布局图

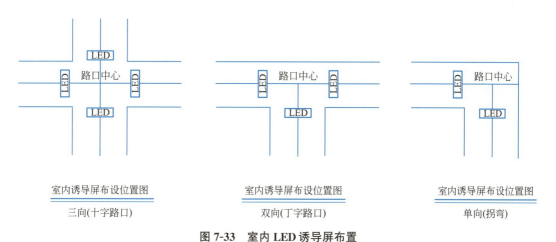

图 7-33 室内 LED 诱导屏布置

7.4.3 诱导系统的功能

1. 车位检测及指示

（1）平面车位检测功能

通过部署车位相机，采用视频取流来检测车位状态（是否为空）和车位上停放车辆的车牌，并将检测结果上报平台进行信息记录和诱导应用。

（2）机械车位检测功能

通过超声波探测设备和车位相机结合，超声波设备探测车位状态（是否为空），车位相机识别车辆车牌，将车牌和机械车位托板号关联，将检测结果上报平台进行信息记录和诱导应用。

（3）车位指示功能

车位相机的指示灯可显示红、绿、黄、蓝、品红、青、白七种颜色，用于实时指示车位状态，比如使用红灯表示有车，绿灯表示无车，蓝灯表示固定车位等。

（4）空位引导功能

平台将停车场的空余车位信息，通过入口信息引导屏、室内 LED 引导屏以及车位相机指示灯进行发布，引导车辆进入停车场停车，并按照空位指示寻找到空车位进行停放。

2. 寻车功能

（1）自助设备寻车功能

车主可以使用自助查询机，输入车牌、车位号或者停车时间段等查询条件，查询车辆所在的位置，并规划最优寻车路线，寻车界面上还能显示实景图片，避免车主走错方向。

（2）手机寻车功能

车主可以使用手机微信/支付宝扫描粘贴在停车场中的二维码，或者打开微信公众号中的寻车界面，然后输入车牌或车位号等查询条件查询车辆所在的位置，输入车主附近的车位号定位车主位置，系统自动规划最优寻车路线。

（3）手机蓝牙导航寻车功能

车主在已安装了蓝牙设备的停车场，可以使用蓝牙导航寻车功能。车主使用手机微信扫描粘贴在停车场中的二维码，或者打开微信公众号中的寻车界面，然后输入车牌或车位号等查询条件，查询车辆所在的位置，系统自动规划最优寻车路线。寻车过程支持实时定位，实时显示车主在停车场的位置；车主走偏时，自动重新规划最优寻车路线，引导车主快速找到车辆。

（4）跨楼层寻车功能

当停车场有多层时，比如车主位于负一层，车辆位于负二层，系统会先指引车主前往附近的电梯或者楼梯前往负二层，然后再指引车主前往车辆位置。

3. 统一管理及安全服务

（1）统一平台管理

管理平台是一套"集成化""数字化""智能化"的平台，需采用开放式架构、统一化管理，采用先进的软硬件开发技术，满足系统集中管理、信息共享、整体联动、互联互通、多业务融合等需求。平台对外需提供统一接口，支持 Open API 等接口方式，能够满足第三方平台的对接需要。

平台能够集成视频、报警、门禁、访客、巡查、考勤、停车场、可视对讲等多个子系统，在一个平台下即可实现多子系统的统一管理与互联互动，真正做到"一体化"的管理，便于统一化管理和后期拓展，提高用户的易用性和管理效率，具有友好的用户体验。

（2）固定车位保护功能

对于业主或长租客户的固定车位，可以通过预设车位关联一个或者多个车牌号码，非该固定车位关联的车辆将无法停车，一旦有其他车牌号码进入该区域，将在中心端触发告警，保安会及时前来处理。

（3）监控录像功能

系统配备了视频监控录像功能，每个车位都部署了车位相机，实现了全方位的视频监控。此外，系统还需配备了诱导管理器，并内置存储硬盘，可以实时存储车位相机的录像。同时，也可以配置中心存储，将视频实时存储在中心端。一旦发生车辆盗窃或刮擦等事故，管理人员可以通过快速调取事故发生时间点的录像来进行取证，以减少车主与停车场管理部门之间的纠纷，并提高停车场的安全性。

7.4.4 诱导系统工作流程

1. 车主停车流程

车辆进入停车场后，可根据停车诱导系统，快速找到空余的车位进行泊车，一般的停车流程如图 7-34 所示。

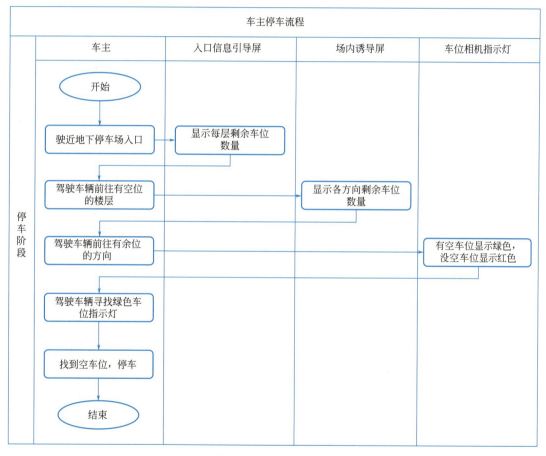

图 7-34 车主停车流程

2. 手机寻车流程

通过手机扫描二维码，可以实现快速寻车功能，根据系统是否配备蓝牙定位系统，寻车流程略有不同，具体可参考图 7-35 和图 7-36。

3. 自助设备寻车流程

除了手机寻车外，智慧停车场一般会配备自助寻车的设备，这个设备会和停车缴费系统共用一套软硬件系统，具体的寻车流程如图 7-37 所示。

智慧建筑运维

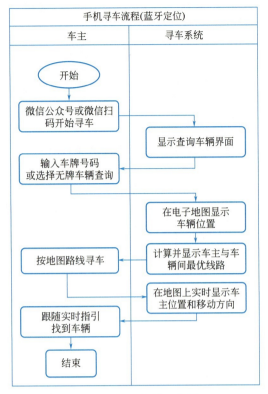

图 7-35　手机寻车流程（蓝牙定位）　　　图 7-36　手机寻车流程（无蓝牙定位）

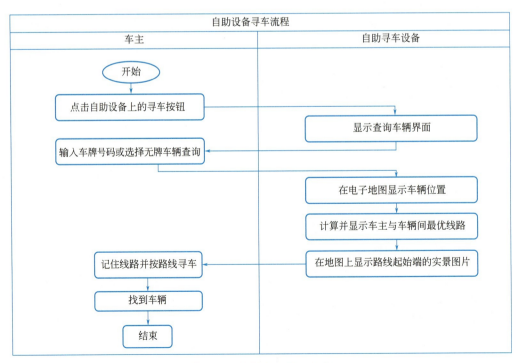

图 7-37　自助设备寻车流程

7.5 智慧停车系统运维管理

7.5.1 智慧停车运维的目标和方法

1. 智慧停车运维管理的目标

智慧停车系统运维管理的目标主要包括以下几点：

（1）提高停车场利用率

通过智能化管理系统，实现停车场信息化、网络化、智能化管理，减少停车场内的空置率，同时通过预约停车、电子缴费等手段，避免停车场拥堵，提高停车场的利用效率。

（2）提升安全性能

智慧停车应采用先进的技术手段，实现对停车场的视频监控、车辆识别等管理，保障车主和车辆的安全。

（3）提高服务质量

智慧停车是通过预约停车、电子缴费、智能导航等手段提供便捷的停车服务，为车主提供优质的停车体验。

2. 提升智慧停车运维管理的方法

为了实现这些目标，基于停车场地和设施的实际情况，通过技术手段、管理手段、客户服务3个方面优化整合相关资源，提升停车场的智慧运维水平。

（1）技术手段

① 优化智慧停车软硬件条件

通过安装地磁传感器、监控摄像头、智能道闸等设备，实现对停车场内车辆的自动感知、车位预约、车库导航等功能；建立智能停车诱导系统，为车主提供实时的停车信息，帮助他们更方便地找到空闲车位；建立信息化平台，适配手机App、微信小程序等功能，提供线上预约、支付、导航等功能，方便车主进行停车操作；引入智能化收费系统，通过电子支付等方式，减少现金交易，提高支付效率。

② 引入新技术方法

通过引入云计算技术，实现停车场信息的实时更新和共享，以及数据的存储和分析，提高管理效率；通过引入数据分析技术，对停车场使用数据进行分析，为管理层提供决策支持，优化资源配置；通过视频监控和车辆识别技术，预防车辆被盗或损坏等情况发生，加强安全管理。

（2）管理手段

对员工进行专业培训，提高他们的技术和管理能力，确保智慧停车系统有效运行。对停车场设备进行定期维护和更新，确保设备正常运行。针对可能出现的突发事件，制定应急预案并定期进行演练，确保停车场安全运行。与政府相关部门合作，共同规划和共享停车场，提高资源利用效率。

(3) 客户服务

引入评价系统，建立完善的用户反馈机制，通过线上反馈渠道，及时收集和处理用户的投诉和建议，持续改进服务质量，提高用户满意度。通过各种渠道与车主保持沟通，及时传递停车场的相关信息，提高他们的满意度。根据用户反馈和实际运行情况，持续对智慧停车系统进行优化和升级，优化系统性能，提高用户体验。

这些方法并不是一成不变的，需要随着时间和环境变化而进行调整和改进。同时，这些方法也不是完全孤立的，需要相互配合才能达到最佳效果。

7.5.2 建立智慧停车运维体系

1. 明确智慧停车运维的需求

智慧停车管理体系需要适用于停车场各个相关利益角色、适配于不同停车场景、能够切实解决停车场管理痛点，最终实现停车位资源利用率的最大化，停车场利润的最大化，车主停车服务的最优化。

（1）不同角色对智慧停车场的运维管理的需求

① 物业管理方

物业作为停车场最直接的管理方，迫切需要"降本、增效、提质"，出入口道闸等硬件设备是否稳定、可靠，停车场收费管理软件是否简单易用、计费准确等是物业关注的核心问题。

② 集团型的资产管理方

如大型房地产类型公司，其拥有的停车场库类资产少则十几个，多则上百个，由于分散在不同地区，外包方众多，难于管理。很多房地产公司正在逐步转型为轻资产模式，尤其是擅长运营空间资产的管理方，越来越倾向于集采硬件设备，建设总部客户服务中心，通过停车场联网上云和视频监控，以"远程值守+现场巡视"相配合的方式，用更少的人管理更多的停车场，减员增效。

③ 城市管理者

交管、规划、城管、公安、街道办、大数据管理局等政府各管理职能部门，在智慧城市建设管理中都需要用新一代信息技术搭建统一的城市停车云平台，实现交通拥堵治理和综合城市治理。城市级智慧停车平台应涵盖路内外停车的地理信息数据、停车设备接入管理、停车引导管理、清分结算管理、巡检管理、客户服务、稽核管理、AI分析等主要功能，另外还应具备面向车主的综合服务模块和运维团队的后台日志等。

（2）不同场景对智慧停车场运维的需求

不同的停车场景对智慧停车运维的需求也各有不相同，如表7-3所示。

不同场景下的智慧停车场运维的需求　　　　表7-3

场景	需求点	解决对策
社区	车位配比不足	建设停车诱导系统，邻里车位共享，快速寻找停车位
医院	日间停车位紧张	建设停车预约系统，协调患者与工作人员的停车资源，预约门诊与预约车位联动

续表

场景	需求点	解决对策
商场	停车场面积大，注重停车体验	建设完整的智慧停车系统，帮助车主快进快出，快速寻找车位、反向寻车，提升客户的停车体验
写字楼	临时访客停车	建设车辆信息管理平台，工作人员包月停车与临停车的管理，紧邻住宅的写字楼提供潮汐共享停车服务
学校周边	接送学时间段集中停车	建设视频监控系统，监控学校周边停车位管理，防止僵尸车免费占用大量停车资源
景区	节假日停车高峰	建设停车诱导系统，实现景区周边和景区内交通流量预测和疏导，空闲车位导航，快速疏导车辆通行和有序停放
路侧公共资源	占路停车，逃费	选择地段合理规划车位，避免场内停放车辆过多导致道路通行不畅，建设便捷的收费管理系统，方便迅速付费离场

建立停车场运维管理体系，需要先了解具体的停车需求和停车难点，匹配相应的智慧停车软硬件系统，再通过优化管理方法，提升停车场的管理效率。

2. 设计合理的应用服务功能

按照服务对象类型划分，智慧停车应用服务可分为公众服务、运营服务、监管服务三类，智慧停车建设管理可根据实际管理服务需求进行应用服务功能的组合。

（1）公众服务

公众服务功能要求如下：

信息查询：应支持向公众提供停车场的名称、位置、可用车位数、停车位、停车收费计价、运营时间、服务类型等信息查询服务功能，实现目的地周边停车场智能推荐功能；

停车诱导：应提供基于诱导屏或移动终端的分级停车诱导服务功能，为车主提供停车场的定位导航服务及场内车位引导服务，也可提供场内定位导航服务；

便捷支付：应提供现金支付、银行卡支付、电子支付、数字人民币等多种方式的便捷支付功能，并提供发票服务功能；

交易查询：应提供历史停车交费交易记录查询服务，支持停车用户查询泊车记录以及停车费记录，可根据车牌及时间段查询交易数据；

停车预约：宜提供停车预约服务功能，车主在进入停车场前，通过移动终端提前预约车位，车辆入场时可自动放行；

车位共享：宜支持发布可共享车位的基本信息、车位状态、收费标准、预定策略等信息，可提供开放共享、错时共享、包月不包位、私家车位共享、新能源车位共享等多种车位共享信息服务；

反向寻车：可提供反向寻车服务功能，支持通过固定智能查询终端、移动终端等方式，实现车辆寻回路线的精准查询，并导航至停放车辆。

（2）运营服务

运营服务功能要求如下：

出入场管理：提供出入场管理功能，包括但不限于停车场、停车位、设备设施管理功能；车牌识别、车辆类型识别功能；计时、计费、收费管理功能；紧急开闸放行、特殊车辆通行等功能；

动态监控：提供动态监控功能，包括但不限于停车场视频监控、在停车辆监控、服务人员监控、停车资源监控、设备设施监控等功能；

人员管理：提供人员管理功能，包括但不限于系统用户管理、现场收费人员管理、客服人员管理、远程值守人员管理等功能；

数据上报：为监管部门提供停车场静态与动态数据的报送功能；

财务管理：提供财务管理功能，包括但不限于财务对账、清分结算、发票管理等功能，实现财务相关票据、资金、账务、结算的管理服务功能；

运维管理：提供运维管理功能，包括但不限于故障报警、日志管理、设备通信状态监测、停车场远程维护等功能；

客服管理：提供停车客服功能，针对无人值守停车场宜提供远程协助服务；

数据分析：提供数据分析功能，包括但不限于经营收益报表分析、资源利用率分析、趋势分析等功能，实现停车数据运行分析，为停车场运营提供决策支持。

（3）监管服务

监管服务功能要求如下：

静态信息管理：提供路外停车场、路内停车场及路内停车位的基础信息管理功能，实现信息的采集、存储、统计和维护，基础信息包含但不限于停车场基本信息、停车收费标准信息、运营单位信息、运营人员信息等；

动态信息管理：提供对停车位、车辆、人员等动态信息管理功能，包含信息的接收、存储、维护等，采集的动态信息包括但不限于停车场实时剩余车位信息、车辆进出场信息、服务人员工作状态信息等；

信息查询和统计分析：提供对停车位、停车设备、停放车辆、运营人员、运营单位等信息查询、统计功能；

实时监管：提供对路外停车场剩余停车位、路内停车位、停车设施状态、在停车辆、服务质量等信息的实时监管功能；

辅助决策：提供需求分析、业务分析、数字化评估等政府部门管理的辅助决策功能，包括但不限于泊位供给分析、价格分析、停车需求分析、停车缺口分析、盲点停车场挖掘、实时共享车场分析、停车指数分析等功能；可提供执法辅助信息服务功能，执法辅助信息包括但不限于违停、车位私占、停车场挪用、乱收费等，辅助监管部门的管理工作。

3. 建立安全管理体系

智慧停车场安全管理体系包括应用安全、网络安全和数据安全三个方面。

（1）应用安全

在信息系统应用安全方面，要考虑：身份鉴别、访问控制、安全审计、剩余信息保护、通信完整性、通信保密性、抗抵赖、软件容错、资源控制等方面。在通信双方建立连接之前，利用密码技术进行会话初始化验证，对通信过程中的敏感信息字段进行加密，实现全网的可控性、可管理性和可监督性，从而提高应用系统安全强度和应用水平。还需要提供数据有效性检验功能，保证通过人机接口输入，或通过通信接口输入的数据格式或长度符合系统设定要求；在故障发生时，应用系统应能够继续提供一部分功能，确保能够采取必要的措施。

（2）网络安全

网络安全需要考虑结构安全、访问控制、安全审计、边界完整性检查、入侵防范、病毒防范、网络设备防护七个控制点。

为了保证网络系统信息的保密性、完整性、可控性、可用性和抗抵赖性，计算机信息化网络系统需要采用多种安全保密技术，如身份鉴别、访问控制、信息加密、电磁泄漏防护、信息完整性校验、抗抵赖、安全审计、安全保密性能检测、入侵监控等。

（3）数据安全

数据安全从数据完整性、数据保密性、数据备份和恢复等方面考虑。

数据完整性：系统在数据的传输、存储、处理过程中，使用合适的数据传输机制保障数据完整性，使用数据质量管理工具对数据完整性进行校验，在监测到完整性错误时进行报警，并采用必要的恢复措施。

数据保密性：系统的身份鉴别信息、敏感的系统管理数据和敏感的业务数据在传输、存储、处理过程中，应进行加密或使用专用的协议或安全通信协议。

数据备份和恢复：系统应实现异地数据备份和灾难恢复，备份频度至少达到每天一次，支持在系统数据出现异常时进行数据恢复；逐步实现核心应用的灾难备份，在系统出现故障或灾难时自动进行业务切换和恢复；系统相关重要网络设备、通信链路和服务器应进行冗余设计，避免单点故障。

7.5.3 智慧停车系统运维的工作任务

智慧停车系统运维的工作任务是一个多方面、复杂而关键的领域，要确保停车设施的高效性和可靠性。这个领域涉及多个方面，以下是智慧停车系统运维工作任务的主要要点：

1. 系统监控与维护

实时监控停车场设备和系统的运行状态，包括闸机、摄像头、传感器等。及时发现并解决硬件和软件故障，确保系统稳定运行。定期维护设备，包括清洁、保养、更换损坏部件等。

确保停车场设备和系统的数据准确传输和处理，及时发现并处理数据异常情况。对设备进行定期巡检，及时发现并解决潜在问题，确保设备正常运行。

2. 数据管理与分析

收集、存储和管理停车场数据，如停车位占用情况、车辆流量等。进行数据分析，以优化停车资源分配和提高运营效率。制定数据备份和恢复策略，确保数据的完整性和安全性。

对数据进行可视化展示，提供实时的停车场运营情况和历史数据报告，以帮助决策者做出更好的决策。

3. 安全与安防

确保停车场的安全性，包括防止盗窃、破坏和非法入侵。部署监控摄像头以记录停车场活动，协助安全事件调查。定期进行安全巡查和维护，确保紧急情况下的快速响应。

4. 用户支持与服务

提供用户支持，解答关于停车费用、位置和使用指南等问题。维护停车场的指示标识和信息牌，确保用户能够轻松找到合适的停车位。开发和维护智能手机应用程序，以方便用户查找停车位和支付停车费用。

5. 费用管理与收入优化

管理停车费用结构，包括计费方式和费率。采用智能系统来跟踪收入和费用，提高盈利能力。定期审查费用政策，根据市场需求进行调整。

6. 环境友好性与可持续性

采取措施减少能源消耗，例如使用 LED 照明和能源高效的设备。推广可持续出行方式，如共享交通工具和自行车停车设施。确保废弃物管理和污水处理符合环保法规。

7. 更新与升级

跟踪技术发展，定期升级停车场系统和设备。寻求改进，以适应不断变化的用户需求和城市规划。采用最新的定位技术和通信技术，以提高停车位的准确性和可用性。同时，应考虑与城市交通管理部门合作，以实现数据共享和优化。

这些任务对于确保智慧停车场的高效运营和用户满意度至关重要。它需要密切的协调和监控，同时采用最新的技术，以实现城市可持续性和出行便捷性的目标。

本章小结

智慧停车作为现代城市管理中的重要组成部分，其发展背景与概念日益受到广泛关注。从智慧停车的发展背景来看，城市交通拥堵、停车难题日益突出，传统停车方式已难以满足需求，这促使了智慧停车的兴起。国内外对智慧停车的关注也在不断增加，推动了该领域的快速发展。

智慧停车系统涵盖了诸多技术和服务，其框架主要包括出入口管理系统、诱导寻车系统等部分。通过对出入口管理系统的出入口系统分类、组成和布局方案进行了详细描述，并对出入口车辆管理流程进行重点分析，可了解出入口系统的关键点。诱导寻车系统是快速停车找车的关键，通过对其系统结构、布局方案、功能和工作流程等内容学习，可快速了解诱导寻车系统的工作原理和应用。

在智慧停车系统的运维管理方面，明确了运维的目标和方法，强调建立完善的智慧停车运维体系。这体现在对智慧停车系统运维工作任务的明确规划，包括但不限于设备维护、性能监控、数据备份与恢复等，旨在保障系统持续稳定运行。

总的来说，智慧停车系统的发展离不开城市交通发展的需求，其技术逐步成熟，应用也日益广泛。通过系统的功能、框架和服务的学习，可以更全面地理解智慧停车系统在解决停车难题、提升城市交通管理效率方面的作用。在系统运维管理方面，明确的目标和方法为智慧停车系统的可持续发展提供了有力支持。

本章实践

实训项目　智慧停车系统管理

实训要求：

1. 掌握智慧停车系统的基本知识；
2. 学会智慧停车系统中对停车场人员、班次、排班等的管理；
3. 学会智慧停车系统中的诱导屏信息管理、发布诱导信息及诱导调度管理。

实训任务及步骤：

（1）停车场人员管理

根据要求，对智慧停车管理平台进行查询、修改、增减信息等操作，本实训以捷顺智慧停车云平台的人员管理（图7-38）为例进行介绍，其他停车平台也可以进行相应的操作实训。

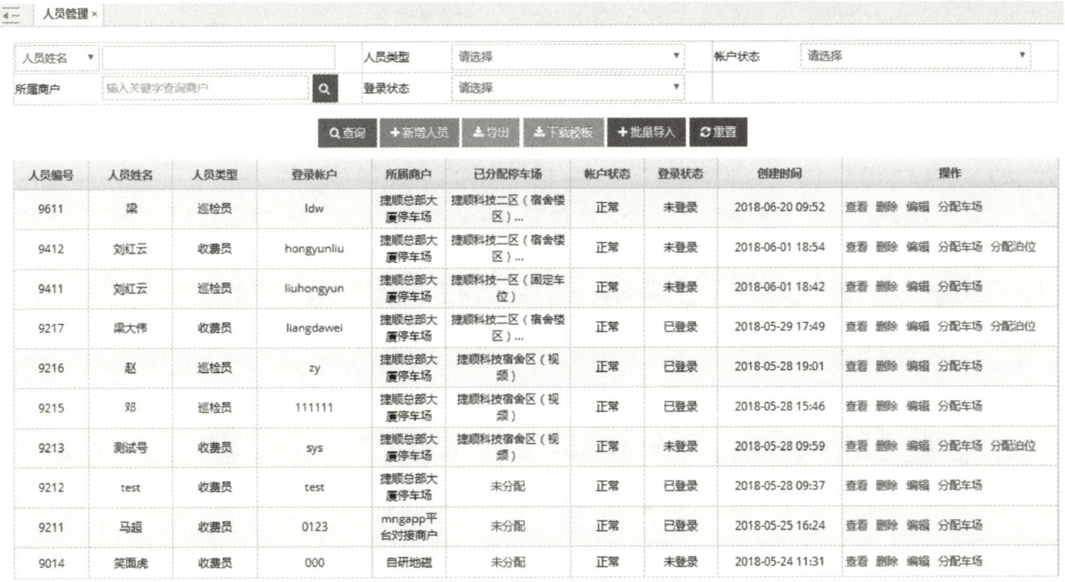

人员编号	人员姓名	人员类型	登录帐户	所属商户	已分配停车场	帐户状态	登录状态	创建时间	操作
9611	梁	巡检员	ldw	捷顺总部大厦停车场	捷顺科技二区（宿舍楼区）...	正常	未登录	2018-06-20 09:52	查看 删除 编辑 分配车场
9412	刘红云	收费员	hongyunliu	捷顺总部大厦停车场	捷顺科技二区（宿舍楼区）...	正常	未登录	2018-06-01 18:54	查看 删除 编辑 分配车场 分配泊位
9411	刘红云	巡检员	liuhongyun	捷顺总部大厦停车场	捷顺科技二区（固定车位）...	正常	未登录	2018-06-01 18:42	查看 删除 编辑 分配车场
9217	梁大伟	收费员	liangdawei	捷顺总部大厦停车场	捷顺科技二区（宿舍楼区）...	正常	已登录	2018-05-29 17:49	查看 删除 编辑 分配车场 分配泊位
9216	赵	巡检员	zy	捷顺总部大厦停车场	捷顺科技宿舍区（视频）...	正常	已登录	2018-05-28 19:01	查看 删除 编辑 分配车场
9215	邓	巡检员	111111	捷顺总部大厦停车场	捷顺科技宿舍区（视频）...	正常	已登录	2018-05-28 15:46	查看 删除 编辑 分配车场
9213	测试号	收费员	sys	捷顺总部大厦停车场	捷顺科技宿舍区（视频）...	正常	未登录	2018-05-28 09:59	查看 删除 编辑 分配车场 分配泊位
9212	test	收费员	test	捷顺总部大厦停车场	未分配	正常	已登录	2018-05-28 09:37	查看 删除 编辑 分配车场
9211	马超	收费员	0123	mngapp平台对接商户	未分配	正常	已登录	2018-05-25 16:24	查看 删除 编辑 分配车场
9014	笑面虎	收费员	000	自研地磁	未分配	正常	未登录	2018-05-24 11:31	查看 删除 编辑 分配车场

图7-38　人员管理

第一步，增添管理人员。

登录智慧停车云平台→车场人员管理→人员管理页面，点击新增，输入新增人员的姓名、登录账户、登录密码等基本信息，然后保存（图7-39）。

第二步，班次管理。

登录智慧停车云平台→车场人员管理→班次管理页面，创建班次，填写班次名称，上下班时间，是否允许迟到和是否允许早退，班次类型等信息（图7-40）。

第三步，排班管理。

登录智慧停车云平台→车场人员管理→排班管理页面，选择要排班的车场和排班时间后可进行查询，列表中展示所选车场中的所有收费员和巡检员的排班情况及班次在每天的使用情况（图7-41）。

图 7-39　增添管理人员

图 7-40　班次管理

点击列表中收费员、巡检员的名称，为该用户进行排班。还可以选择用户在某天的班次，直接为该用户排所选日期的班次（图 7-42）。

(2) 诱导屏设备管理

第一步，诱导屏设备管理。

登录智慧停车云平台→诱导→诱导屏设备管理页面，查询、新增诱导屏设备、诱导屏设备批量导入、导出诱导屏设备模板功能，查询信息包括诱导屏编号、诱导屏名称、诱导屏类型、诱导屏等级、子诱导屏数量、所属车场、创建时间、设备状态、操作等（图 7-43）。

第二步，诱导屏信息管理。

第7章 智慧停车系统

		11月1日 周四	11月2日 周五	11月3日 周六	11月4日 周日	11月5日 周一	11月6日 周二	11月7日 周三	11月8日 周四
收费员	陈华 编号:10411	全天班	全天班	全天班	全天班	全天班	全天班	全天班	全天班
	王增蚊 编号:10212	上午班	上午班	上午班	上午班	上午班	上午班	上午班	上午班
	周乃庆 编号:10011	下午班	下午班	下午班	下午班	下午班	下午班	下午班	下午班
	车焕生 编号:9811	全天班	全天班	全天班	全天班	全天班	全天班	全天班	全天班
	刘红云 编号:9412	全天班	全天班	全天班	全天班	全天班	全天班	全天班	全天班
	梁大伟 编号:9217	休息	休息	休息	休息	休息	休息	选择	选择
巡检员	王增蚊 编号:10412	休息	休息	休息	休息	休息	休息	选择	选择

图 7-41　排班管理

图 7-42　人员排班配置

登录智慧停车云平台→诱导→诱导屏信息管理页面，查询诱导屏编号、诱导屏类型等信息，查看诱导屏发布过的诱导信息内容、生效时间、失效时间、发布时间、信息状态等数据（图 7-44）。

图 7-43　诱导屏设备管理

图 7-44　诱导屏信息管理

第三步，发布诱导信息。

登录智慧停车云平台→诱导→发布诱导信息页面（图 7-45），查询诱导屏编号、诱导屏类型等信息，查询诱导屏名称、关联子诱导屏数量、所在位置（车场）、创建时间等数据；点击操作栏的按钮查看诱导屏的详细信息。

第四步，诱导调度管理。

登录智慧停车云平台→诱导→诱导调度管理页面（图 7-46），点击新增，选择设置诱导方案的诱导屏，点击下一步；设置诱导发布策略、诱导方案有效期、到期后是否显示。

第 7 章 智慧停车系统

图 7-45 发布诱导信息

图 7-46 诱导调度管理

码7-1
第7章
自测题目

第 8 章 智慧会议系统

Chapter 08

知识导图

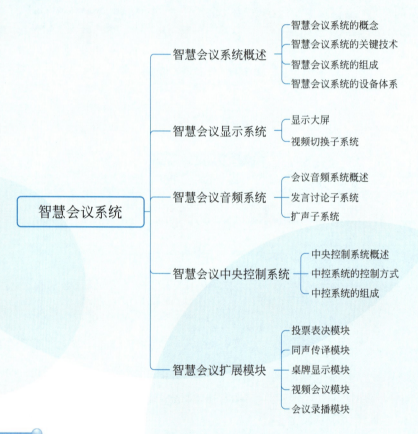

知识目标

1. 掌握智慧会议系统的概念、关键技术、核心架构及主要设备；
2. 了解智慧会议系统的历史和发展趋势；
3. 掌握智慧会议显示及视频切换子系统的内容及构成；
4. 掌握智慧会议发言讨论、扩声子系统的主要内容及构成；
5. 掌握智慧会议中控主机的组成结构；
6. 熟悉智慧会议扩展模块的功能。

技能目标

1. 能够正确识别智慧会议系统的核心设备；
2. 能够制定智慧会议系统的简单管理流程；
3. 能够根据实际需要操作会议系统的相关设备。

8.1 智慧会议系统概述

8.1.1 智慧会议系统的概念

1. 会议系统的历史

会议的发展历史可追溯到远古的部落氏族会议，当时的会议形式就是把大家召集到一个空旷的地方共同讨论一些重要的事情而已，由于条件的限制，会场中根本就不可能配备类似现代会议场中的任何电器设备，其会议系统完全是一种空白。这样的会议形式历经原始社会、奴隶社会、封建社会，几乎占据人类发展的整个历史过程，随着时代的发展，最传统的会议形式已远远不能满足大型场合中人类之间重要信息的沟通与交流。

工业革命之后，电子技术取得突破性进展，会议的沟通方式也随着电子设备的进步，经历了从初级到高级的几个发展阶段。

早期的会议组织形式是我们所熟知的多只话筒一字排开都同时接入现场的电声设备，被称为第一代会议系统。这种方式组织松散，难以形成秩序，它的局限在于，多人同时发言时缺乏协调，降低了会议效率，同时话筒数量受限，扩展能力不足。

20 世纪中期，人类研发出了单电缆连接的专业音频会议系统，即"手拉手"形式，每个数字话筒自带的输入线缆与输出线缆，可以像电路串联一般，前一个话筒的输入线缆接下一个话筒的输出线缆。这种会议系统可有效管控会议秩序，如进行发言控制，当主持话筒发言时，可以设置其他话筒自动静音。这种形式应用范围逐渐扩大，成为有效组织沟通的工具，推动会议进入有序时代，被称为第二代会议系统。它克服了第一代系统的短板，但仍然停留在声音传输层面。

在会议中，重要信息的传递越来越依赖于视觉效果，单纯的声音传递已经无法满足会议的需求。因此，会议系统必然朝着数字化、智能化的方向发展，这就是第三代会议系统——智慧会议系统。它可以通过多媒体互动、智能控制会场设备、实时语音转文字、生成会议记录等方式，大幅提高会议效率。智慧会议系统是会议领域的重要革新产品，其发展前景广阔。

综上所述，会议系统的发展经历了三个阶段的演进，从最初的简陋到智能化，逐步提升了会议的组织效率和信息传递质量。智慧会议系统是当前会议领域的重要发展方向。

2. 智慧会议系统的概念和功能

智慧会议系统是一种集人工智能、物联网、大数据等先进技术于一身的会议管理解决方案。它通过智能识别与交互、会议记录与数据化、会议设备智控、数据挖掘与分析等多种方式，实现了会议过程的智能化、数字化管理和优化。

具体来说，智慧会议系统一般具备以下功能：

（1）智能识别与交互

通过采用语音识别、人脸识别、手势识别等技术，智慧会议系统能够辨识与会人员，进行自动点名、发言人识别等操作，为会议提供便利。

（2）会议记录与数据化

系统能够实时将会议语音转化为文字，生成会议文本、记录、日志等数据，实现会议过程的数字化存储，便于后续的数据分析和回顾。

（3）会议设备智控

通过物联网和可穿戴设备，智慧会议系统能够实现智能会议室环境控制，如智能调节灯光、空调等操作，为与会人员提供舒适的会议环境。

（4）数据挖掘与分析

利用大数据挖掘与分析算法，智慧会议系统能够对历史会议数据进行处理，提供会议分析报告，为会议提供数据支持和参考。

（5）辅助会议管理

智慧会议系统能够协助会议主持人管理会议时间、议程、发言等，提高会议管理效率，使会议更加高效和有序。

（6）提升会议体验

为与会人员提供个性化、智能化的会议服务，如智能推荐、语音转文字等，提升会议互动性和参与度，使会议更加舒适和愉悦。

总之，智慧会议系统通过运用先进技术，实现了会议管理的智能化、数字化，提升了会议管理水平和会议体验质量，是会议领域的重要发展方向。

3. 智慧会议的模式

智慧会议模式是多种多样，涵盖了从报告到电影放映的各类场景。每种模式都有其独特的设备配置要求，同时功能越多，投入成本也就越大。不过，为了实现高效的会议，适当的硬件配置是必不可少的，同时也是提升会议效率和效果的有效保障。

（1）报告模式

通常是一人讲大家听，报告会、信息传达会议、培训讲演会议等基本会采用这种模式。这种模式下显示设备的大小及数量，以及扩声系统的布置取决于会议室的建筑面积，同时需要预备听众的提问扩声，智慧化的会议系统还可以配备追踪功能的摄像机，可以在显示系统上展示讲演者或提问人员的特写画面。

（2）讨论模式

一般采用圆桌环坐的形式，小型交流研讨会议、调研会议等采用这种模式，在传统的会议中，大多数会议都是以口头的形式进行的，这样会存在记忆不够准确的问题，也会影响会议的效率。智慧会议讨论系统，可以通过增加无纸化平台，智能交互平台，基于AI技术的会议记录等功能，更为高效和方便地开展研讨。

（3）联席会议模式

联席会议模式通常是指在本地建筑中不同会议室之间的互动系统。它包括视频和音频系统，但一般的会议系统，主会场的声音与图像只能在分会场接收，而主会场则无法接收分会场的任何信息。智慧会议系统可以实现会议的优化调度，实现多画面、多信息的显示，以及本地和异地的通信功能，还可以实现决议分发和记录等功能。同时，智慧会议系统可以无缝衔接线上线下同步会议，不再受限于地理位置，可以连接不同地理位置的相关会议场所，扩大会议的覆盖面，减少交通等成本支出。

总的来说，不同的会议模式需要不同的设备配置，需要根据建筑结构及桌面形式来决定哪些需求是必要的，哪些功能是可以选择的。在前期资金充足的情况下，配备智慧化的会议系统，可以有效提升会议的效率和质量，同时降低后期会议的耗材、通信、交通等成本支出。

8.1.2 智慧会议系统的关键技术

1. 多媒体融合技术

智慧会议系统需要集成视频、音频、数据等多种媒体信息，实现融合、协同和交互。要实现多媒体融合，需要采用多种技术，如实时音视频传输技术、数据传输技术、流媒体技术及编解码技术等。

2. 集中控制技术

实现智慧会议系统的会议设备远程开关控制、状态显示、信号选择及音视频调节等功能，需要采用会议集中控制技术，如智能中台控制、物联网技术等。

3. 人机交互技术

智慧会议系统需要实现人机交互，如通过触摸屏、语音等方式控制会议，以及会议内容智能转写等，让会议更加便捷和高效。这些智能人机交互的实现，需要采用相关技术，如自然语言处理技术、图像识别技术、智能语音交互技术、大语言模型等。

4. 网络安全技术

为实现网络安全，保障会议数据的安全性和保密性，智慧会议系统采用了网络安全技术，如身份认证技术、数据加密技术、访问控制技术、安全审计技术和网络入侵检测技术等。

总的来说，智慧会议系统应用涉及多种关键技术，需要从多个方面进行针对性的技术研究和解决方案设计，才能实现高效、便捷、安全和高质量的会议体验。

8.1.3 智慧会议系统的组成

智慧会议系统的功能模块根据各类会议的模式和需求有所不同，一般可分为基础模块和扩展模块，基础模块保证会议室基本功能实现，主要包括显示系统、音频系统、中央控制系统等；扩展模块可根据会议室的具体需求进行补充和在基础模块上进行升级，如电子投票表决模块、同声传译模块、桌牌显示系统、视频会议模块、环境控制系统等。

1. 基础模块

（1）显示系统

显示系统提供视觉信息的电子系统。显示系统按照不同的应用，采用一种或多种、一台或多台显示设备、提供单人或成组人所需的视觉信息，接收来自不同电子设备或系统的信号，一般需要配备适当的输入装置以便实现人－机联系和必要的记录设备供以后查用。

现代化的显示系统可通过不同的设备进行呈现，在多媒体会议室中主要有投影机、高清电视机、LCD 大屏、LED 大屏等，可根据不同的现场环境和使用需求，选择不同的显示系统。为了满足整个会议室能有更好的视觉，与会人员能清楚地看到大屏幕上的内容，考虑到视觉与听觉有效结合，一般中大型会议室会安装一块 LED 大屏或视频拼接矩阵，如果场地过大，也可以布置适当的小屏幕作为辅屏；小会议室一般选用会议一体机作为主要显示模块，满足会议室建设的实用性和经济性的原则。

（2）音频系统

音频系统，主要包括会议发言和扩声系统，这也是会议系统的核心模块。

发言系统的主要设备是传声器及相关控制设备，传声器一般指话筒或麦克风，这是会议中的主要声音来源，具备发言、登记发言请求、听取其他发言和选择语种频道等功能，对于发言的权限可进行控制。

扩声系统可以将发言人的发言通过放大器放大后传至扬声器进行广播，要求声音无失真、损耗等现象，扩声系统也是多媒体音视频声音传递的主要设备。此系统属于应用声学范畴，包括音源、调音台、功率放大器、扬声器及其声学环境等部分。

（3）中央控制系统

中央控制系统是音视频系统的核心，能够控制会场内的音频、视频设备以及环境设备。它既可独立操作实现自动会议控制，也可由工作人员通过电脑进行控制，实现更高级的管理。会议室的各种设备，如数字音频处理器、视频切换矩阵、投影机、摄像机、视频会议终端以及灯光等，都可以通过 iPad 或智能手机进行控制。此外，中央控制系统还可以与其他会场系统相连接，实现对会场环境如照明灯光、窗帘等的控制，为与会者带来高效、方便和舒适体验。

2. 扩展模块

（1）电子投票表决模块

电子投票表决模块是一种基于计算机技术和网络通信技术实现的投票方式，它可以有效提高投票的效率和准确性，并保障投票的公正性和透明度。

（2）同声传译模块

同声传译模块是在原声（发言人）音频扩放系统的基础上，通过相应设备将信号送翻译员同步翻译后，再通过有线或无线方式发送到与会代表的耳机中，同声传译模块能较好地满足多语种的国际会议需求。目前也有基于 AI 技术的同声传译模块，是一种利用先进的语音识别和机器翻译技术，实现实时语音翻译的解决方案。

（3）桌牌显示系统

桌牌显示系统是集后台编辑通过有线或是无线组网的智能排位桌牌，能够显示公司名称，与会者姓名、职务的办公桌牌显示电子设备，用于取代传统的塑料、纸质或铜质桌牌，可反复使用，不仅环保还能降低成本，提高会议效率。电子桌牌与传统的桌牌相比具有信息化程度高、集中控制等特点，人名显示清晰，是智慧会议系统的重要设备。

（4）视频会议模块

视频会议模块，包括软件视频会议模块和硬件视频会议模块，是一种通过各种电信通信传输媒体将两个或两个以上不同地方的个人或群体的静、动态图像、语音、文字、图片等多种资料分送到各个用户的计算机上的系统。这种方式使得在地理上分散的用户可以共聚一处，通过图形、声音等多种方式交流信息，增加双方对内容的理解能力。视频会议终端之间不仅能支持点对点通信，同时还能支持多点通信。

（5）会议录播系统

会议录播系统主要负责把会议过程中的声音、视频等录制存储下来，同时支持会议直播、点播等功能，以便于在远端的用户可以同步收看会议内容，并且在后期可以随时对会议内容进行查看、编辑等。

（6）环境控制系统

环境控制系统包括：调光系统、电动窗帘、电动幕、电动门、投影机电动升降架、桌面显示升降系统、空调、摄像机等。其中调光系统是比较重要的一个环境控制对象。

调光系统采用弱电控制强电方式，由多个独立箱体构成，有手动旁路功能，对多种不同性质的灯具都能进行线性连续调节，能够抑制高次谐波干扰，承受电网电压、频率变化的影响，自身具备良好的散热功能。现场控制面板具有多场景控制及预置功能，具备应急照明功能。

8.1.4 智慧会议系统的设备体系

智慧会议系统包括显示系统、音频系统、中央控制系统等，不同的会议室根据实际的需要配备不同的设备，典型的智慧会议系统设备体系架构如图 8-1 所示。

智能会议系统包括了中央控制系统、电源管理（环境控制）、会议系统、显示系统、音频系统、同声传译系统等模块。

数据信号可分为音频信号、视频信号、控制信号三类。

音频信号的核心节点是调音台和音频处理器，麦克风、多媒体设备、电脑设备等输出的音频信号，经过调音台调试，通过音频处理器处理后发送给功放系统，推动音箱发出声音。

视频信号的核心是高清混合视频矩阵，通过电脑、多媒体设备、摄像头等发出的视频信号，传递给视频矩阵，再推送到屏幕进行展示。

控制信号主要是由中央控制主机处理，通过电脑或 iPad 等控制终端发出指令，可以对音视频输入源进行切换，调整音视频播放的相关参数，控制灯光、窗帘等环境设备。

综合看来，智慧会议系统把视频、音频、控制信号有机结合，使各子系统能协同工作，满足会议需求。

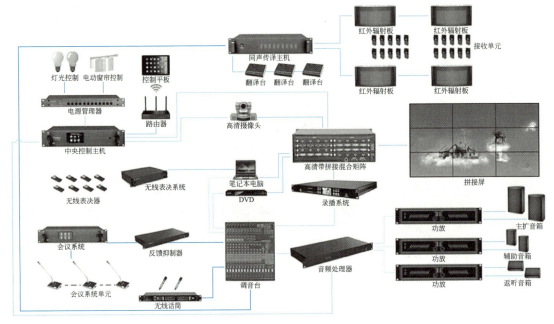

图 8-1　智慧会议系统设备体系架构图

8.2　智慧会议显示系统

显示系统是智慧会议系统信息展示的核心模块,典型的会议显示系统主要的设备包括显示屏、视频矩阵、信号输入设备(VGA 矩阵)、控制终端 PC 等(图 8-2)。摄像机、计算机等设备,通过信号线把视频或数据信息输入到视频矩阵,通过控制终端来选择合适的输入源,并输出到相应的屏幕上,实现信息展示。

8.2.1　显示大屏

在现代会议室中,广泛使用显示大屏,现今比较热门的大屏幕显示产品主要有投影机、会议一体机、液晶拼接屏、LED 电子显示屏等,主要用来显示视频会议、会议展示、视频播放等。

1. 投影机

在早期的会议室中,投影机是比较常见的显示产品,几乎成了会议室的标配,这主要得益于它的价格实惠。但是,投影机的投影画面不清晰、亮度普遍不够,产品故障率相对较高,在光线比较强烈的情况下,投影出的画面会比较模糊,而且随着近年来各种大屏幕显示产品兴起,人们对它的质量与性能越来越不满,所以投影机逐渐被其他大屏幕显示产品所淘汰。

第 8 章 智慧会议系统

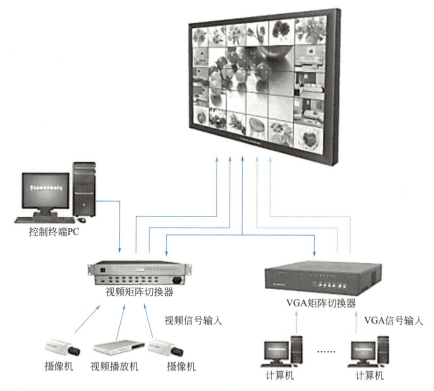

图 8-2 会议显示系统设备结构图

2. 会议一体机

会议一体机是近年来新兴的一款办公会议显示产品，它的常规尺寸为 65～110 英寸，可达到 4K 超清显示，而且它具备多种实用功能，如内置双系统与触摸系统，可进行远程视频会议、无线投屏/双向控制、精准触控/手写自如等功能。会议一体机的安装与使用很简单，可以固定在墙上或者采用轮子移动支架，便于移动与使用。但是，尺寸的限制是它的一个缺点，如果在大型会议室中使用会显得比较小。

3. 液晶拼接屏

液晶拼接屏在过去主要应用在视频监控领域，但在近年来，随着液晶拼接技术快速发展，超小拼缝可做到 0.88mm，有着更好的大屏画面一体化展现效果，在各种商显场合也得到了广泛的应用。其中，会议室也是它的主要应用场合，相比其他大屏幕显示产品，液晶拼接屏分辨率高，所显示的画面更清晰亮丽，而且运行稳定、使用寿命长，在价格方面也相对便宜。可以进行无限拼接也是它的一个主要优势，根据会议室的实际需求进行任意拼接，达到更合理高效的使用效果。不过，拼缝的存在是它的不足之处，在全屏显示图像时会对视觉产生切割感。

4. LED 电子显示屏

LED 电子显示屏是通过控制半导体发光二极管来展示各种信息的一种显示方式。它由几万至几十万个半导体发光二极管像素点均匀排列组成，利用不同的材料可以制造不同色彩的 LED 像素点，以显示各种文字、图形、图像、动画、行情、视频、录像信号等。

261

随着 LED 技术不断进步，小间距 LED 显示屏在室内场合的应用越来越广泛。它的优势主要体现在无拼缝、不限尺寸拼接、画面显示效果好等方面。点间距的大小决定着它的显示效果，通常点间距越小，屏幕分辨率越高，视觉效果就越好，但价格也相对较高。

总的来说，这四种会议室显示大屏各有优缺点，还是要根据会议室的显示需求与资金预算等来选择。

8.2.2 视频切换子系统

1. 系统概述

智慧化的会议室，一套完整的视频管理切换系统是必不可少的，现今视频系统信号基本以数字高清为主，各种视频源设备和各种视频显示设备采用了不同的编码技术和接口方式，因此在高清视频系统设计时必须详细了解各种视频信号的传输距离、编解码方式，否则视频信号将无法兼容和显示。会议室的信号源设备主要由计算机、摄像机、数字机顶盒等组成，有了各种信号源，就形成了多个信号源与多个显示设备之间的矩阵式选择关系。多路的电脑信号、多路的视频信号和 LED 屏幕、投影机之间，就形成了这样的关系，那么两种设备之间，就必须有一种设备系统处理众多的显示信号源（输入）及众多的显示设备（输出）之间的任意组合（切换），矩阵系统因而成为智慧会议室必不可少的组成部分。视频切换系统的结构图如图 8-3 所示。

图 8-3 视频切换系统结构图

2. 视频矩阵切换器的工作原理及功能

视频矩阵切换器是一种用于管理和切换多个视频信号源的设备，它的基本功能是允许用户选择并切换不同的视频源，将其发送到一个或多个显示设备上。视频矩阵是指通过阵列切换的方式，将 M 路视频信号任意输出至 N 路监控设备上的电子装置，一般情况下矩阵的输入大于输出，即 $M>N$。

视频矩阵切换器通过特定的工作原理实现对多个视频信号源的管理和切换。视频矩阵切换器的基本功能和要求如下：

(1) 信号切换

视频矩阵切换器可以接收多个视频信号源，如电脑、摄像机、DVD 播放器等，然后通过用户输入选择、切换将选定的信号源输出到显示设备上。

(2) 多通道支持

视频矩阵切换器通常具有多个输入通道和多个输出通道，以连接多个视频信号源和多个显示设备。例如，具有 8 个输入和 4 个输出通道的矩阵切换器可以管理并切换 8 个不同的视频源，并将所选信号发送到最多 4 个显示设备上。

(3) 高清视频和音频传输

视频矩阵切换器能够支持高清视频传输，如 1080p 或 4K 分辨率。此外，它们还可以传输音频信号，以保持视频和音频的同步性。

(4) 远程控制和管理

视频矩阵切换器通常配备远程控制功能，允许用户通过遥控器、网络界面或其他控制方式选择和切换视频源，以增强便利性和灵活性。

(5) 可编程性

一些视频矩阵切换器具有可编程的场景预设功能，用户可以预先设定不同的切换场景，以满足不同的需求和应用场景。

(6) 可选的扩展功能

某些视频矩阵切换器还提供额外的功能，如场景预设、远程管理、信号增强等。这些功能可以增加视频矩阵切换器的灵活性和便利性。

3. 视频矩阵切换器的工作流程

(1) 输入信号接收

视频矩阵切换器通过输入接口，连接到各种视频信号源，如电脑、摄像机、DVD 播放器等。每个输入通道可以接收一个特定的视频信号源。

(2) 信号处理与存储

接收到的视频信号会进行解码、格式转换和调整等操作。处理后的信号会被存储在内部的缓存或存储器中，待切换时使用。

(3) 用户控制选择

视频矩阵切换器提供用户界面，允许用户选择和切换所需的视频源。这可以通过远程控制、面板按钮、网络界面等方式来实现。

(4) 视频信号切换与输出

当用户选择了特定的视频源，视频矩阵切换器会根据用户的输入，从存储器中提取对应的视频信号，并将其切换到指定的输出通道。切换后的信号将被发送到连接的显示设备上显示。

(5) 音频处理和传输

视频矩阵切换器通常也处理和传输音频信号，以保持视频和音频同步。音频信号可以与选择的视频源进行匹配，并通过相应的输出通道传递到显示设备的音频设备上进行播放。

4. 视频矩阵选择及配置

视频矩阵切换器的具体功能和要求可能会因品牌、型号和价格而有所不同。在选择视频矩阵切换器时，需要注意的一些重要参数或要求见表 8-1。

视频矩阵切换器配置核心参数　　　　　　　　　　　　　　　表 8-1

配置要点	重要参数或要求
输入和输出通道数量	根据所需连接的视频源和显示设备数量,选择具有足够输入和输出通道的矩阵切换器,一般可分为 4 路、8 路、16 路、32 路、72 路等,也可根据工程实际需求进行定制
输入/输出接口板卡	根据输入、输出设备的配置情况,选择合适的接口板卡,常见的接口类型包括 VGA、DVI、HDMI、SDI、YpbPr 等
分辨率支持	确保所选的矩阵切换器支持所需的视频分辨率,如 1080p、4K 等
扩展性	如果有未来的扩展需求,选择支持模块化扩展的矩阵切换器,以便增加更多的输入和输出通道
控制方式	根据实际需求,选择适合的控制方式,如遥控器、网络界面等
可靠性和稳定性	选择可靠性和稳定性较高的品牌和型号,以确保视频切换的顺畅和可靠性

以 36 进 36 出通道容量的高清混合矩阵为例,按照表 8-2 的配置要求,其信号拓扑图见图 8-4。

高清混合矩阵端口配置及使用表　　　　　　　　　　　　　　表 8-2

输入接口	输入信号	接口类型	输出接口	输出信号	接口类型
输入 1	主会议终端主输出	HDMI(4K)	输出 1	主会议终端主输入	HDMI(4K)
输入 2	主会议终端辅助输出	HDMI(4K)	输出 2	主会议终端辅助输入	HDMI(4K)
输入 3	备用会议终端主输出	HDMI(4K)	输出 3	备用会议终端主输入	HDMI(4K)
输入 4	备用会议终端辅助输出	HDMI(4K)	输出 4	备用会议终端辅助输入	HDMI(4K)
输入 5	PPT 电脑屏 1	HDMI(4K)	输出 5	机房显示器 1	HDMI(4K)
输入 6	PPT 电脑屏 2	HDMI(4K)	输出 6	机房显示器 2	HDMI(4K)
输入 7	墙插 2(会议摄像机 1)	HDMI(4K)	输出 7	录播一体机	HDMI(4K)
输入 8	墙插 2(会议摄像机 2)	HDMI(4K)	输出 8	发送盒 1	HDMI
输入 9	墙插 2(会议摄像机 3)	HDMI(4K)	输出 9	发送盒 2	HDMI
输入 10	会议摄像机 4	HDMI(4K)	输出 10	发送盒 3	HDMI
输入 11	硬盘录像机	HDMI	输出 11	发送盒 4	HDMI
输入 12	地插 1(笔记本)	HDMI	输出 12	发送盒 5	HDMI
输入 13	地插 2(笔记本)	HDMI	输出 13	发送盒 6	HDMI
输入 14	地插 3(笔记本)	HDMI	输出 14	发送盒 7	HDMI
输入 15	地插 4(笔记本)	HDMI	输出 15	发送盒 8	HDMI
输入 16	地插 5(笔记本)	HDMI	输出 16	发送盒 9	HDMI
输入 17	地插 6(笔记本)	HDMI	输出 17	发送盒 10	HDMI
输入 18	地插 7(笔记本)	HDMI	输出 18	墙插 1(移动电视)	HDMI
输入 19	地插 8(笔记本)	HDMI	输出 19	墙插 2(移动电视)	HDMI
输入 20	地插 9(笔记本)	HDMI	输出 20	标清终端主输入	VGA
输入 21	标清终端主输入	VGA	输出 21	标清终端辅助输入	VGA
输入 22	标清终端辅助输入	VGA	输出 22	备用	HDMI
输入 23-36	备用	HDMI	输出 23-36	备用	HDMI

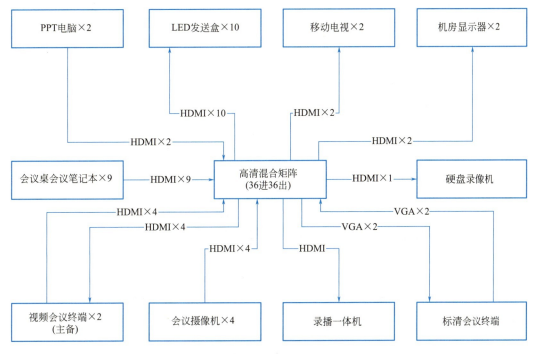

图 8-4 高清混合矩阵信号拓扑图

8.3 智慧会议音频系统

8.3.1 会议音频系统概述

目前,很多信息传达、思想沟通以及问题的讨论都需要通过会议方式来完成,而会议室的音频系统是影响会议系统应用效果的一个关键因素。

音频系统是指声音拾取、声音处理、声音扩大等一系列与声音有关的会议系统集成,简单来说主要分为输入设备、处理设备、输出设备三部分。

音频输入设备主要是声音的采集、播放源等设备,主要包括两类:第一类是播放声音的音源设备,如 CD、DVD、机顶盒、计算机等,随着数字技术的发展和改进,目前主要的播放源以计算机为主,视音频素材都是通过计算机声卡处理后输入后续的设备中;第二类是会议系统音频处理的主要输入源,即会议发言讨论系统,系统的核心音频设备是传声器或拾音器,它是一种将声信号转换为电信号的换能器件,俗称话筒、麦克风。

音频处理设备是对音频进行放大、分频、均衡、压限、延时、矩阵切换等各类处理的设备系统,其核心设备是数字音频处理器,根据会议室的不同,可能还包括智能混音器、反馈抑制器、调音台、效果器、分频器、压缩限幅器、延时器、均衡器等设备。

音频输出设备主要包括功放和扬声器。功放就是功率放大器，当声音信号通过信号传输过来时，通过功放进行声音信号放大，再推送给扬声器；扬声器又称"喇叭"，是一种十分常用的电声换能器件，扬声器分为内置扬声器和外置扬声器，外置扬声器即一般所指的音箱，也是会议系统里主要的音频输出设备。

会议系统中，涉及音频的系统主要分为发言讨论子系统（输入、控制设备）和扩声子系统（处理、输出设备）。

8.3.2 发言讨论子系统

1. 系统概述

会议发言讨论系统是指在进行会议交流时，可满足与会者发言讨论的需求，确保每个人能便捷、清晰的发言，同时又便于会议管理的系统。系统可实现优先发言、申请发言、轮流发言、排队发言、控制发言权等多种会议讨论模式。

所用的机型不同，与会代表可以得到以下功能的某些部分或全部：发言，申请发言，通过内部通信系统与其他参会人员交谈，也可附加扩展模块，参加电子表决，接收原发言语种的同时翻译成其他语种后播出新的语种语音信息，即同声传译模块等。

2. 系统的组成

会议发言讨论系统是一种用于支持会议进行的音频设备，它可以实现会议参与者之间的有效沟通和交流。会议发言讨论系统的组成一般包括以下几个部分（图8-5）：

（1）会议主机

会议主机是会议发言系统的核心部分，它负责控制和管理会议的各项功能，如发言模式、优先级、音量、录音等。会议主机一般具有多种发言模式：主持模式、讨论模式、自动模式、全开模式、先进先出模式、后进先出模式，从而更好适应各种会场的要求。会议主机还可以与其他设备如麦克风、扬声器、投影仪等进行连接和协调。

（2）会议话筒

发言讨论系统最基本的设备是话筒。会议话筒一般有指示灯、发言键、音量调节键等功能，更高级的型号还装备了液晶屏幕，多语种选择通道器，投票按键和代表身份认证卡读出器等。会议话筒分为有线话筒和无线话筒两种：有线话筒需要通过电缆与会议主机连接，无线话筒则通过无线信号与会议主机通信。话筒可以摆放在台面上，也可以装嵌到桌面、座椅后背或扶手内。台面式话筒适合移动性大或要求比较灵活，经常产生变化的系统。如果是形式比较固定的系统，则采用嵌入式更适宜和美观。还可以配套辅助设备，如话筒架、安装辅件、移动式系统设备的运输箱和接口板等。

根据系统的功能，会议话筒还能分配为主持单元和议席单元，会议主持有优先权，可以管理和控制会议进程。会议主持的话筒可随时通过控制面板上的开关键打开和关闭，不受其他发言代表的影响。此外主持机可通过主持优先面板上的优先键关闭所有正在发言代表的话筒，同时打开主持话筒，通过中央控制器可以设置会议发言模式。

（3）会议扬声器（音箱设备）

会议扬声器是用于放大和传播会议声音的设备，它可以分为内置扬声器和外置扬声器两种。内置扬声器是指集成在会议话筒中的扬声器，它可以让会议参与者听到自己和他人

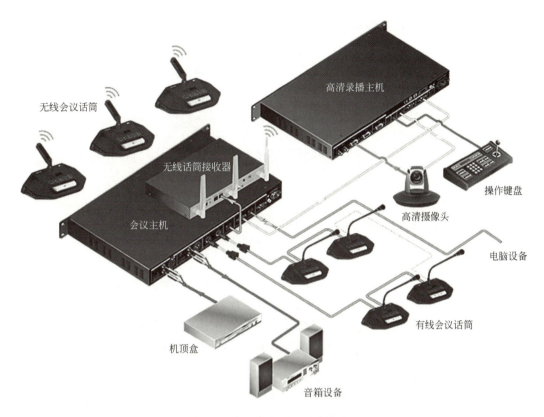

图 8-5 会议发言讨论系统的组成

的发言。外置扬声器是指单独安装在会场中的扬声器,它可以让整个会场的人听到会议的内容。

(4) 会议录播设备

会议录播设备是用于记录和保存会议内容的设备,它可以分为内置设备和外置设备两种。内置设备是指集成在会议主机中的设备,一般是指录音设备,它可以直接将会议内容存储在内部存储器或外部存储介质中。外置设备是指单独连接在会议主机上的摄像、录音等设备,它可以将会议内容转换为数字信号,存储在系统专有空间,或者输出到其他设备如电脑、手机,结合跟踪摄像功能,实现会议直播的功能。

(5) 其他扩展设备

除了常规设备,智慧会议系统一般还具有投票、表决、同声传译等扩展功能,智慧会议系统中一般会把会议话筒升级为会议终端,会议终端是与会人员进行发言、投票、表决的集成设备,集发言与投票表决功能于一体的数字会议表决系统,它可以脱离电脑使用,也可以连接电脑实现更多的功能扩充。

同声传译设备也是会议发言讨论系统的主要扩展设备。同声传译模块应该在向参会者提供同声传译语种的分配方面有完善的功能,需要满足多语种国际会议的要求。

3. 系统功能

数字会议发言讨论系统还具备多种模式和功能,具体如下。

（1）压倒轮替

通过系统设定，可以限制系统中可以发音的话筒数量，任何超过限制数量的新话筒开启后将会自动关闭最先开启的话筒，这样就能够在系统传声总增益有限的情况下，保证每一个开启的话筒能有效分享总体系统增益，从而提高传声增益。

（2）讨论模式

该模式可以设定所有话筒同时具有发言权，进行会议的自由对话。

（3）主持优先

主持话筒将不受以上各种模式的限制，也就是主持话筒可以随时打开或关闭。主持有权中断发言者的发言。

（4）自动跟踪摄像

它能通过数字发言系统激活，在无人操作的情况下准确、快速地对发言人进行特写。其采集到的信号可输出到大屏幕投影系统或远程视频会议模块。

（5）投票表决

代表们在自己的座位上就能投票表决，省却了以往排队投票的步骤；系统会即时统计并在会场投影显示出投票表决结果，节省了收集统计的人工与时间、避免了人为错误的发生、节省了与会代表等待结果的时间。数字会议发言系统是一种多用、经济的讨论系统，适合于中小型的会议和讨论，可以很好适应人的心理需求，因此更受用户的喜爱。

8.3.3 扩声子系统

1. 系统概述

自然声源（如演讲、乐器演奏和演唱等）发出的声音能量十分有限，其声压级随传播距离增大而迅速衰减。由于环境噪声影响，声源的传播距离更短。会议室、报告厅等场所一般使用电声技术进行扩声，将声源信号放大，提高听众区的声压，保证每位听众能获得适当的声压级，能够听清声源的内容。

广义的扩声系统包含扩声系统和放声系统两大类。放声系统是指系统中只有各类播放声源，没有话筒，不存在声反馈，相对比较简单。在会议系统中主要是指带有话筒的扩声系统，且扬声器与话筒处于同一声场内，存在声反馈和房间共振引起啸叫、失真和振荡现象，需要特定设计和处理。

扩声系统属于应用声学范畴，简单来说就是一种将讲话者声音进行实时放大的系统。扩声系统包括音源、调音台、功率放大器、扬声器及其声学环境等部分。

会议室扩声系统要进行语言、多媒体资料音频信号的重播，在设计时重点考虑扬声器的分布以及声压覆盖均匀，系统信号交流，使各种音频信号重播时清晰、不混浊。

2. 相关概念和主要技术指标

音频扩声系统一定要达到或超过国家规定的标准，国家厅堂扩声系统设计的声学特性指标标准如下：

（1）声压级

声压级即声压的等级，我们平常所谈论的噪声超过多少分贝让人心情烦躁难以入眠，这个分贝其实就是这个噪声的声压级，通常用此来比较声音的大小。人耳可听的声压范围非常大，期间相差一百万倍，用声压来表示和计算都很麻烦，人们引用声压的相对大小（即声压级）来表示声压的强弱，以分贝（dB）为单位表示。

在扩音工程中有一个很重要的概念是：距离每变化 1 倍，声压级就相差 6dB，功率增加 1 倍，声压级增加 3dB。

环境声源与声压级对应参考见表 8-3。

环境声源与声压级对应参考表　　　　　　　　　　　　　　　表 8-3

声源	声压级 db(A)
在声学实验室内、听力非常敏锐的人能感受到	0
寂静、听力测验室	10
树叶沙沙响	20
安静的悄悄话（距离 1m）	30
家里安静的房间	40
安静的街道、低声耳语	50
交谈（距离 1m）	60
在行驶的小轿车里面客车行驶速度 80km/h（距离 15m）	70
行驶的汽车（距离 10m）、繁忙的交通道路	80
地铁（车厢内部）	90
汽车喇叭（距离 7m）	100
大型飞机（距离头顶 150m）	110
汽笛（距离 30m）	120
军事炮火（3m）	130
喷气式战机起飞（距离 30m）	150

厅堂内空场稳态时的最大声压级一般要求 80～110dB。要求系统有足够动态余量，以适应不失真还原大动态的音频信号。设计所选用的扬声器功率大，灵敏度高，与之相匹配的功率放大器具有足够的功率储备。

（2）灵敏度

给扬声器 1W 功率的电信号，离扬声器轴线 1m 处产生的声压级为扬声器的灵敏度。它是衡量扬声器系统电声转换效率的重要参数，也是衡量扬声器性能的重要指标。同样功率的扬声器，灵敏度越高，能够发出的音量越大，声音越响。

（3）扩声功率

扩声功率指达到系统的设计声压级时，系统的扩声设备所需要的额定功率，系统的声压级是通过它来表现的。对于只用于语言扩音的房间，所需扬声器的电功率可按 0.3～0.5W/m^3 的平均功率来计算。

（4）混响时间

混响时间是指一个稳定的声音信号突然中断后，在厅堂内的声压级跌落至 60dB 所需要的时间，它的参数由建筑结构和装饰材料决定，是厅堂非常重要的建筑声学属性参数，它的取值对厅堂的音质影响非常大，200m² 以下的环境可取 0.8～1s，200～400m² 的环境可取 1.0～1.2s，以上为参考值。

(5) 传输频率特性

传输频率特性是指厅堂内各测量点稳态声压级的平均值对于扩声设备输入端电压的幅频响应特性。系统中对每路扬声器都进行参量均衡的调整，使其在指向性控制范围内各频率声束宽度变化很小，没有过激点和陷波点，而且在扩声系统中，每路扬声器都连接 1 台房间均衡器（在数字音视频处理系统中），能改善观众厅和荧幕区耦合空间声场对传输频率特性的影响，确保系统的传输频率特性平滑。

(6) 传声增益

部分扬声器的声音反馈到传声器，在经过扬声器放大，就会发生啸叫声。传声增益是说明用传声器扩声时，系统稳定工作（不产生啸叫声）能获得的最大可用声学增益。最好系统的传声增益约为 −6dB，即最大系统增益小于啸叫声临界点 6dB。

(7) 声场均匀度

声场均匀度是各测量点稳态声压级的差值。声场均匀度的指标要求在整个扩声区域内，各处的平均声压值偏差要在很小的范围内，否则就会造成声场不均匀，反映出来就是有的地方声压大，有的地方又较小，听感非常不好。一个高质量的扩声系统应根据听众区的具体位置和面积合理布置扬声器，确保整个听众区内的最大声压级和最小声压级之间的差值不超过 8dB。

(8) 总噪声

当扩声系统处于最高可用增益状态，无声信号输入，厅堂空场，并且厅堂内其他机电设备处于正常运行状态（包括空调、鼓风机以及灯光系统）时，在观众席上测得的噪声级称为总噪声，一般要求为 35～50dB。

(9) 系统失真

扬声器不能把原来的声音逼真地重放出来的现象叫失真。失真有两种：频率失真和非线性失真。频率失真是由于对某些频率的信号放音较强，而对另一些频率的信号放音较弱造成的，失真破坏了原来高低音响度的比例，改变了原声音色。而非线性失真是由于扬声器振动系统的振动和信号的波动没有完全一致造成的，在输出的声波中增加一新的频率成分。扩声系统的系统失真是指扩声系统由输入声信号到输出声信号全过程中产生的非线性畸变。一般室内扩声系统要求：系统失真小于等于 3％～8％。

(10) 语言清晰度指标

评价房间中语言清晰度的指标为"音节清晰度"。对音节清晰度的评价一般为：满意（85％以上），良好（75％～85％），需注意听并容易疲劳（65％～75％），很难听清楚（65％以下）。一般要求语言清晰度大于 80％。

3. 扩声系统组成

会议扩声系统主要由扬声器、功率放大器、音频处理设备、调音台、话筒、音源等设备组成（图 8-6）。扩音系统应选用性能先进、使用可靠的设备，通过计算会议室的音响场地系数，保证会议室每个角落的声场听觉均匀，没有出现失真、偏音、混音、回响等不良音响效果。

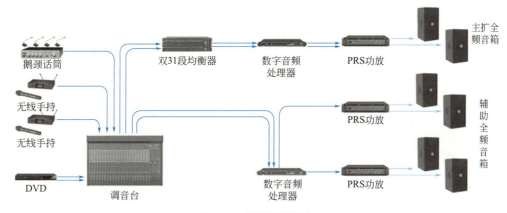

图 8-6　扩声系统组成

会议室的扩声设备可以归类为四大部分：声源设备、音频处理设备、功放设备及重放设备。

（1）声源设备

声源设备指拾音设备、影音信号播放设备，如拾音话筒、CD、DVD、机顶盒、多媒体计算机等设备。

（2）音频处理设备

音频处理设备指对声源设备送出的多路音频信号进行前级的放大和混音输出、音频信号处理的设备，如调音台、均衡器、反馈抑制器等。

（3）功放设备

功放设备指对音频信号进行后级功率放大的设备，这里指专业功率放大器。需要注意的是，音频信号一般需要先经过调控设备的混音输出和信号处理才进行放大，否则会把杂音信号一起放大，影响音频效果。

（4）重放设备

重放设备指将经过后级功率放大器放大的音频信号进行电/声转换，并释放出人耳可感知的声频信号的设备，这里指扬声器。

4. 扩声系统的主要设备

（1）调音台

调音台（图 8-7）又称调音控制台，它将多路输入信号进行放大、混合、分配、音质修饰和音响效果加工，之后再输出到音频处理器、功放等设备。调音台是现代会议扩音系

图 8-7　调音台

统中进行声音优化调整的重要设备。

（2）数字音频处理器

数字音频处理器（图8-8）是一种数字化的音频信号处理设备。它先将多通道输入的模拟信号转化为数字信号，然后对数字信号进行一系列可调谐的算法处理，满足改善音质、矩阵混音、消噪、消回音、消反馈等应用需求。

图 8-8 数字音频处理器

音频处理器可对声音进行各种处理，实现噪声抑制，反馈消除，声音增益，音频切换等功能。如结合人工智能深度学习算法的 AI 降噪功能，可智能消除翻书、写字、敲桌子、风扇等环境噪声，实现智能去除非人声信号，提升语音清晰度。

（3）功率放大器

功率放大器（图8-9）简称功放，是扩声系统中一种最基本的设备，它的作用是把来自信号源（调音台或音频处理器）的微弱电信号进行放大以驱动扬声器发出声音。还可以指其他进行功率放大的设备。功放的主要性能指标有输出功率、频率响应、失真度、信噪比、输出阻抗、阻尼系数等。

图 8-9 功率放大器

（4）扬声器

扬声器（图8-10）是一种把电信号转变为声信号的换能器件。扬声器系统，即平常所说的音箱，是将一个或多个扬声器单元组装在专门设计的箱体内进行放音的装置。

扬声器的主要性能指标有灵敏度、频率响应、额定功率、额定阻抗、指向性以及失真度等参数。

按用途进行扬声器分类，主要分为全频带扬声器、低音扬声器、中音扬声器、高音扬声器四种。

① 全频带扬声器：指能够同时覆盖系统高低频段的扬声器。

图 8-10　扬声器

② 低音扬声器：是指为在低频段重放而设计的低音性能很好的扬声器，这种扬声器几乎全是圆锥形扬声器。

③ 中音扬声器：在三分频以上的多分频扬声器系统中，用以专门重放中音段的设备。

④ 高音扬声器：专门负责重放高频段信号的设备叫高音扬声器，其工作频段通常在 2.5～25kHz。这些扬声器有多种形态，包括圆锥形、平顶形、球顶形、号筒形、带状和薄片形等，每种形态都有其独特的声学特性和应用场景。

8.4　智慧会议中央控制系统

8.4.1　中央控制系统概述

中央控制系统简称中控系统（图 8-11）它基于 RS232、RS485、红外、网络等协议，通过计算机和中央控制系统软件以发送串口指令的方式，对受控设备进行集中管理和控制。中控系统是智慧会议室系统的大脑，集视频控制、音频控制、环境设备控制于一体，为用户提供简单、直接的控制界面，使用者能掌控整个空间环境各设备的状态及功能。

中控系统广泛应用于多媒体教室、多功能会议厅、指挥控制中心、智能化家庭等场所，用户可通过与中控主机相连的控制面板、触摸屏和无线遥控等装置，实现对投影机、电动幕布、LED 屏、功放、话筒、照明等设备的控制。中控系统一般会配备中控主机、

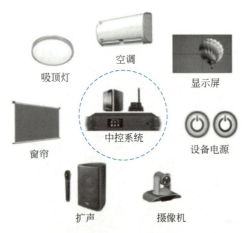

图 8-11 中控系统示意图

音视频切换矩阵等设备，可对会议室音视频进行实时切换调度、环境调节等。中控系统一般采用无线或有线触摸屏幕控制音视频及周边环境设备，平板部署了控制系统软件，通过对软件进行编程，使用人员操作平板即可将指令以无线的方式发送至中控主机，再由主机控制接入设备执行相应操作。同时中控系统应该具备便捷的人机交互界面，可实现菜单式操作与模式化操作功能，如会议模式、讲座模式、多媒体演示模式、谈判模式等，可大幅提高设备运维管理效率。

8.4.2 中控系统的控制方式

（1）串口控制

串口通信协议是计算机上一种通用设备通信的协议，同时也是通信设备通用的通信协议，可获取远程采集设备的数据。中控系统可以通过串口 RS232/RS485/RS422 来控制串口设备，如会议主机、音视频矩阵、摄像头、投影机等设备。串口分配器可扩展，控制多台设备，实现工作人员无需到达机房，通过平板电脑/移动控制端即可实现对视频、音频、信号切换的统一管理。

（2）继电器控制

对投影幕布、投影机电动吊架、灯具等无法直接控制的设备，中控系统通过中控主机发送指令控制继电器通断，以间接控制幕布、吊架的升降或灯具的开关。

（3）红外控制

对于一些带有红外遥控器的设备，如空调、DVD、功放、电视等，中控系统通过红外（IR）来实现控制，把红外发射棒跟主机的红外接口相连，红外发射棒通过学习设备的遥控器的功能，实现对设备的控制。

（4）电流电压控制

中控系统可配置 0～220V 交流电压以及 0～12V 直流电压调节功能，如配置调光模块，用于调节可调灯光的亮度，可单路控制，也可多路一起控制。控制终端（主要指计算机设备）与控制主机的网络接口相连，实现环境灯光明暗控制。

(5) 音量控制

中控系统通过音量控制器来实现音量控制，配合中控主控机使用，跟主机的总线口相连，用于系统总音量或者某单路音量的调节。

(6) 传感器自动控制

中控系统还可以配置声音、光照、温度、湿度传感器，用于采集环境参数，并通过预设的程序完成自动调节控制。

(7) 交互控制

中控系统以触摸屏、按键面板、平板电脑、台式电脑等作为控制端，通过图形界面，对会议室设备进行控制。通过跨广域网组网，可对远程会议室的集控系统进行控制。

8.4.3 中控系统的组成

中控系统集中了音视频信号的切换、分配，灯光、窗帘及音视频控制，为使用者提供简单、直接的控制界面，使用者能方便地掌握整个空间环境各设备的状态及功能。会议室的集中控制系统配置集中控制主机、操作平板、电源控制器、串口分配器等设备，实现会议室的环境控制（空调温度控制、窗帘控制）、摄像机音视频切换控制、音量大小调节等功能。

中控系统一般由四部分组成：中央控制主机、中央控制主机扩展模块、受控设备、控制终端。

如图 8-12 所示，投影机、LED 灯、摄像机、电视机、电动窗帘等都是受控设备，调光器、继电器、红外模块等都是中央控制主机扩展模块，触摸屏和平板电脑是控制终端。

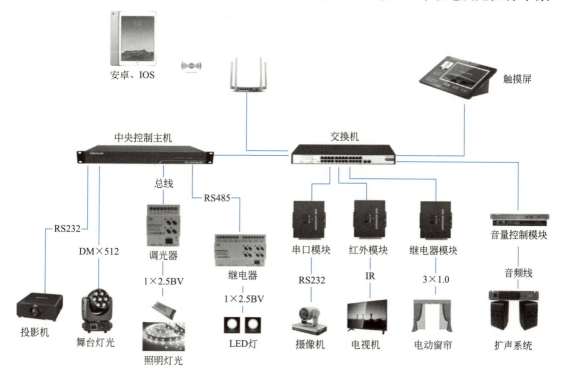

图 8-12　中控系统结构图

这里有两种控制信号传输方式，第一种是中央控制主机通过各类总线直接连接 LED 灯等设备进行控制信号传输，第二种是中央控制主机通过以太网传输信号，并通过各种扩展模块把网络信号转为控制信号，再控制摄像机等现场设备。

1. 中央控制主机

中央控制主机，简称中控主机，也称为集中控制器。中控主机在工厂自动化控制、楼宇自动化控制、汽车电子、多媒体教室等领域都有相应的应用。中控主机主要的作用是通过协议来控制周边设备。

从硬件上看，中控主机的硬件设备一般需要具有高性能的处理能力，目前主流产品基本配备主频 1GHz 以上的 64 位处理器，内存大于等于 512M，闪存大于等于 4G，能高速运算复杂的逻辑指令，保障各种复杂运算和控制得以流畅运行。控制接口一般会配备多路独立可编程的红外发射接口，支持控制多台相同或不同的红外设备，如独立可编程RS232/422/485 控制接口，用户可编程设置多种控制协议和代码，以及配备弱电继电器接口和数字输入/输出 I/O 接口等（图 8-13）。

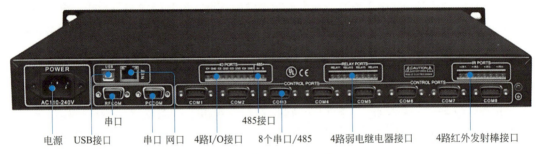

图 8-13　中控主机控制接口

中控主机的各类接口及连接设备见表 8-4。

中控主机各类接口及连接设备表　　　　表 8-4

接口类型	连接设备
RS232/422/485 串口(COM)	投影机、高速摄像球、矩阵切换器、媒体矩阵、硬盘录像机、展台、音频会议系统、视频会议模块、第三方调光系统、升降屏、图像拼接器、图像处理器、带串口调音台、继电器箱、调光箱等一切带有串口通信协议的设备
IR 接口(红外线)	红外发射棒(DVD、功放、硬盘录像机、卫星电视、电视机、投影机、展台、视频会议、空调等一切带有红外遥控器的设备)
RELEY OUT 接口	继电器(灯光、电动窗帘、电动幕、升降架、升降屏、电源等)
I/O 接口	各种传感器、干触点设备、计算机和电机驱动设备
网口	控制主机/交换机

从软件上看，首先应该具备编程功能，采用可编程控制平台，中英文可编程界面，交互式的控制结构；中控主机编程需具备常用的逻辑算法，可满足会议室各类设备的控制需求；其次是可以支持界面设计美化，可自定义编辑底图、按钮、文字等；画面之间可无缝切换，搭配中控编程，可设定不同的场景，一键完成对会议室设备、环境的切换；最后是软件适应性广，支持安卓、苹果移动端安装中控管控软件、适配各种移动端分辨率。

第 8 章 智慧会议系统

从管理上看,中控主机需方便管控,支持安卓、苹果移动端(手机或平板等),支持墙面安装、操作台控制、桌面控制台方式等,可以满足各类会议室管控的需要;支持有线或者无线方式管控,管理人员位置不受限制。

2. 中控主机扩展模块

为了控制会议室不同种类的设备,中控主机一般会配备相应的扩展控制模块来协同控制信号,实现控制功能,这些模块有些会集成在中控主机中,有些串接在控制主机和受控设备之间,起到控制信号转换等作用。中控主机的常见模块见表 8-5。

中控主机的常见模块　　　　　　　　　　表 8-5

设备或模块	作用或配置
运算模块	起到接收触摸屏的控制信号,解释并执行的作用
音量控制模块	用来控制音响设备
调光器	用于控制、调节灯光设备
强电继电器模块	用于控制电动吊架、屏幕、设备电源、日光灯等设备
红外发射棒	传输红外控制信号,红外发射端直接贴附在受控设备的红外感应口处,可控制空调、电视、DVD 等支持红外遥控的设备
DMX512 控制模块	1 路 RS232 控制接口,1 路 USB 口,1 路 DMX 输入口,1 路 DMX 输出口,配置 8G 存储卡;支持中控主机通过 RS232 调用执行模块储存的灯光预设模式
多路电源控制器	支持中控主机通过 RS485 同时控制多台电源控制器
网络协议控制模块	1 路 RS232 接口,1 路 RS485 接口,1 路 RJ45 网口;支持 RS232/485 控制协议与 TCP 网络控制协议之间互相转换

3. 受控设备

中央控制主机各接口可连接不同的设备,实现对会议室的环境(会议室灯光、电动窗帘等)、会议摄像机和 LED 显示屏等设备的控制(图 8-14)。

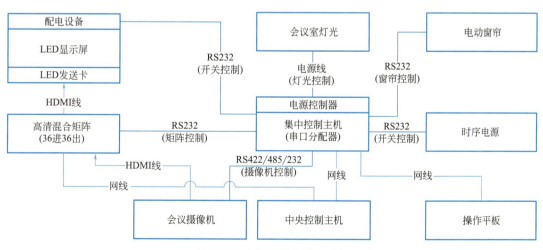

图 8-14　中控系统的控制对象

中控主机配置有电源控制器，用于控制会议室内所有的灯光电源；配置串口分配器，用于扩展中控本身的控制接口数量，串口分别控制 LED 显示屏的配电设备，用于开关机；控制高清混合矩阵，用于视频信号的切换以及拼接模式的选择；控制视频会议摄像机，用于操作摄像机的云台及镜头；控制电动窗帘，用于远程控制拉开收起；控制时序电源，用于控制机柜内设备远程有序开关机。

中控系统可以控制的主要设备对象如下：

(1) 视频切换管理控制

把各路视频信号输入输出接到高清混合切换矩阵的输入输出口，中控主机可通过 RS232 串口控制高清混合矩阵，可实现视频输入/输出通道切换控制功能，工作人员无需到达机房，通过平板电脑即可实现对视频切换管理。

(2) 摄像机控制

如配置有会议摄像机，中控主机通过串口 RS232 或者串口 RS485 控制摄像机动作，通过级联摄像机控制端口，地址拨码分配，可实现由中控主机编程控制摄像头的转动、镜头变焦、聚焦等功能，并将信号输出到各类显示终端或录像设备等。还可以与智慧会议系统平台进行对接，实现摄像跟踪功能，可以对讲话者进行特写。

(3) 投影机/显示屏控制

中控主机通过串口 RS232 协议或者红外发射棒控制投影机/显示屏电源开关、显示画面切换等。如果被控设备厂家提供外部通信协议代码，即中控代码，就可以通过串口来控制；若没有中控代码，可学习设备的红外遥控代码，然后写入中控主机，在工作人员操控触摸屏时，主机将控制代码发送给投影机，达到控制的目的。可在投影机的开关过程中加入延时，以保护投影机。

(4) 投影幕/升降屏控制

通过中控系统的总线口连接电源管理器，可以控制投影幕或升降屏，在会议室不使用投影幕或升降屏时，可一键收起，保证会场的整齐有序，投影幕或升降屏可采用强电开关控制，通过电源控制器控制电机正反转，从而达到升降的效果。在触摸屏内逻辑指令中加入互锁，避免管理人员误操作损坏设备，管理方便快捷。

(5) 电源管理

会议室的设备电源可以进行统一控制管理，实现一键全部设备电源开启和关闭，轻按触摸屏上"电源"按键，系统与时序电源触发联动，触发时序器开关，避免了人为失误操作。不仅保护了终端器材（如功放、喇叭等），还可降低开/关用电设备对输电线路的冲击电流。

(6) 机顶盒/DVD 播放机控制

中控系统可通过学习机顶盒/DVD 播放遥控器的红外控制代码，并把控制代码录入中控主机，在与会人员操作触摸屏时，中控主机通过红外发射棒连接 DVD 播放器的红外接收口，切换会场的音乐，对音量大小进行调节，可实现所有遥控器功能的操作，不必随身携带遥控器，使多个遥控器的功能集触摸屏于一身，减少与会人员工作量。

(7) 空调控制

与机顶盒控制类似，中控系统可通过学习空调遥控器的红外控制代码，录入中控主机，在与会人员操作触摸屏控制空调时，中控主机通过红外发射棒连接空调的红外接收口，对会场的温度进行调节，实现空调的集中统一控制。

（8）其他设备控制

中控系统还可以控制其他设备，如电动窗帘、照明等，电动窗帘的控制原理和投影幕类似，也是通过控制电机的正反转来操作；照明可以通过联通开关、DDC（直接数字控制）或者接入智能开关来进行控制、调光等操作。随着物联网技术的发展，可以智能化控制的设备越来越多，中控系统也可以通过接入相关的物联网平台来实现相应的控制功能。

4. 控制终端

一般的控制终端分为硬件和软件，硬件主要是交互用的计算机、平板电脑、专用触摸屏、控制面板、控制遥控器等，软件主要是电脑端的软件、移动端的 App 程序、微信小程序等。

（1）控制终端硬件

除了常规的计算机控制设备，中央控制系统使用一些便携式、嵌入式或桌面式的触摸屏设备或者专用遥控器等设备，提高设备控制的便捷性。这些设备在会议室中的不同场景和功能中发挥着重要作用，以下是一些常见的类型。

① 便携式触摸屏设备：例如平板电脑（iPad），可以作为移动控制终端，方便参与会议的人员携带使用。它们可以通过无线网络连接到中央控制系统，实现远程控制和演示（图 8-15）。

② 嵌入式触摸屏设备：通常集成在会议室桌面、墙壁或家具中，提供一种更为隐形的控制方式。这样的设备可以用于控制照明、窗帘、音响等，并通过触摸屏直接进行设置和调整（图 8-16）。

图 8-15 便携式触摸屏设备

图 8-16 嵌入式触摸屏设备

③ 桌面式触摸屏设备：常放置在会议桌面上，供与会人员交互。它们通常用于控制演示文稿、调整会议室设备、查看日程安排等。这样的设备可以提供直观的界面，增强会议室内的互动性（图 8-17）。

④ 控制遥控器：为快速实现一些基本功能，有些会议系统还配备了专用遥控器，方便对音量、电源、常用信号切换等实现快速控制（图 8-18）。

这些设备的选择取决于会议室的布局、设计

图 8-17 桌面式触摸屏设备

图 8-18 控制遥控器

和功能需求。便携式设备提供了灵活的移动性，嵌入式设备提供了更为隐蔽的控制方式，而桌面式设备则方便与会人员进行集体交互，遥控器操作简单方便。这些设备的使用有助于提升会议室的智能化水平，使会议室管理更为高效便捷。

（2）控制终端软件

控制终端软件并不统一，其 UI（界面）设计根据不同设备厂商的情况也不完全一致，但通常由开机画面、各系统的操作界面组成。

开机画面通常由会议室所属单位名称徽标或与之相关图片配合简介文字等组成。各系统操作界面根据会议系统的配置功能有所不同，但一般会包括矩阵控制、会议设备控制、会场环境设备控制、摄像机控制等模块。

图 8-19 为控制终端软件操作界面，主要适配触摸屏或平板电脑等操作设备，其 UI 的设计力求简洁实用，一目了然，避免看似高大上实则华而不实的设计。操作人员一看到界面并操作几次后就明白其作用，凡是有可能造成歧义或误操作的设计是需要尽量避免的。

顶部红色条幅可配合文字或图片作为背景，右方为关机键。

左方标签为具体操作界面选择项，如选择成功即变为灰色，也就是右侧操作主界面的背景色，未被选择的操作项则为绿色。此种设计通过颜色进行关联，让使用者一目了然地知道在操作的设备。

标签 1：高清混合矩阵通道设置：可控制视频矩阵通道的组合与切换功能。

标签 2：会场其他设备控制：可控制会议室的屏幕、窗帘、电源等设备的开关。

标签 3：会场灯光控制：通过电源控制器对灯光形成类似于"双路开关"的操作以控制整个会议室的灯光。

标签 4：会议摄像机控制：此为会议室的会议摄像机的云台操作界面。选择会议摄像

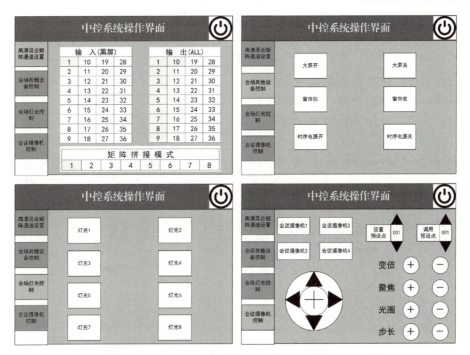

图 8-19 控制终端软件操作界面示意图

机,选中后即高亮,便可以开始对选中摄像机进行方向、焦距、光圈等调节。

8.5 智慧会议扩展模块

8.5.1 投票表决模块

投票表决模块,是智慧会议系统的常用工具,用于组织会议中的投票和表决活动。其目的在于提高投票表决的效率、准确性,同时简化整个过程,使决策过程更为顺畅。

1. 投票表决模块的组成

投票表决模块是一个集成的数字化系统,由硬件和软件组成。系统的核心是表决系统主机,它协调各个组件的工作,管理投票数据,生成统计报告。

(1) 硬件设备

表决主机:表决主机是整个系统的大脑,负责协调各个组件的工作,运行系统软件,处理投票数据、统计投票结果以及存储投票数据等。会议系统里的投票表决功能一般集成在会议系统主机上。

投票器/遥控器:与会者使用投票器或遥控器进行投票。这些设备通常具有简洁的界面,使参与者能够轻松选择并提交投票。会议主持或代表终端上一般会集成投票功能按键。

投影屏幕/显示器：投影屏幕或显示器用于显示候选项、投票结果和其他相关信息，确保与会者能够清晰地了解整个投票过程。一般结合会议大屏或会议桌上显示终端显示。

网络连接设备：为了实现及时的数据传输，系统通常配备有网络连接设备，确保各个组件之间能够迅速而可靠地通信。

（2）软件功能

投票管理：系统软件负责管理投票流程，包括创建投票表决活动、设置投票规则和选项。

实时监控：提供实时监控功能，允许主持人和管理员随时查看投票进展和结果。

结果统计：自动统计投票结果，生成详细的统计报告，包括每个选项的得票数和百分比。

安全性和验证：系统具备安全性措施，确保投票过程的安全性和真实性。同时，能够验证与会者的身份，防止不当投票。

数据记录与导出：系统记录所有投票数据，并提供数据导出功能，以便进一步分析或归档。

2. 投票表决模块的功能特点

（1）提高效率

投票表决模块可以实现自动化投票和自动统计投票结果，大大提高了投票效率和准确性。同时，系统还可以实现实时投票和远程投票，可以方便地在不同的地点进行投票，从而扩大了投票的范围和影响力。自动化的计算和统计过程减少了人为错误的可能性，确保了投票结果的准确性。提供实时反馈，使与会者能够迅速了解投票结果，有助于决策的即时性。

（2）公正性

投票表决模块可以通过加密技术和防篡改技术保障投票的公正性。在投票信息传输和存储过程中经过加密和防篡改处理，确保投票信息的真实性和完整性。同时，系统还可以实现自动检测和识别作弊行为，避免人为干扰投票结果。

（3）透明度

投票表决模块可以方便地展示候选人的投票情况和投票结果，用户可以随时查看投票信息，从而增强了投票的透明度。同时，系统还可以实现自动生成投票规则和投票指南，确保投票的公平和合理。

（4）安全性

投票表决模块需要保证数据的安全性和保密性。系统采用 SSL 安全协议和防火墙等技术，确保投票数据在传输和存储过程中不被攻击和窃取。系统还需要设置访问权限和审计机制，确保只有授权的用户才能访问和查看投票数据。

3. 投票表决模块的常见功能

（1）表决功能：具备"赞成""反对""弃权"表决方式。

（2）独立运行功能：可实现脱离电脑情况下由主持单元发起表决功能，表决结果可在带 LCD 显示屏的单元上显示出来。

（3）签到功能：表决系统支持席位按键签到功能，可通过签到情况对会议出席人数进行统计。整个签到过程在会场内大屏幕座席图上动态显示与会人员到场情况。

（4）操作指引功能：表决前先显示表决内容，由主持宣布"请表决"后，表决器显示"请按键表决"，代表、委员即可按表决键（未按表决键的表决指示灯会不停闪亮，按表决键后全部熄灭），按键表决后，表决器显示"已表决"。

（5）自定义显示功能：表决过程能动态显示在会议主持人的显示器上，大屏幕上只显示实到人数以及已按键人数，由会议主持人宣布"请显示表决结果"后，表决结果才在大屏幕上显示，显示内容可增加或减少；表决结果统计速度快、可按直方图/饼状图/数字文本方式显示。

（6）数据记录储存功能：每次会议所表决的所有议案、出席人数、表决结果、表决时间立即存入会务管理中心核心数据库中。

（7）多元管理功能：表决系统一般具有主持控制方式和操作员控制方式。

（8）其他功能：可选择第一次按键有效或最后一次按键有效的表决形式；可选择记名投票或不记名投票；通过软件设置，代表单元的内置显示屏可以看到表决结果、签到人数等信息。

8.5.2 同声传译模块

1. 同声传译会议系统概述

同声传译模块是在原声（发言人）音频扩放系统的基础上，通过相应设备将信号送译员工作间，经数名不同语种的译员同步翻译后，再通过有线或无线设备分别送至会议现场有不同语种需求的代表所戴的耳机中，会议代表调节接收装置选择所需的翻译语种。同声传译模块能较好地满足多语种的国际会议需求，实现不同国家或民族的会议参加者相互之间迅速方便地交流和讨论。

同声传译模块使用的目的是通过同期翻译解决多种语言翻译的问题，同时提高效率，保证会议的时间最短。一般习惯上称之为 N＋1 翻译系统：既 N 个翻译语种，1 个发言语种。从经济角度讲，一般接收设备就是以 3＋1 或 6＋1 来区分。实现手段上有有线、无线、红外线传输三种方式。红外线传输最贵，有线保密性最强，无线最差（数字无线除外）。有线要求桌子必须固定。红外线要求光线频段不可干扰。

同声传译模块的工作原理见图 8-20，发言人的语音通过系统传给翻译员，翻译员把翻译后的信息尽快通过系统传递到与会相关人员的耳机中，翻译员室一般设在大会议室夹层，能够看到发言人的状态，或者是有摄像显示系统，辅助翻译员尽量做到唇音同步。前端设备置于控制室内，发射天线外置。

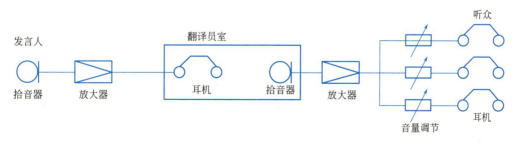

图 8-20 同声传译模块原理图

2. 同声传译模块的信号传输方式

（1）红外线传输方式

红外线传输具备安装简单、音质良好、保密性强等优点，普遍应用在同声传译的语言分配与传输领域。采用红外线传输的同声传译模块基本上由以下设备或子系统组成（图8-21）。

信号源：包括拾音器、会议系统主机及其他音频源。

译员机（翻译员室）：也称为译员控制台，一般具备双工通信功能，与数字会议系统的控制主机相连以进行音频、数据的交换。

红外发送器：电子音频信号通过音频电缆送到红外发送器，经调制后送给红外辐射器。

红外辐射器：调制后的电子音频信号经射频电缆送到红外辐射器后，红外辐射器发射红外光覆盖整个会议室。

红外接收机：在红外光覆盖范围内，所有红外接收机都能够接收到红外光，红外接收机把红外光信号接换成电信号，经功率放大后通过耳机进行多个通道的语音监听。

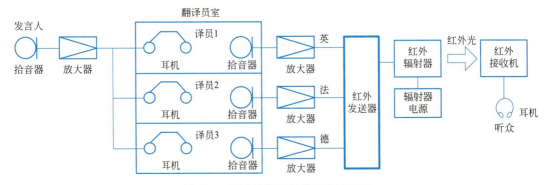

图8-21 同声传译红外线传输系统图

（2）有线传输方式

有线传输采用全数字方式，通过从翻译员室、机房敷设到各个旁听位置的多芯电缆，传输多路数字音频信号。有线传输具备设备造价较低、不易受干扰、音质良好、保密性高等优点，但系统布线复杂、日常维护比较麻烦，多数应用在固定安装使用的场合。

8.5.3 桌牌显示模块

在一些大型会议场合，主办方会在主席台每个位置前摆放一个牌子，用于提示与会者的身份。由于这些桌牌是临时制作，一般是采用打印、彩印、刻字等方式，外观较为粗糙，在一定程度上无法体现出现代化的会议环境。桌牌每次都是临时制作，用完即弃，如果与会人数较多时，会浪费大量的人力物力。

电子桌牌，主要以电子的方式显示与会人员的姓名、职务，可引领与会者就座；管理员在电脑上编辑好与会者信息，轻敲一下键盘就可以把与会者的姓名、职称等信息传输到与之相对应的座位上的电子桌牌，而无需再人工摆座位牌。

电子桌牌系统还可以集成部分会议服务功能，具体如下：

申请茶水：与会者在开会的过程中，如果需要茶水服务，只需要按一下桌牌上的茶水申请按键，茶水服务间的服务员就能在系统服务端电脑屏幕看到茶水申请信息，并及时送上茶水。

信息提示：在会议过程中，会议主持人可以通过桌牌服务端电脑给与会代表群发信息或给某个代表单发信息，与会代表在看到信息提示灯亮后，直接按桌牌上的信息键就能读取信息。

8.5.4 视频会议模块

视频会议模块由视频会议终端、视频会议服务器（MCU，Multipoint Control Unit）、网络管理系统和传输网络四部分组成。

1. 视频会议终端

视频会议终端位于每个会议地点，其主要任务是将本地的视频、音频、数据和控制信息进行编码打包并发送；对收到的数据包解码还原为视频、音频、数据和控制信息。终端设备包括视频采集前端（摄像机或云台一体机）、显示器、解码器、编译码器、图像处理设备、控制切换设备等。

2. 视频会议服务器（MCU）

MCU 又称为多点控制单位，是视频会议模块的核心部分，为用户提供群组会议、多组会议的连接服务。MCU 负责接收来自多个终端的视频、音频和数据流，并将它们混合在一起，然后将混合后的流发送给其他终端。MCU 还负责管理会议的连接和协调会议的各个参与者。通过 MCU，多个终端可以同时进行视频会议，实现远程协作和沟通。

3. 网络管理系统

网络管理系统是会议管理员与 MCU 之间交互的管理平台。在网络管理系统上可以对视频会议服务器 MCU 进行管理和配置、召开会议、控制会议等。

4. 传输网络

会议数据包通过网络在各终端与服务器之间传送，安全、可靠、稳定、高带宽的网络是保证视频会议顺利进行的必要条件。网络传输主要是使用电缆、光缆、卫星、数字微波等长途数字信道，根据会议的需要临时组成。

8.5.5 会议录播模块

会议录播模块已经成为视频会议信息记录、管理和发布的重要组成部分，随着视频会议模块得到越来越多的应用，各种会议频繁召开，如果没有一套完善的会议存储系统，那大量的重要会议、培训会议内容将无法保存下来，用户也无法在日后查看相关的内容，这些宝贵资料的长期丢失对用户来说是一笔很大的损失。特别是近几年智慧会议系统建设步伐加快，为打造一套信息汇集、资源共享及优化管理的综合系统平台，录播系统的应用尤为重要，也加快了录播模块在智慧会议系统中的建设，录播模块建设实现了视频录制、视频直播、资源管理、视频共享点播、视频共享下载、后期编辑管理、视频刻录、视频回放、数字发布等应用功能。录播系统的建设具有很高的应用价值，是未来信息化、数字化智慧会议系统的重要组成部分。

会议录播模块的核心是会议录播主机，其接收视频矩阵或摄像机等设备输入的视频信号，数字会议系统或调音台输入的音频信号，保存在硬盘等存储介质中，如图 8-22 所示。

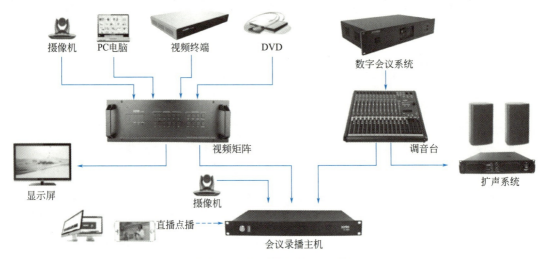

图 8-22　会议录播模块系统图

会议录播模块的功能包括：同步录制会议现场的音视频信号，存储在会议录播主机内；支持多视频流独立录制、存储。支持多路输入，可选择多种布局方式，让会场画面均可传输到会议录播主机；可通过单播或组播的方式将现场的视频、音频、计算机动态屏幕在网络上进行点播、直播，用户可通过浏览器同步接收到现场的视频、音频和计算机动态屏幕信息。

会议录播模块在会议室主要录制的内容包含：会议演讲者特写画面；演讲者 PC 或笔记本内容；会议全景（或关键区域）录制；会议现场所有音频同步录制等。

本章小结

智慧会议系统是在传统会议系统的基础上，集成了人工智能、物联网、大数据等前沿技术，实现了会议过程的智能化、数字化管理和优化。

智慧会议系统可以通过人脸识别和语音识别技术，自动进行与会人员的点名和签到。系统还可以实时将会议讨论内容转化为文字，生成会议记录和日志，进行数字化存储，便于会后的复盘和数据分析。在会议进行中，系统可以基于数据分析，进行会议质量评价，给出会议效果提升的建议。

从系统组成来看，智慧会议系统主要包括显示系统、音频系统和中央控制系统。显示系统使用大屏幕和视频矩阵等设备展示视频、PPT 等内容。音频系统则通过发言系统和扩声系统实现会议的语音交互。中央控制系统可以控制信号的切换和设备的协同，还支持场景模式预设，通过一个按钮即可完成全场环境的调整。

此外，智慧会议系统还拥有扩展模块，实现更丰富的功能。如投票表决模块可以高效表决，同声传译模块支持多语言翻译，视频会议模块实现异地会议，会议录播模块可以保存和分享会议内容。这些模块丰富了会议的互动性。

总体来说，智慧会议系统极大地促进了会议的智能化和便捷化，使会议过程高效、顺畅，会议体验更加舒适和顺畅，它是会议领域的重要发展方向。

本章实践

实训项目 智慧会议系统控制操作

实训要求：

能够按要求熟练进行视频信号的切换和摄像机的调整操作。

实训设备：

虚拟仿真智慧会议实训系统，会议系统控制终端等。

实训任务及步骤：

结合表 8-6 的输入输出点位配置情况，按要求操作会议控制终端，实现相应的控制功能。

矩阵输入输出信号分配表　　　　表 8-6

输入接口	输入信号	输出接口	输出信号
输入 1	主会议终端主输出	输出 1	主会议终端主输入
输入 2	主会议终端辅助输出	输出 2	主会议终端辅助输入
输入 3	备用会议终端主输出	输出 3	备用会议终端主输入
输入 4	备用会议终端辅助输出	输出 4	备用会议终端辅助输入
输入 5	PPT 电脑屏 1	输出 5	机房显示器 1
输入 6	PPT 电脑屏 2	输出 6	机房显示器 2
输入 7	墙插 2(会议摄像机 1)	输出 7	录播一体机
输入 8	墙插 2(会议摄像机 2)	输出 8	发送盒 1
输入 9	墙插 2(会议摄像机 3)	输出 9	发送盒 2
输入 10	会议摄像机 4	输出 10	发送盒 3
输入 11	硬盘录像机	输出 11	发送盒 4
输入 12	地插 1(笔记本)	输出 12	发送盒 5
输入 13	地插 2(笔记本)	输出 13	发送盒 6
输入 14	地插 3(笔记本)	输出 14	发送盒 7
输入 15	地插 4(笔记本)	输出 15	发送盒 8
输入 16	地插 5(笔记本)	输出 16	发送盒 9
输入 17	地插 6(笔记本)	输出 17	发送盒 10
输入 18	地插 7(笔记本)	输出 18	墙插 1(移动电视)
输入 19	地插 8(笔记本)	输出 19	墙插 2(移动电视)
输入 20	地插 9(笔记本)	输出 20	标清终端主输入
输入 21	标清终端主输入	输出 21	标清终端辅助输入
输入 22	标清终端辅助输入	输出 22	备用

1. 高清矩阵的信号切换

（1）开启 Pad 上的智慧会议管理 App，打开中控系统操作界面；

（2）点击"高清混合矩阵通道设置"模块（图 8-23），点击左侧输入 1 号通道，点击右侧输出 1~10 号通道，实现 1 号输入源的信号同步输出到 1~10 号显示屏；

（3）点击"输入（黑屏）"键，点击右侧输出 5~10 号通道，解除 5~10 号显示屏的输出信号；

（4）点击"输入（黑屏）"键，点击右侧"输出（ALL）"键，实现所有输入输出通道解除绑定，恢复初始状态。

（5）关闭 App，退出管理软件。

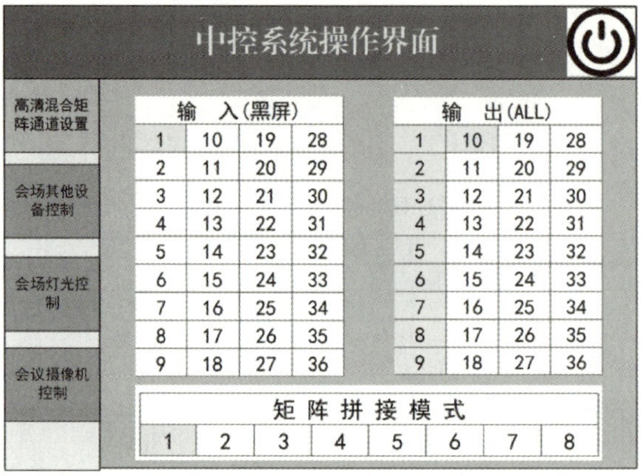

图 8-23 高清混合矩阵通道设置

2. 会议摄像机的控制与调整

（1）开启 Pad 上的智慧会议管理 App，打开中控系统操作界面；

（2）点击"高清混合矩阵通道设置"模块，点击左侧输入 10 号通道（会议摄像机 4），点击右侧输出 5 号通道（机房显示器 1），实现会议摄像机 4 信号同步输出到机房显示屏；

（3）点击"会议摄像机控制"模块（图 8-24），点击"会议摄像机 4"，调整上下左右及变焦光圈等参数，使摄像机 4 对准主席台，并清晰显示主席台的图像。

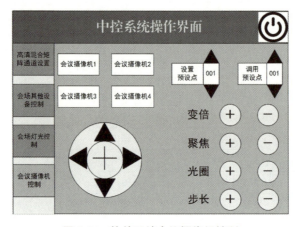

图 8-24 软件系统会议摄像机控制

（4）点击"输入（黑屏）"键，点击右侧"输出（ALL）"键，实现所有输入输出通道解除绑定，恢复初始状态。

（5）关闭 App，退出管理软件。

码8-1
第8章
自测题目

第 9 章 能源管理系统

知识导图

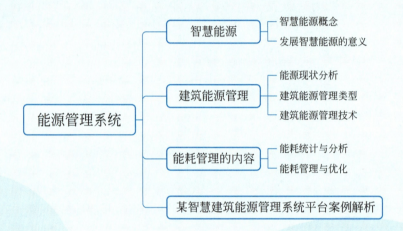

知识目标

1. 了解智慧能源的概念；
2. 熟悉建筑能源管理类型分类；
3. 熟悉主要建筑能源管理技术；
4. 掌握建筑能耗管理系统平台的主要功能和分析方法。

技能目标

1. 能够进行能源管理系统平台的日常维护和管理；
2. 能够进行能耗分析和优化。

9.1 智慧能源

随着城市化进程不断推进，城市的发展与环境及资源的矛盾不断突出，环境污染不断加重，能源难以为继，城市发展面临诸多挑战。城市居民对城市环境改善和低碳节能的呼声越来越高，地方政府也越来越重视民生及城市的绿色可持续发展。如何在能源利用与可持续发展中获得博弈后的平衡，是每一个城市面临的重要问题。

从根本上解决困扰我们的环境、能源和低碳问题，一定离不开能源的智能化使用和管理。人类社会的发展证明，构建智慧城市、低碳城市离不开我们的智慧能源。智慧能源体现了城市发展要遵循人与自然和谐发展的思想。把城市作为一种能源融合智慧的复合系统进行规划建设，是减少能源消耗、减少环境污染的有效途径，智慧能源建设可推进城市可持续发展。

9.1.1 智慧能源概念

能源是人类生存、经济发展、社会进步不可缺少的重要物质资源，是关系国家生存与发展的重要战略物资。能源与人类社会息息相关，其对经济与社会发展的重要意义不亚于粮食、空气和水。随着经济和科学技术的迅速发展，人类对能源的需求量越来越大。不仅如此，能源还是国民经济发展的重要保障，影响能源消费的因素很多，而最重要的是城市化水平，其他因素为政策因素、技术水平以及能源管理水平等。据研究证明，如果城市化水平提升1%，则能源消费量增加近2%，说明造成能源需求量显著上升的原因是城市化综合的作用。随着中国城镇化的加快，中国能源的消费总量将剧增。为了保护人类赖以生存的环境，必须从根本上解决能源安全、稳定、清洁和可持续发展的问题。

为了达到能源的安全、有序、稳定、清洁利用，我们必须研究人类文明发展前进的动力问题，从最根本需求出发制定解决方案，紧跟文明前行的步伐和高要求，从而提出了智慧能源的概念。智慧能源即在能源利用、开发、生产、消费等各个环节中，利用人类特有的智慧，通过创新的技术和新制度的改革，充分发挥我们人类所拥有的能力和智慧，来构建一体化能源技术和整体能源体系，该体系符合城市生态文明建设和城市可持续发展的要求，以此来形成一类全新的能源局势，从而形成了智慧能源的特点，就是像我们人类大脑的功能一样，拥有自组织、自检查、自平衡、自优化等特点，最终实现能源的系统、安全和清洁。智慧能源是人类能源历史上重要的新纪元。

1. 智慧能源的载体是能源

不管是在能源利用、开发、技术方面，或是在我们生产消费体系下，能源自始至终是研究的对象和载体。要使人类的生活更加幸福愉快，商品更加丰富多样，活动范围更加宽广，生态环境更适合居住，我们需要一个安全、清洁的能源。

2. 智慧能源的保障是制度

智慧能源改变了已有的能源布局，带来新的能源发展方向，一定要有强有力的保障措施，例如激励科技创新、优化产业结构、提倡节能减排、推进全球化合作，从而让智慧能源体系稳步推进和高速发展。

3. 智慧能源的动力是科技

在当代工业文明发展过程中，需要科技创新来推动智慧能源的发展。提升非化石能源（核能、风能、太阳能等）开发利用技术，势必在智慧能源的发展历程中发挥重要作用。

4. 智慧能源的精髓是智慧

智慧可以深刻地理解人、事、物、社会、宇宙、现状、过去、将来，拥有思考、分析、探求真理的能力。智慧不同于智力，智力主要包括观察力、记忆力、思维能力、想象能力与实践活动能力，也不同于智能，智能是个体对客观事物进行合理分析、判断及有目的地行动和有效地处理周围环境事宜的综合能力。而智慧是对事物迅速、灵活、正确地理解和解决问题的能力。智慧是人们生活实际的基础。特别是在现代社会中，没有现代人智慧，就无法在现代社会中生存，智慧能源中的智慧，充分体现在能源开发利用、技术创新和能源生产消费制度的变革上。

9.1.2 发展智慧能源的意义

智慧能源伴随着智慧城市发展而生，在智慧能源建设的过程中，一方面能够缓解能源危机和现实压力，适应和满足人类文明现在以及未来发展的需要，另一方面更能推动人类文明发展、增强文明转型的动力。

1. 智慧能源缓解现实压力

智慧能源建设可以帮助我们缓解现实压力，为人类发展过程留下充分的时间和广大的空间。一方面是缓解环境破坏压力。智慧能源所使用的都是清洁能源，不管是在生产、传输还是在消费过程中，它所产生的废料几乎为零，在噪声、辐射等问题上也能得到很好控制。另一方面是缓解资源短缺的压力。现在人类长期大量的使用化石能源，导致其短缺，进而造成生产成本显著提升，这些成本都增加到消费者的生活成本中。越来越多的化石能源开发，也将冲击着经济运行，导致全球性的经济衰退。智慧能源将可以通过创新的能源技术，降低能源消耗，减少新能源生产、消费成本，推进新型能源形成规模化和商业化运用，保障能源持续、安全和稳定供应。

2. 智慧能源加速文明转型

智慧能源的目的是选择正确的目标和方向，选择合适的路径，加快能源形势的改进和替代的速度，缩短我们向生态文明形态转型的历程。首先，我们要提高生产力水平。智慧能源也意味着要改进能源技术，提升传统能源使用效率，逐步生产、使用清洁能源，或使用替代性的新型能源技术，智慧能源所带来的技术创新将极大地提升生产力水平，为生态文明转型提供坚实基础。其次，我们要加快生产关系完善。智慧能源建设离不开智慧的制度和变革、创新原来的能源制度，我们要运用适合智慧能源发展的能源政策、相应改革能源体制的机制，形成一系列可行的能源规则和制度，来形成节约能源、使用清洁能源的外部环境。这种能源关系在生产和消费过程中所形成，它本身属于生产关系的一部分，有助于生产关系完善和上层建筑的改善，从而更加巩固了社会存在和发展的基础。最后，我们要实现生产力和生产关系良性互动。智慧能源代表能源技术的创新，要求能源制度做出对应的调整以及主动的变革，来满足能源技术创新的需求。能源技术和能源制度相互适应，推动了生产力和生产关系的互动，从而加快了社会文明的进步和转型的步伐。

3. 智慧能源适应未来发展

能源技术和能源制度需要有更高的要求才能满足生态文明建设需求。如果在生态文明的阶段，社会持续向前发展，人口数量持续增长，产品生产、服务、消费等智能化、信息化能力全面提升。为了更大化地降低自然资源和能源的消耗,降低环境污染,实现生态平衡,除了针对传统能源需要研究改进相应技术,我们更需要努力开发新能源替代技术。能源管理体制问题、政策问题、能源价格机制问题、能源激励和约束不匹配等制度问题,导致高耗能、高污染、低产出的生产局面。所以,能源制度改革则是生态文明发展迫在眉睫的客观需求。智慧能源其实就是传统能源改进技术和新能源替代技术的创新应用,这两种技术持续不断进步,必然会让能耗减少,污染降低,实现安全、经济、清洁和系统的能源供应。智慧能源同时也是能源制度的改革和创新,这种改革有利于能源资源的整合,提升能源投入产出比,降低环境和生态的影响。可以说,安全、清洁、经济、系统的智慧能源势必能够全面适应和充分满足生态文明的新需求。

从生存到可持续发展规划是城市发展的战略部署,它既让当代人的需求得以满足,又不会让后代人的需求能力受到损害。所以,智慧城市的建设必须在推动基础性应用的同时,充分重视能源节约、绿色环保建设,致力于推动智慧能源和低碳环保的应用与产业发展。

9.2 建筑能源管理

9.2.1 能源现状分析

能源是人类生存活动和社会发展所必要的物质基础,是人类文明创造活动的基石。世界经济的现代化和科技水平的飞速发展,得益于石油、天然气等能源的广泛投入,然而据估算,这种以资源为载体的经济将会在 21 世纪上半叶迅速枯竭,能源危机迫在眉睫。《2022 中国建筑能耗与碳排放研究报告》显示,2020 年全国建筑全过程能耗总量为 22.7 亿 tce,占全国能源消费总量的比重为 45.5%。建筑运行阶段碳排放 21.6 亿 tCO_2,占全国碳排放总量的比重为 21.7%,同发达国家相比,我国目前还处于发展阶段,随着城市化进程的继续和经济持续发展,我国建筑运行碳排放总量和占比都存在较大的提升动力。

针对建筑的高能耗状况,各国都为此制定了相应的政策法规。建筑能效指导文件 EPBD(Energy Performance of Buildings Directive)已于 2003 年正式成为欧盟的强制法律文件,规定各成员国政府应采取有效措施,保证建筑能耗符合标准规定。美国为了推动建筑节能进程,在十余年时间里出台了多项相关政策计划,如美国绿色建筑协会推行的《绿色建筑评估体系》。而我国也针对建筑节能发布了一系列的政策文件,如《民用建筑节能管理规定》《中华人民共和国节约能源法》《"十二五"建筑节能专项规划》等。在实际的应用当中,由于建筑能耗计算的动态复杂性,需要软件作为工具进行建筑设计的检验工作,避免建筑完成后无法达到国家的强制性标准规定。虽然我国已出台了《严寒和寒冷地区居住建筑节能设计标准》《智能建筑设计标准》等标准,但是并没有达到预期的效果,传统的能耗分析软件在直观性、操作性、数据转换上的诸多不足之处也是其中重要的一方面。

智慧建筑就是将建筑与计算机网络技术、通信技术和监控技术等融合，以减少能源消耗，节省运营成本为目的，打造更优化、更舒适、更健康的居住环境。然而在实际应用上，智慧建筑的节能效果并没达到预期效果，主要的原因有系统性规划理念缺乏、节能技术铺设不够、节能材料节能不足、节能管理水平欠缺等。

据国外统计数据，每年约11%的能源损耗源于没有能源管理及控制系统。对于某些智慧建筑小区，物业管理水平跟不上，缺少正确有效的建筑设备能耗评估方法，缺乏正确有效的建筑能耗优化系统，节能监管能力不足，导致能源消耗增大。综合上述情况，智慧建筑能耗现状不容小觑，做好智慧建筑能耗的监管工作和优化能源就显示得更为重要。

9.2.2 建筑能源管理类型

1. 节约型能源管理

节约型能源管理又称"减少能耗型"能源管理。这种管理方式着眼于能耗数量上的减少，采取限制用能的措施。例如，在非人流高峰时段停开部分电梯，在室外气温特别高时关闭新风系统，提高夏季室内设定温度和降低冬季室内设定温度，室内无人情况下强制关灯等。这种管理模式的优点是简单易行、投入少、见效快。缺点是可能会降低整体服务水平，降低用户的工作效率和生活质量，容易引起用户的不满和投诉。因此，这种管理模式的底线是不能影响室内环境品质。

2. 设备更新型能源管理

设备更新型能源管理或称"设备改善型"能源管理。这种管理方式着眼于对设备、系统的诊断，对能耗较大的设备或需要升级换代的设备，即使没有达到折旧期，也毅然决定更换或改造。在设备更新型管理中，一种是"小改"，如在输送设备上安装变频器，将定流量系统改为变流量系统，将手动设备改为自控设备等。另一种是"大改"，如更换制冷主机，用非淘汰冷媒效率更高的设备替换旧的、冷量衰减（效率降低）的或仍使用淘汰冷媒的设备；根据当地能源结构和能源价格增加冰蓄冷装置、蓄热装置和热电冷联产系统，大楼增设建筑自控系统等。设备更新的优点是能效提高明显、新的设备和楼宇自控系统能提高设施管理水平和实现减员增效。设备更新的缺点是：初期投入较大；单体设备的改造不一定与整个系统匹配，有时节能的设备不一定能组成一个节能的系统，甚至有可能适得其反；在设备改造时和改造后的调试期间可能会影响建筑的正常运行，因此对实施改造的时间段会有十分严格的要求。设备更新型能源管理模式受制于资金量。当然，在建筑节能改造中可以引入合同能源管理机制，由第三方负责融资和项目实施。

3. 优化管理型能源管理

这种管理模式着眼于"软件"更新，通过设备运行、维护和管理的优化实现节能。它有两种方式：

（1）负荷追踪型的动态运行管理，即根据建筑负荷的变化调整运行策略，如全新风经济运行、新风需求控制、夜间通风、制冷机台数控制等。

（2）成本追踪型的动态运行管理，即根据能源价格的变化调整运行策略，充分利用电力的昼夜峰谷差价，天然气的季节峰谷差价，在期货市场上利用燃料油价格的起伏等。一般建筑里有多路能源供应或多品种能源供应，有条件时还可以选择不同的能源供应商，利用能源市场的竞争获取最大的利益。这种管理模式对建筑能源管理者的素质要求较高。

9.2.3 建筑能源管理技术

现阶段，在我国经济高速发展的同时，也面临着资源有限、能源消费急剧增长、能源供给与需求之间的矛盾日益突出等问题。数据显示，现阶段我国单位 GDP 的能耗水平是发达国家的 3 倍左右，这正是能源总体利用率较低所造成的。建筑能耗作为我国三大能源消耗类型之一，是影响我国总体能耗水平的关键部分。建筑用能效率的提升作为节能工作的重点，不应仅着眼于设备的更新替换，还应利用先进的能源管理手段，综合提高建筑用能的运行管理水平。

尽管目前国内外有很多研究机构对现有各类公共建筑设备的能耗及运行情况进行了摸底调研，为提高设备系统运行效率、降低设备系统的运行费用、研究设备的节能技术等方面提供了具有参考价值的数据，但是在标准层面上，如何开展建筑能源管理工作尚缺乏相关依据。

与此同时，加强建筑能源管理是缓解我国能源紧缺矛盾、改善人民生活、减少环境污染的一项最直接、经济性最好的措施。通过制定完善的建筑设备能源管理标准体系，有利于全面了解我国能耗水平、能耗结构、系统调控策略、设备性能和设备用能模式，为国家制定能源结构调整战略提供建筑能耗基础数据等，同时，为国家掌握建筑能耗工作的进展以及制定合理的相关建筑节能管理政策、标准提供数据支撑。因此，建筑能源管理技术为建筑节能运行管理工作提供指导依据，解决存在的重改造、轻运行的工作盲区。此外，建筑能源管理技术还可以有效促进建筑节能运行管理市场的建设，刺激建筑节能运行管理需求，引导建筑能源管理发展方向，建立建筑节能市场发展的良性循环。

建筑能源管理范围包括建筑中使用的各种能源和水资源，包括外购或输入建筑的能源和水资源、经由能量系统转换并产生的二次能源，以及终端使用者消耗的能源和水资源。建筑能源管理活动应包括：建筑用能评估与审计、建筑用能系统节能运行与能效提升、日常维护和运行管理。建筑能源管理针对建筑物或者建筑群内的变配电、照明、插座、供暖、空调、通风、动力、电梯、热水、给水排水等系统和设备开展用能合理性评估、系统运行调适、节能节水改造等活动。同时，建筑能源管理工作中涉及的相关设备或系统的测试工作应满足国家相关检测标准要求。

1. 建筑用能评估与审计

公共建筑能源管理应持续开展用能评估，将用能评估工作按照执行人员的不同分为两个类别，一类是建筑使用者、管理者自己开展的，是日常需完成的；另一类是为满足评价要求所聘请的第三方专业机构开展的，一般是定期开展的。而评估工作根据出发点不同，其具体的做法也有所区别。

一种是从用能社会公平性出发的评估，是指公共建筑能源管理者为实现各种特定功能而消耗的能源和水资源情况，及其对应的同类型建筑和功能、相似气候或同地区的社会平均能耗水平，确定该建筑物为实现特定功能而消耗的能量是否合理。

另一种是从自身用能合理性出发的评估，是指在承认被测评建筑物的实际使用状况、实际围护结构性能、设备系统形式等先天因素的前提下，给出没有重大系统设备设计缺陷、没有严重浪费问题时对应的建筑能耗水平，作为该建筑物的合理能耗，并与该建筑的实际能源消耗进行对比，以此评估建筑的用能合理性。

能源管理者对建筑用能进行评估时，宜对建筑为实现某种特定功能而消耗的能量和水资源进行分项评估，评估内容包括：暖通空调系统电耗、照明和室内电器电耗、电梯电耗、热水生活能耗、通风系统电耗、给水排水系统电耗等，以及总电耗、总外购能源消耗量和总用水消耗，并宜将能耗量统一为用能强度等能耗指标的形式。考虑到特殊功能不具备普遍可比性，因此，对于特殊功能的能量、水资源消耗量进行单独评估。用能强度可为单位建筑面积的能耗，或公共建筑对应服务量（如入住率、客流量、营业额等）的单位服务量能耗，建议对通信机房、服务器机房等能耗强度特别高的特殊区域单独计量和评估。

能源管理者应定期对建筑用能合理性进行评估，应根据能耗系统运行的周期进行日常评估，间隔时间不应超过1年。考虑不同的能量系统运行周期不同，日常评估周期，可采用供暖季、供冷季、季度、月度、周或日的评估。

建筑面积20000m^2及以上的公共建筑或设有集中空调系统的公共建筑应定期开展能源审计。能源审计应由符合条件的第三方机构承担，审计深度应符合《公共建筑能源审计导则》要求，达到二级及以上，能源审计时间间隔不应超过3年。能源管理者对建筑物进行用能合理性评估时，应先进行能耗对标，对超过限额指标的用能系统应进行能源审计和现场实测。当被测评建筑的某项能耗指标超过合理值时，则进一步调研相关信息，根据模拟分析方法计算被测评建筑该用能系统合理用能指标值，再进行评估；对于被测评建筑其用能系统能耗仍超过相应标准的能耗指标限值，应进行能源审计和详细现场实测。

2. 日常评估

建筑用能系统的日常评估应根据用能系统运行记录台账、能耗数据报表等，结合用能系统基本运行参数的测试数据，评价分析用能系统的运转和能效情况。用能系统运行记录反映了系统一段时期内的运行状况，能耗数据报表则反映了这段时期内能源消费情况。用能系统日常评估时，应以用能系统运行记录台账、能耗数据报表等分析为主，用能系统基本运行参数测试为辅的方式评价分析用能系统的功能性运转情况、能效情况，找出用能系统运行过程中的常见问题，指导用能系统运营维护工作的开展，从而保障建筑用能系统的日常高效运转。

建筑用能系统日常评估应优先采用建筑能源管理系统记录的数据并提高数据分析能力。随着建筑信息化建设的推进，越来越多的建筑建立了建筑能源管理系统，对建筑用能进行了分类、分项的在线监测和计量，获取连续的监测数据，并根据要求进行逐年、逐月等不同时间段的分析。

对于没有建筑能源管理系统的建筑，建筑用能系统日常评估数据宜通过人工记录和现场测试两种方法获取。人工记录数据包括电力、自来水、天然气等能源消耗的定期记录数据、缴费记录数据、设备系统的运行记录等，现场测试数据包括设备系统的运行参数、效率等可通过仪表测试、计算得到的数据。评估建筑总体用能情况，如评估单位建筑面积能耗时，可使用人工记录数据进行分析评估。评估某个设备系统时，可结合该系统的人工记录数据和现场测试数据进行评估，现场测试应符合现行《公共建筑节能检测标准》JGJ/T177 等相关标准的要求，分析方法可参考《公共建筑能源审计导则》等相关标准。

（1）用能系统运行记录

用能系统运行记录台账应至少保留近 1 年的运行记录文件，主要包括：设备运行记录、巡回检查记录、运行状态调整记录、故障与排除记录、事故分析及处理记录、运行值班记录、维护保养记录等。由于建筑用能系统中的空调系统、生活热水系统等，其运行状况随季节变化大，因此只有 1 年以上的运行记录才能反映系统全年的运行状况。建筑用能系统运行情况可通过定时、定点巡回检查的方式进行记录，主要用能系统或设备记录的间隔时间应不大于 4 小时，次要用能系统或设备的记录间隔时间不宜大于 1 天。

（2）用能系统能耗数据

用能系统能耗数据台账宜保留近 3 年的能源消耗数据账单，主要包括：能耗统计报表、能源消耗总量账单、分类能源消耗账单等。建筑能耗受建筑使用强度、气候因素等影响，每年的建筑能耗可能存在较大的变化，为分析其能耗变化趋势，反映建筑的正常能耗水平，宜至少有近 3 年的能耗数据。另外，按照《公共建筑能源审计导则》的要求，开展一级能源审计至少需要 1 年完整的能耗数据，开展二级能源审计和三级能源审计均需要 3 年完整的能耗数据。因此，在条件允许时，宜收集 3 年的能耗数据；受条件限制时，至少应收集 1 年的能耗数据。能源消耗数据账单应包括建筑消耗的所有能源种类，并收集逐月数据，以提高数据分析精度，主要包括：逐月能源消耗统计报表，逐月能源消耗量报表，逐月能源消耗费用报表，电力、水、天然气等各类能源的逐月消耗报表。

（3）用能系统的日常评估要求

用能系统的日常评估宜对用能系统的基本运行参数进行测试，为客观反映建筑用能设备、系统的运行状况，建筑物业管理人员可利用常规的便携式仪表或用能系统已配备的表进行基本运行参数的测试，从而辅助评估建筑用能系统日常运转情况，测试方法应符合现行行业标准《公共建筑节能检测标准》JGJ/T 177、《采暖通风与空气调节工程检测技术规程》JGJ/T 260 等有关测试要求。基本运行参数包括：采暖供回水温度、空调供暖温度、水流量、水压力、热量及冷量、耗电量、耗油量、耗气量、电功率等。

用能系统功能性运转情况日常评估应检查用能系统运行参数是否正常，判断用能系统运行状态是否满足设计和使用功能要求，以及是否存在能源资源浪费的情况。

用能系统综合能效情况日常评估宜对近 3 年的总能耗、用能强度变化趋势及影响因素等进行分析，并与国家及地方能耗限额进行对标分析，判断用能系统能源利用效率的合理性，用能强度主要包括单位面积能耗、单位服务量能耗等，可参考现行《民用建筑能耗标准》GB/T 51161 及各地能耗限额对公共建筑用能强度进行对标分析，了解建筑的能效水平。公共建筑用能系统数据分析应根据建筑用能系统的特征，按下列规定对用能系统的能效、关键运行数据进行分析：

① 暖通空调系统应定期对系统能效、运行参数进行同比和环比分析，并对供冷季、供暖季总能耗进行同比分析，因为暖通空调系统随季节变化大且易受气候因素影响。

② 照明系统应定期对系统总能耗进行环比分析，照明系统能耗的主要影响因素为建筑使用强度，在同等使用强度下，照明系统能耗较为平稳，应分别按月进行环比分析，从

而检查是否有不正常用电情况。

③ 动力系统应定期对系统总能耗进行环比分析。

④ 生活热水系统应定期对系统总能耗、单位服务量能耗进行同比和环比分析，生活热水系统的用能和用水量主要受使用人数和气候的影响，应分别按月、年对总能耗、单位服务量能耗（包括人均能耗、人均水耗等）进行同比和环比分析，分析这些指标是否符合使用人数、气候变化规律，评估是否存在浪费现象。

⑤ 供配电系统应定期对变压器电能损耗量进行环比分析，能源管理者应配置变压器的电能计量表；应记录变压器日常运行数据及典型代表日负荷，为变压器经济运行提供数据支持；应健全变压器经济运行文件管理，保存变压器原始资料，变压器大修、改造后的试验数据应存入变压器档案中；定期进行变压器经济运行分析，在保证变压器安全运行和供电质量的基础上提出改进措施；应按月、季、年做好变压器经济运行工作的分析和总结，并编写变压器的节能效果与经济效益的统计与汇总表。

（4）日常评估报告

能源管理者应编制日常评估报告，根据日常评估结论调整用能系统的运行策略，并对数据异常的用能系统进行核查、维护。能源管理者应编制日常评估报告，主要内容包括运行记录核查及分析、用能系统基本运行参数测试结果及分析、能源资源消耗总量及用能强度分析、能耗对标分析、分项用能系统运行状况分析、节能潜力分析、日常评估结论等。公共建筑业主或物业管理机构应充分利用日常评估结果，找到建筑用能系统的节能潜力和空间，从而有针对性的调整建筑用能系统运行策略和做好维保工作，切实有效地提高建筑用能系统运行管理分析水平和能力。

9.3 能耗管理的内容

智慧建筑的能耗管理主要是对建筑物日常运营所消耗的电、气、水等资源进行管理，统计相关消耗数据，查找可能存在的浪费并加以改进，以实现能耗的优化。目前我国公共建筑的能源耗费较多，导致运维成本较大。

随着我国经济的发展，能源需求不断上升，与能源供给相对不足之间的矛盾日益严重，节能成为全社会共同关注的话题，国家及行业近年来也在不断强调绿色节能的建筑理念，因此在建筑运维的管理过程中需要重点关注能耗分析，而且，建筑的运维管理阶段不仅在时间上占全生命周期的比重最大，在费用上也是如此，因此建筑物的能耗检测和管理对于控制运营成本至关重要。

1. 数据采集

对建筑物日常运营所消耗的水、电、气等资源的用量数据进行日常监测和统计，提供水、电、气、冷热源消耗的数据的自动收集、整理及能耗分析，对建筑不同楼层、区域、功能区间等多维度能耗情况进行数据收集并通过切换统计时间、统计范围、统计类型等条件实现多维查询；对建筑物能源消耗数据进行精确管理，为高效的能源管理提供数据支持。

2. 数据分析

在三维模式下显示各系统能源消耗的实时数据和历史数据,并自动生成历史数据曲线和进行数据对比,在此状态下可以分析各系统能耗的变化,在剔除业务变动等主动改变因素后,可以分析同一水平线上的能耗变化,找出能耗变化原因并进行优化;也可以分析单一系统、独立区域、单个部门的能源数据,并据此优化能源管理。可以根据建筑物功能的不同来调整能源管理模块的功能,实施差异化能源分区管理,为能源管理提供数据支持;提供能源异常情况警告,在某一区域或某一系统内发生能源使用异常情况下,帮助管理者及时发现能源变动情况,避免意外发生并提高管理效率。

3. 能耗优化

对建筑的能源消耗分配情况进行分析,跟踪主要耗能设备,再结合建筑物的具体情况进行改进,解决能耗管理的滞后性。查找可能存在的浪费并加以改进,以实现能耗的优化。通过参数处理形成直观的能耗数据,便于实时监测能源使用情况,在特定时间段内形成阶段性的统计表,根据阶段性数据监测能耗异常情况,做出相应的调整,使建筑长期处于绿色节能状态。

9.3.1 能耗统计与分析

通过能源管理系统平台可以实现能耗监测、能耗预测、能耗统计与分析、能耗优化等功能,提高楼宇运维效率,降低楼宇运维费用。

1. 能耗监测

一个开放的楼宇能源与机电设备数据云平台(以下简称平台),能够稳定、可靠地汇总楼宇能源与机电设备运行的各类数据,并基于数据提供多种增值软件、算法服务和功能。平台基于分布式架构,将多维数据(如能源数据、机电数据、天气数据、客流数据)进行有机融合,最终实现建筑环境和机电设备的优化管理,科学节省能源费用。

平台可通过已有的 BA(楼宇设备自控)系统获取设备的实时运行数据,并叠加设备的其他属性,不同数据进行分类处理。例如,借助智能电表获取各种设备的耗电量,然后对其进行分析和展示。平台能够从系统、区域、设备等维度对能耗进行监测,结合时间、类别、趋势等提供不同用户对于能耗监测数据展示的需求。

码9-1
能耗监测系统

能耗监测管理系统的主要功能包括数据采集、能耗实时监控、系统集成、自动报警、设备联网等。

(1)数据采集:通过分析各能耗介质,进行分项管理,实现重点单位、工厂、小区等能耗数据,进行实时监测、管理、分析、计算、统计等多种功能。

(2)能耗实时监控:可以对智慧建筑进行水、电、热等各介质能耗转换、分配,在使用过程中进行集中监控、测量控制及管理。通过能耗监测系统可以对数据信息进行对比,并保证能源介质的安全,了解能耗介质的损耗程度。

① 电能耗计量监测功能

电能耗计量监测采用电表采集电能的数据,在需要计量收费和监测的区域安装电表。

总用电量计量:在每台变压器低压干线处安装数字电能表,对总的用电量进行计量。

分户计量：在公寓、办公楼裙楼商业和食堂等末端用户设置数字电表进行分户计量。

分层计量：办公楼以自用办公为主，在楼层普通照明配电箱、楼层公共照明配电箱和楼层空调配电箱设置数字电表进行分层计量。

分类分项计量监测：照明、插座系统电耗（照明和插座用电、走廊和应急照明用电、室外景观照明用电）；空调系统电耗（空调机房用电、空调末端用电）；动力系统电耗（电梯用电、水泵用电、通风机用电）；特殊电耗（弱电机房、消防控制室、厨房餐厅等其他特殊用电）等，均可按需求安装电表进行分项计量和监测。

② 水能耗计量监测功能

水能耗计量监测采用水表采集水能的数据，在需要计量收费和监测的区域安装水表。

根据项目对水表计量收费和监测的要求，需要计量监测的区域如下：

总用水量：在园区给水干管设置数字流量表计量。

餐厅厨房用水：在餐厅厨房给水管设置数字流量表计量。

洗手间用水：在楼层洗手间给水管设置数字流量表计量。

分户计量：在公寓、办公楼裙楼商业和食堂等末端用户设置数字流量表进行分户计量。

空调系统用水：在空调系统给水管设置数字流量表计量。

③ 空调能耗计量监测功能

集中计量：在供回水管上安装能量表，计量使用的冷热量。

末端计量：在每户的风机盘管安装智能温控器，计量风机盘管使用的当量时间。

（3）系统集成：支持异构能源的数据集成、能源的日常管理、能效的评价、能耗的分析以及在线监测等功能模块的集成。

（4）自动报警：对于任何现场的运行参数异常情况都能够自动报警，将内容通过语音、短信、微信、邮件等方式通知相关负责人，及时进行管理控制。

（5）设备联网：支持通过 5G/4G/Wi-Fi/以太网等方式进行联网和数据上云，灵活部署，施工布线难度小，也能自由对接到各个不同的云平台。

① 能耗 KPI 功能

能耗 KPI：办公楼为业主自持，各个部门分楼层、分区域独立办公。能耗管理系统分析能耗情况，将能源消耗分摊到各个部门、个人，实现能耗考核，促进管理方面的主动节能。

② 节能管控功能

能耗管理系统可有效监控各个单位的能耗状况，避免非正常上班时间的能耗浪费，节约能源，给使用单位提供能源控制、管理方面的决策依据。

用户可以制定能耗节约策略，例如当空调的热量消耗达到预设值后，通过楼宇自控接口，监测风机盘管和 BA 设备的运行状态，减小送风量和提高或降低送风/回风温度。当设备终端的能源累积量达到系统设定的阈值时，系统会自动对风机盘管发送关机命令，并且关闭其控制面板的远程控制功能。

多种报表查询，包括日报、月报、年报、温湿度报表、自定义报表等，让数据以报表的形式整理在一起，可以打印和导出，便于数据报表统计。

通过选择设备型号，自由配置显示的参数，页面中会展示该设备型号下所有设备所选择参数的数据，直观对比不同设备同一参数的差异，点击查看按钮，可以查询对应设备的历史数据。

2. 能耗预测

建筑能耗简化计算方法始于 20 世纪 70 年代的能源危机，20 世纪 80 年代中期，统计学方法被用于商业建筑的能耗预测，随着人工智能的兴起，研究人员开始将神经网络模型用于预测建筑能耗。目前，由于硬件技术发展迅速，人工智能方法成为主流的能耗预测方法。

（1）工程简化法

传统的建筑能耗简化计算方法是基于热物理学原理，通过围护结构热工性能、室外空气状态和室内控制参数来计算室内外的热量交换。工程简化法可分为度日法和温频法，度日法适用于基于围护结构的能耗占主导地位小型建筑的能耗预测，而大型建筑的能耗是以内部负荷为主导的，因此通常使用温频法来进行能耗预测。

基于工程简化法，一些综合性的仿真软件被开发使用，例如 EnergyPlus 和 DOE-2 等。广大科研人员基于这些仿真平台，提出了很多优秀的能耗预测方法。虽然仿真出来的能耗预测方法和模型有效且准确，但是在实际工程中很难获得仿真工具的输入参数。

（2）统计法

建筑能耗预测的统计学方法是以历史的建筑能耗数据为基础，通过回归方法找出建筑能耗与建筑参数之间的关系。回归模型通常应用于以下三种情况：①在简化变量的基础上预测能量使用；②能源指数的预测；③用于预测总热容量、增益因子等重要的能源使用参数。当前建筑的动态能耗模型是以建筑设计形状为主要参量。

（3）人工智能法

当前人工智能法中应用最广泛的是基于神经网络的建筑能耗预测模型。因为神经网络能够解决变量之间的非线性关系，所以能耗预测精度比传统方法更高。学者们基于广义回归神经网络，可以实现建筑制冷制热能耗的预测。我国的石磊和李帆基于神经网络的空调负荷预测有较高的精度。

3. 能耗统计与分析

通过将各类独立的有关用能系统进行集成，整合用能数据信息，构建能耗管理平台，提供用能总览、分类计量、能耗监测、树状图谱等多项应用。

按照地块、时间、等级、区域、用户性质等不同维度的条件进行分类查询，展示对应的能耗用量。

平台汇总所有设备信息，可集中监测设备运行的有关参数信息，以及对应的详细设备信息。

9.3.2 能耗管理与优化

基于智慧能源和能耗现状的分析，建立智慧建筑能源管理系统，通过建筑能源分类、分项计量，对比采用智能化技术前后的能源数据，评估能源使用效率，进行各类能耗数据的采集、存储、统计分析、节能诊断、优化控制和综合管理等，达到精准节约能源，有效降低运行成本。

1. 能源监测与诊断

实时监测机电设备的能源消耗情况,包括电力、水、燃气等的使用情况,系统通过数据分析和诊断算法,及时发现能耗异常和问题,并生成报警或提示信息,以便及时处理和调整。

2. 能效分析

基于能源监测数据,对机电设备的能效进行分析和评估,包括用电、用水、燃气设备的能效情况,系统可以计算能源利用效率、制冷效率等关键能效指标,并提供数据可视化报表和图表,以便用户直观地了解设备的能耗情况和能效水平,以便于找出能源消耗的瓶颈和改进的空间。

3. 管理节能决策参考

根据能源监测和能效分析的结果,提供节能的管理决策参考,包括优化设备运行参数、调整设备控制策略、改进设备能效、改进设备维护等方面的建议。

4. 设备节能决策参考

对智慧建筑机电设备进行节能决策的参考,系统可以对设备的能耗进行监测和分析,识别能耗高的设备,并提供相应的节能建议和措施,比如:针对电热与制冷设备,提供合理的温度控制策略和加热/制冷循环优化方案;低效设备的更新换代、设备的维护保养、设备的优化配置等方面的建议,以提高设备的能效。

5. 设备能源供给运行管理

对智慧建筑机电设备的能源供给进行管理和优化。系统可以监测能源供给情况,包括供电负荷、供电稳定性、使用峰谷时段与时长等,并提供能源供给策略的优化建议。例如,根据设备运行需求的变化,系统可以提供合理的能源供给调整方案,以保证设备运行质量和供能稳定性。

9.4 某智慧建筑能源管理系统平台案例解析

能源管理系统平台是致力于智慧建筑合理计划和利用能源、降低能源消耗、提高经济效益、降低 CO_2 排放的能源信息化管理系统。EMS(能源管理系统)确保能源调度的科学性、及时性和合理性,从而提高能源利用水平,实现生产工序用能的优化分配及供应,保证生产及动力工艺系统的稳定性和经济性,并最终达到提高整体能源利用效率的目的,能源管理系统功能见表 9-1。

能源管理系统功能　　　　表 9-1

项目	要求	响应
项目组合管理	平台支持单个站点和 JGP 网站组合的能力	平台支持单个站点及与大多数第三方系统平台整合的能力
本地化	能够为平台支持多种货币和多种语言(包括中文、西班牙语、英语)	平台目前支持中文/英文

续表

项目	要求	响应
数据功能	能通过大能耗设备(生产设备、空气压缩机、暖通空调等)按地点、功能、区域、资源(天然气、电力、水等)查看和分析能耗	平台支持多样化的查看和分析能耗方式
	能够查看电路的用电量、电压、功率因数	平台支持查看用电量、电压、功率以及更多指标数据
预测	通过比较预测能耗与实际能耗,分析能源浪费	通过对比预测能耗与实际能耗,分析能源浪费,可通过人工智能优化策略来计算节能量
	根据历史消费和未来生产计划预测未来消费的能力	平台具备机器学习算法,根据历史需量及未来需量影响因子预测未来需量的能力,包括长期预测和短期预测的能力
	能够根据现有税率和预期的未来消费预测未来成本	平台支持预测和计算未来需量成本,暂时不支持关税,但是可以很容易添加这方面功能
优化控制	具有完善的安全保护措施	平台的优化控制配置八大安全保护机制,能在各种特殊情况下轻松应对
	能直观得了解各优化策略的运行情况,优化结果以及带来的收益	平台内置的优化板块能根据不同的优化类型统计并分析投入运行的策略收益,用户可以在网页平台内管理并分析各个策略的优化结果
	可实现高级分析的系统,例如回归分析/预测建模	平台内置多种机器学习的模型和算法
输出和整合	用户将所有数据导出到 CSV 文件的能力	平台支持指定格式数据导出
	可与第三方系统集成的 API	平台支持数据转发,可集成至第三方系统
	遵守行业标准开放协议,包括 Modbus、BacNet 与第三方系统、传感器和 BMS 平台集成	平台支持多种类型的设备数据采集协议,包括但不仅限于 Modbus、Bacnet、OPC、DLT645 等
标杆对照	能够设置和跟踪消费、能源性能基准的目标水平	平台支持设定和跟踪能耗基准
	能够跨站点跟踪和比较(基准)能源 KPI	平台支持跨站点的能耗指标对比
需求响应	支持公用事业需求响应计划的能力	平台提供最大需量规划,预测功能,可配合需求响应机制

1. 能耗统计

能源管理系统中用户可以通过配置图表看板在线实时监测整个建筑及建筑下属的各个能源系统的能耗动态信息,系统通过识别从企业到设备多个层级能源消耗分布,结合小时、日、周、月、季度、年等时间维度,直观反映企业各个层级的能耗信息,管理人员可了解和掌握实时能耗状况、单位能耗数据、能耗变化趋势和实时运行参数等信息。保障可靠有效地设备运行,实现可持续的能源节省,通过合理的能源管理,降低生产中断风险,基于主动预防性维护及服务,保证能源高效安全使用。

能耗分析板块可提供综合能耗、能效统计,界面包括宏观能耗数据和相关信息,快捷、直观反映实时和历史能耗、能效信息。能源管理系统可为用户提供能源消耗结构和能

码9-3
能耗统计
界面

源消耗分析依据，评估节能措施的效果和关联影响，协助客户降低能源消耗。

采用列表、趋势图、饼图、柱状图等，界面直观，支持管理者按需配置，数据周期可以根据需要配置。

能耗公示采用B/S结构，用户可在任何一台电脑上按照平台设置的账号权限登录公示平台的Web网站即可查询各部门的用能信息。

2. 能耗分析

码9-4
能耗分析
界面

平台可对历史年/月/日或指定时段的各类能耗数据在功能范围内分类统计分析。对于主要大能耗设备（暖通空调等）按地点、功能、区域、资源等维度查看和分析能耗并进行分析。

平台通过对能源运行数据的集成，建立高透明度的能源调度与管理平台，提供实时的能源数据采集、图形化的能源运行状况、直观的历史和实时趋势、强大的能源分析工具、丰富的能源管理报表等，以期获得在更低能耗、更低排放水平下生产力的优化。

平台监测总体用能及分类、分项、各设备用能情况，监测能源流向和用量；展现能耗监管效果，用能超限异常自动预警，保障能源运行安全；用能分析及优化改进，减少能耗提高能效；实现历史能耗数据的环比、对标和综合分析，提高能源管理水平；统计管理节能和技术节能的节能量及减排量；用能数据灵活多样可视化展示，辅助能源管理决策。

能源流向分析：根据能量平衡图可实时反映出能源供需的对比情况，可按照能源分类、能源分级、能源分项等不同维度进行展示。

冷冻站数据分析：系统针对制冷站中核心的主机、水泵、冷却塔能耗进行同比、环比分析，同时结合冷冻站中关键的冷量、温度、流量数据，帮助管理者更好地了解冷冻站当前的状态，以及与室外环境的变化。

码9-5
数据趋势
分析曲线

空调系统运行分析：智慧建筑中的末端空调系统与冷冻站的运行紧密相连，也与建筑中人员使用情况紧密相关。因此通过分析空调机组的回风温度变化，可以直接发现与人员需求不相符合的浪费、不足，为后续及时调整空调机组的运行打下基础。

3. 能耗对标

建筑运行状态中，有大量的能耗信息，必须对能耗信息进行梳理和汇总处理，以点带面，通过对关键能耗指标的管控，实现能耗全局提升。尤其是对于高层管理者来说，通过对KPI的管理，在最短时间内就能够实现对企业能源运行水平的整体管理。

配合多栋智慧建筑的能效KPI管理指标，可在平台系统中计算和动态监测各个KPI指标实绩。KPI是直接反应使用者能效利用率的关键参数，能够直接有效地反映能源利用效率。

在数据分析的基础之上，平台能够建立能耗的能效分级图表，以及关键能耗参数KPI。在不同的行业中，关键能耗分析参数是不同的。比如在生产性企业，关键KPI指标是单位产能的能耗信息，在建筑领域，常见的KPI指标包括单位面积的能耗、人均能耗等。在平台中，可根据不同类型的负载，提供不同的KPI对标表，完成不同负载的对标分析。

平台还允许管理者对节能过程的实际情况进行跟踪。在充分了解建筑各系统功能或关键耗能设备能耗的基础上，设置节能目标，跟踪目前能耗水平与目标能耗水平。指标体系建立后，平台可以对这些指标进行实时计算、显示、分析、比较。通过趋势分析和横向比较，可以寻找各个功能区域能源管理的薄弱环节，从而寻找改进办法。纵向比较时可以将某功能区域的实时能耗指标与其曾达到的最佳水平比较，找出差距，寻找改进办法。节能目标跟踪可以及时评估任务完成情况。典型的对标分析和节能目标分析常常通过曲线比较的方式展现，能够直观地对比出节能效果或者异常数据。

4. 能耗趋势分析

平台具有强大的历史能耗数据追溯和分析功能。例如：在不同时段下生成各种能耗数据报表与能耗曲线，用多种方法对主要能耗设备的能耗数据进行查询和追溯，并可对多种参量的变化趋势进行对比、分析，从而发现能源消耗结构和过程中存在的深层次问题，对建筑能源消耗结构和方式的改进、优化提出方案和建议。

码9-6
能耗趋势
分析界面

通过动态的能耗曲线和数据，可以直观地比较建筑生产能耗与国际、国内标准的差距，从而对管理、运维及时进行指导和调整，协助降低建筑综合能源成本，优化能源使用，使建筑的单位能耗和能源效率科学、合理。

5. 能源系统优化控制

目前建筑系统管控都是通过本地的 BA 系统实现。通过与本地的 BA 系统进行联动，平台特有的控制优化体系能够 24 小时实时根据本地上传的系统数据，调用模型进行关键控制参数的计算，并反向下发至本地 BA 系统。由本地的 BA 系统做设备的最后一道控制。而云端平台可以帮助用户实时追踪每一个优化控制策略的执行情况以及带来的节能收益。

码9-7
优化控制
模块计算
展示

6. 异常故障告警

通过故障诊断算法，进行设备故障判断，结合系统监测，形成完善的设备监测、故障告警机制，及时发现设备故障问题，保障楼宇安全。

码9-8
设备异常
检测界面

7. 自动化报表和报告

平台提供多种统计报表，包括定制化能效报表、峰谷电量报表、运行参数报表、运行月报等，以满足客户的数据统计、图表呈现及运行分析的管理需求。

报表按照日期和区域，用图表和详细数据显示结果，并且可以切换图表的表现方式，饼图、柱状图、折线图可以任意选择，并提供天/小时图、周/小时图、月/日图、月/日对比图、年/月图、年/月对比图。可以根据需要，自行选择时间段及显示方式等。支持单独或批量打印报表，及报表导出为 Word、Excel、PDF 等通用格式文件。

能自动生成各类日、月、年报表，报表应以横向显示项目（如水位、流量等），纵向显示时间周期内统计数据的二维表方式为主（日报以 24 小时为单位等）。提供横向显示项目的灵活定制功能，根据不同显示项目生成多种报表组合方式。

操作人员可以在远程浏览查看全部的报表数据，包括操作人员的工况事件记录，现场或远程操作人员登录系统的时间，以及在系统内部的操作事件流程，按照时间先后顺序生成二维表。

可基于能源管理系统已有模板，或自定义新的模板生成报表。可以手动或根据预设时间表定时生成，或通过事件触发生成 pdf 格式报表。报表能自动通过 Email 以 HTML 格式进行发送或自动打印。系统可以根据管理者的需求针对不同区域生成多种能源报告。

报表分为标准报表和定制报表：标准报表主要针对系统中标准配置的全厂、车间等对象，以日、周、月、年等时间维度生成标准能耗报表；定制报表为依据客户需求定制的报表。

除了传统的能源消耗数据报表及查询外，能源管理系统提供基于时间的图形化数据分析报告（图 9-1）。能源管理系统提供各种丰富的管理报告模板，结合工厂实际运行情况，通过能效分析为工厂提供合理的能源管理方案。报告的内容可以通过配置完成，用户可以根据需要调整相关内容。

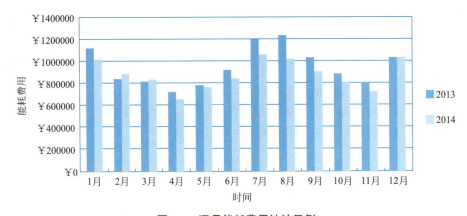

图 9-1 逐月能耗费用统计示例

该智慧建筑能源管理系统平台包含：能源系统评估、能耗预测、故障检测、建筑运维、设备优化运行和可再生能源等算法功能。该平台在智慧建筑的数字化、智能化、精细化能源管理的技术道路上迈出了重要的第一步。

本章小结

在"能源双控、双碳"的政策要求下，能源智能化、数字化是必然趋势。以打造智慧能源管理系统为重要抓手，采取多样化节能措施来降低能源成本，全方位提高能源利用率和经济效益。本章重点从智慧城市层面介绍了智慧能源、智慧建筑层面介绍了建筑能源管理类型及技术，分析建筑能耗管理的内容。通过能耗统计与分析、能耗管理与优化，实现能耗的精细化管理与控制，达到节能减排的效果。

本章实践

实训项目　能源管理系统运维管理

实训要求：
1. 了解能源管理系统的基本组成和功能。
2. 掌握能源管理系统的日常运维管理方法。

3. 能够进行能源管理系统数据统计与分析。

实训设备：

能源管理系统运维平台、模拟器或仿真软件。

实训步骤：

第一步，观看系统架构和工作流程的演示视频。

第二步，通过模拟器或仿真软件浏览系统的用户界面，了解各个功能区域。

第三步，登录系统，查看能源消耗设备的状态和运行情况。

第四步，了解能耗使用情况及能源管理系统的日常运维；模拟设备查看、能耗统计与分析等。

第五步，了解定期维护系统，包括数据库备份、软件更新等；了解优化系统性能，提高能源使用效率的方法。

第六步，参与模拟系统维护操作，进行数据库备份和软件更新。

码9-9
第9章
自测题目

第 10 章 BIM综合运维系统

Chapter 10

知识导图

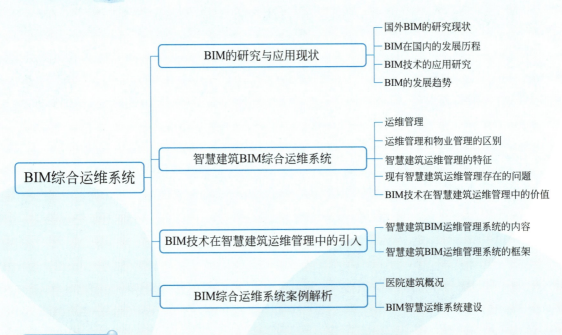

知识目标

1. 了解 BIM 技术的应用现状;
2. 熟悉智慧建筑运维管理的内容、特征、存在的问题;
3. 掌握 BIM 综合运维管理系统的内容。

技能目标

1. 能够针对智慧建筑运维管理存在的问题,总结 BIM 综合运维管理的应用价值;
2. 能够在 BIM 综合运维管理系统平台上进行巡检、日常维护、故障排除等操作。

10.1 BIM 的研究与应用现状

10.1.1 国外 BIM 的研究现状

当前社会发展正朝集约经济转变,建设行业需要精益建造的时代已经来临。当前,BIM 已成为工程建设行业的一个热点,在各国政府部门相关政策指引和行业的大力推广下迅速普及。

1. 美国

美国作为最早启动 BIM 研究的国家之一,其技术与应用都走在世界前列。与世界其他国家相比,美国从政府到公立大学,不同级别的政府机构都在积极推动 BIM 的应用并制定了各自目标及计划。

在 2003 年,美国总务管理局(GSA,General Services Administration)通过其下属的公共建筑服务部(PBS,Public Building Service)设计管理处(OCA,Office of Chief Architect)创立并推进 3D-4D-BIM 计划,致力于将此计划提升为美国 BIM 应用政策。从创立到现在,GSA 在美国各地已经协助 200 个以上项目实施 BIM,项目总费用高达 120 亿美元。以下为 3D-4D-BIM 计划具体细节:

制定 3D-4D-BIM 计划;

向实施 3D-4D-BIM 计划的项目提供专家支持与评价;

制定使用 3D-4D-BIM 计划的项目补贴政策;

开发对应 3D-4D-BIM 计划的招标语言(供 GSA 内部使用);

与 BIM 公司、BIM 协会、开放性标准团体及学术/研究机关合作;

制定美国总务管理局 BIM 工具包;

制作 BIM 门户网站与 BIM 论坛。

2006 年,美国陆军工程师兵团(USACE,United States Army Corps of Engineers)发布为期 15 年的 BIM 发展规划,声明在 BIM 领域成为一个领导者,并制定 6 项 BIM 应用的具体目标。2012 年,对 USACE 所承担的军用建筑项目强制使用 BIM。此外,他们向一所开发 CAD 与 BIM 技术的研究中心提供资金帮助,并在美国国防部(DoD,United States Department of Defense)内部进行 BIM 培训。同时美国退伍军人部也发表声明称,从 2009 年开始,其所承担的所有新建与改造项目将全部采用 BIM。

美国建筑科学研究所(NIBS,National Institute of Building Sciences)建立 NBIMS-USTM 项目委员会,以开发国家 BIM 标准并研究大学课程添加 BIM 的可行性。2014 年初,NIBS 在新成立的建筑科学在线教育上发布了第一个 BIM 课程,取名为 COBie 简介(The Introduction to COBie)。

除上述国家政府机构以外,各州政府机构与国立大学也相继建立 BIM 应用计划。例如,2009 年 7 月,威斯康星州对设计公司要求 500 万美元以上的项目与 250 万美元以上的新建项目一律使用 BIM。

2. 英国

在英国由政府主导，与英国政府建设局（UK Government Construction Client Group）于 2011 年 3 月共同发布推行 BIM 战略报告书，同时在 2011 年 5 月由英国内阁办公室发布的政府建设战略中正式包含 BIM 的推行。此政策分为 Push 与 Pull，由建筑业（Industry Push）与政府（Client Pull）为主导发展。

Push 的主要内容为：

由建筑业主导建立 BIM 文化、技术与流程；

通过实际项目建立 BIM 数据库；

加大 BIM 培训机会。

Pull 的主要内容为：

政府站在客户的立场，为使用 BIM 的业主及项目提供资金上的补助；

当项目使用 BIM 时，鼓励将重点放在收集可以持续沿用的 BIM 情报，以促进 BIM 的推行。

英国政府从 2011 年开始，对所有公共建筑项目强制性使用 BIM。同时为了实现上述目标，英国政府专门成立 BIM 任务小组（BIM Task Group）主导一系列 BIM 简介会，并且为了提供 BIM 培训项目初期情报，发布 BIM 学习构架。2013 年末，BIM 任务小组发布一份关于 COBie 要求的报告，以处理基础设施项目信息交换问题。

3. 瑞典

虽然 BIM 在瑞典国内建筑业已被采用多年，可是直到 2013 年才由瑞典交通部（Swedish Transportation Administration）发表声明使用 BIM。瑞典交通部同时声明从 2015 年开始，对所有投资项目强制使用 BIM。

4. 澳大利亚

2012 年澳大利亚政府通过发布国家 BIM 行动方案报告制定多项 BIM 应用目标。这份报告由澳大利亚 Building SMART 协会主导并由建筑环境创新委员会（BEIIC，Built Environment Industry Innovation Council）授权发布。此方案主要提出如下观点：

2016 年 7 月 1 日起，所有的政府采购项目强制性使用全三维协同 BIM 技术；

鼓励澳大利亚州及地区政府采用全三维协同 Open BIM 技术；

实施国家 BIM 行动方案。

澳大利亚本地建筑业协会同样积极参与 BIM 推广。例如，机电承包协会（AMCA，Air Conditioning & Mechanical Contractors Association）发布 BIM-MEP 行动方案，促进推广澳大利亚建筑设备领域应用 BIM 与整合式项目交付（IPD，Integrated Project Delivery）技术。

5. 新加坡

早在 1995 年，新加坡启动房地产建造网络（CORENET，Construction Real Estate NETwork）以推广及要求 AEC 行业 IT 与 BIM 的应用。之后，建设局（BCA，Building and Construction Authority）等新加坡政府机构开始使用以 BIM 与 IFC 为基础的网络提交系统（e-submission system）。在 2010 年，新加坡建设局发布 BIM 发展策略，要求在 2015 年建筑面积大于 5000m^2 的新建建筑项目中 BIM 和网络提交系统使用率达到 80%。

同时，新加坡政府希望在 10 年内，利用 BIM 技术为建筑业的生产力带来 25% 的性能提升。2010 年，新加坡建设局建立建设 IT 中心（CCIT，Center for Construction IT）以帮助顾问及建设公司开始使用 BIM，并在 2011 年开发多个试点项目。同时，建设局建立 BIM 基金以鼓励更多的公司将 BIM 应用在实际项目上，并多次在全球或全国范围内举办 BIM 竞赛大会以鼓励 BIM 创新。

6. 日本

2010 年，日本国土交通省声明对政府新建与改造项目的 BIM 试点计划，此为日本政府首次公布采用 BIM 技术。

除日本政府机构，一些行业协会也开始将注意力放到 BIM 应用。2010 年，日本建设业联合会（JFCC，Japan Federation of Construction Contractors）在其建筑施工委员会（Building Construction Committee）旗下建立了 BIM 专业组，通过规范 BIM 的使用标准与方法，以提高施工阶段 BIM 所带来的效益。

10.1.2 BIM 在国内的发展历程

2011 年，住房和城乡建设部发布《2011—2015 年建筑业信息化发展纲要》，声明在"十二五"期间，基本实现建筑企业信息系统的普及应用，加快建筑信息模型、基于网络的协同工作等新技术在工程中的应用，推动信息化标准建设，促进具有自主知识产权软件的产业化，形成一批信息技术应用达到国际先进水平的建筑企业。这一年被业界普遍认为是中国的 BIM 元年。

2016 年，住房和城乡建设部发布《2016—2020 年建筑业信息化发展纲要》，声明全面提高建筑业信息化水平，着力增强 BIM、大数据、智能化、移动通信、云计算、物联网等信息技术集成应用能力，建筑业数字化、网络化、智能化取得突破性进展，初步建成一体化行业监管和服务平台，数据资源利用水平和信息服务能力明显提升，形成一批具有较强信息技术创新能力和信息化应用达到国际先进水平的建筑企业及具有关键自主知识产权的建筑业信息技术企业。

此外，住房和城乡建设部在 2013 年到 2016 年期间，先后发布若干 BIM 相关指导意见：

（1）2016 年以前政府投资的 2 万平方米以上大型公共建筑以及省报绿色建筑项目的设计、施工采用 BIM 技术；

（2）截至 2020 年，完善 BIM 技术应用标准、实施指南，形成 BIM 技术应用标准和政策体系；在有关奖项，如全国优秀工程勘察设计奖、鲁班奖（国家优质工程奖）及各行业、各地区勘察设计奖和工程质量最高的评审中，将应用 BIM 技术作为评奖条件；

（3）推进建筑信息模型（BIM）等信息技术在工程设计、施工和运行维护全过程的应用，提高综合效益，推广建筑工程减隔震技术，探索开展白图代替蓝图、数字化审图等工作；

（4）到 2020 年末，建筑行业甲级勘察、设计单位以及特级、一级房屋建筑工程施工企业应掌握并实现 BIM 与企业管理系统和其他信息技术的一体化集成应用；

（5）到 2020 年末，以下新立项项目勘察设计、施工、运营维护中，集成应用 BIM 的项目比率达到 90%；以国有资金投资为主的大中型建筑；申报绿色建筑的公共建筑和绿色生态示范小区。

同时，随着 BIM 发展进步，各地方政府按照国家规划指导意见也陆续发布地方 BIM 相关政策，鼓励当地工程建设企业全面学习并使用 BIM 技术，促进企业、行业转型升级，以适应社会发展的需要。

10.1.3 BIM 技术的应用研究

1. 设计施工阶段的研究

从 BIM 的发展可以看到，BIM 最开始的应用就是在设计阶段，然后再扩展到建筑工程的其他阶段。BIM 在方案设计、初步设计、施工图设计的各个阶段均有广泛的应用，尤其是在施工图设计阶段的冲突检测及三维管线综合以及施工图出图方面。

施工阶段，国内学者对 BIM 的研究主要涉及成本管理、质量管理、安全管理。

2. 运维阶段的研究

（1）运维阶段应用 BIM 的意义

虽然目前对 BIM 的研究较多，但主要涉及设计与施工两个阶段，在运维阶段的 BIM 研究尚处于探索阶段。

BIM 技术的开放性、共享性、可出图性，为智慧建筑的运维管理提供了支撑。

美国国家标准与技术协会表示，在运维阶段大量的人力、物力、财力被浪费在重复且低效的日常工作中，如手动更新建筑设备状态，人工计算材料及设备的数量等工作，且这种低效的运维管理在其他国家也广泛存在。一些国外学者通过多种方式调查了 BIM 为运维管理带来的影响。研究表明，基于 BIM 技术的设施管理以及维护系统，将成为未来的前进方向。

（2）运维的多角度管理

在设备管理方面，Brittany Giel 和 Raja R. A. Issa 认为业主不能适应利用 BIM 进行管理，是设备管理效率低下的原因之一，为了帮助业主进行评估以及扩展技术知识，提出基于德尔福技术的理论框架。在公共安全管理方面，K. Schatz 为保证建筑消防安全构建了基于 BIM 的模拟疏散演习场景，以观察在火灾情况下店主对个人逃生行为的影响，从而提出新的消防应急逃生路线方案。

（3）运维管理流程

管理流程不规范，信息沟通不畅，资源整合效率低下等问题日渐突出，还需实现 BIM 运用升级。现代建筑正常运营需要众多系统的保障，包括变配电系统、监控系统、消防安全系统、管网检修维护系统、数据传输分享系统等。系统能否正常协调运行，直接关乎人们的生产和生活，基于 BIM 技术的运维管理平台，将是今后的应用方向。

10.1.4 BIM 的发展趋势

依据 BIM 技术的应用成熟度，建筑业中的 BIM 经历了以模型为主的 BIM1.0 可视化应用时期，各阶段应用为主的 BIM2.0 全生命周期应用时期，多技术综合应用的

BIM3.0"BIM+"集成应用时期。BIM 技术进入我国后,将二维图纸用可视化的三维模型表达出来,这样建筑设计与图纸检查转化为了计算机中的建模与碰撞检查工作,此时 BIM 主要应用于建筑设计阶段,应用重点为三维模型的建立、二维图纸的自动生成、通过可视化特点实时观察设计成果,该时期称为 BIM1.0 可视化应用时期。当 BIM 进一步拓宽应用范围,进入 BIM2.0 全生命周期应用时期,BIM 以信息综合为基础。应用于建筑的前期策划至运营维护阶段的进度与成本协同管理、工程量与成本的核算、质量与安全跟踪管理、工艺模拟等工作。随着国家大力发展智能制造工程,BIM 的多技术集成应用方向也就随之确定。BIM 结合大数据3D 打印、5G 等技术,能够加快信息技术与制造技术的融合发展、实现建筑智能化制造,此时期为 BIM3.0"BIM+"集成应用时期。

1. BIM1.0 可视化应用

利用 BIM 技术的可视化模型,参数化建模解决某个阶段的设计问题,进行单方面的应用,如构建专业模型、虚拟漫游、图纸审查、三维场地布置、机电碰撞检查等。基于BIM 的可视化应用可以改善沟通环境,营造好建筑整体的真实性及体验感,给管理人员、施工人员及业主等一个印象,现场也可按照模型来施工,提高效率以及准确度。但该阶段BIM 技术应用较为基础,对工程各环节不够深入。

2. BIM2.0 全生命周期应用

策划、设计、施工、运营建筑工程全寿命周期的各个阶段任务不同,BIM 技术在其基础功能上继续开发,实现多维度应用,其应用维度与应用深度根据项目任务重点不同而有所侧重。各专业工程人员利用 BIM 实现协同管理,在各阶段控制建筑的性能与成本,实现对建筑全生命周期的投资、设计、施工、运维的全方位组织优化与系统管理。

3. BIM3.0"BIM+"集成应用

随着 BIM 技术研究与应用深入,实际项目仅仅应用 BIM 是不够的,更多的项目采取 BIM 技术与其他先进技术交叉应用、深度集成的方式,在发挥各类技术优势的同时,更达到"1+1>2"的效果,提高项目效益,倍增项目价值。现今陆续涌现了 BIM+大数据、BIM+地理信息系统(Geographic Information System 或 Geo-Information System,CIS)、BIM+3D 打印、BIM+虚拟现实(Virtual Reality,VR)、BIM+5G、BIM+物联网(Internet of Things,IoT)等"BIM+"的应用。

(1) 设计阶段

"BIM+大数据"整合了图纸资料,使得大量无序信息以有序的形式保留并为建筑各单位提供决策依据,提高设计效率;"BIM+GIS"直观反映城市规划、交通、环境、市政管网、居住区规划等信息,提高建模质量和分析精度,并为大型、长期项目的管理打下坚实基础。

(2) 施工阶段

"BIM+3D 打印"实现了信息技术设计模型到物理模型的飞跃,不仅为施工人员提供可 360°观察的施工方案物理模型,也为复杂构件的工艺制作提供第二种可能,甚至部分建筑物都可以实现整体打印。BIM+VR 为复杂的施工方案、不同的施工过程提供相对应的多维虚拟场景,及时发现工程隐患,为工程质量护航。

（3）运营阶段

"BIM+5G"实现万物互联的同时又保证了3D场景演示，解决了建筑运营交流不畅和建筑缺陷不直观、不具体的问题。"BIM+IoT"提高了设备日常维护的效率、重要资产的监控水平，增强建筑运营安全管控能力。为进一步提升建筑业信息化水平，促进建筑产业绿色化、建筑信息共享化、信息技术创新化、工作过程协调化发展，以及满足国家相关战略要求，增强建筑业信息化的发展动力，优化建筑行业信息化的发展环境，加快技术链与建筑业的深度融合，强化信息技术对建筑行业的支撑作用，重新塑造建筑业的新业态，需要着力增强BIM技术拓展应用领域，增强BIM与移动通信、智能化、云计算等信息技术相集成的应用能力。建筑业需要在信息化、智能化管理等方面开拓进取，加快构建集监督、运营、服务等功能于一体的管理平台，在实现数据资源最大化利用的同时，形成一批具备高新信息技术、自主知识产权的建筑业信息技术企业。这就要求建筑业顺应"互联网+"的形势，推进BIM信息技术与企业管理的紧密结合，加快BIM技术的应用普及，实现建筑业企业的技术革新升级，强化企业的专业管理能力，达到智能建造的目的。在"互联网+"概念迅速崛起的今天，建筑行业正跨入以BIM为基础的智慧建造新时代，"BIM+"的发展之路近在眼前。

10.2 智慧建筑 BIM 综合运维系统

目前结合BIM的建筑业信息化领域的研究也越来越热，主要集中于工程设计管理、施工进度、成本、安全管理和设施管理等方面。而将BIM应用到运维阶段的研究仍然较少，本书利用BIM协同、可视化的特点，将其引入建筑运维管理各阶段，其研究意义主要有以下几点：

1. 运维管理流程集成化

通过文献查阅及实际调研，重新梳理关于建筑工程运行维护管理的工作内容，分析主要利益相关者在运维管理工作中的主要职责，根据内部管理机制、运作方式、管理模式、应对策略等情况制定了适应建筑运行维护协同管理的流程，进而引进BIM技术，将运维管理的流程在BIM环境下进行集成。

2. 运维管理信息一体化

随着建筑投入使用，会产生大量的运维数据，将BIM技术引入建筑运维管理中建立建筑运维数据库，可以完整地对信息进行存储、分析、传递，随时为利益相关者提供查询服务，这将大大提高信息存储的完整性；可以消除建筑及设备维修保养过程中因资料丢失而导致的问题，实现信息一体化管理。

3. 运维管理工作协同化

BIM模型在存储运维数据的基础上，对运维阶段的工作内容进行功能模块设计，进而实现所有管理者在可视化平台协同工作。这打破了传统运维管理各工作模块信息不共享、反馈不及时的局面，所有的系统用户可以方便快捷地查询建筑的空间使用情况和运行保养情况。同时，因为BIM技术的可视化特性，运维管理各方可以通过系统直观地看到建筑的 3D 模型，并可以选择性地查看建筑的细节部位构件或设备情况，便于管理者全方位掌握建筑运行状态。此外，当使用者发现设备故障时可直接在系统管理平台报修，项目维护方根据提示可迅速做出处理，使参与各方通力协作，并根据维修情况及时记录信息，大大节省了人工管理的时间，从而提高运维管理效率。

10.2.1 运维管理

运维管理是在传统的房屋管理基础上演变而来的新兴行业。近年来，随着我国国民经济和城市化建设的快速发展，特别是随着人们生活和工作环境水平的不断提高，建筑分体功能多样化不断发展，运维管理成为一门科学，其内涵已经超出了传统的定性描述和评价的范畴，发展成为整合人员、设施以及技术等关键资源的管理系统工程。

关于建筑运维管理，国内目前没有完整的定义，只有针对 IT 行业的运维管理定义，即"帮助企业建立快速响应并适应企业的业务环境及业务发展的 IT 运维模式，实现基于 ITIL 的流程框架、运维自动化"。很明显，这一定义并不适合于建筑行业，建筑运维管理近年来在国内兴起一个较流行的称谓——设施管理（FM），国际设施管理协会（IFMA）对其的定义是：用多学科专业，集成人员、场地、流程和技术来确保楼宇良好运行的活动。

人们通常理解的建筑运维管理，就是物业管理，但是现代的智慧建筑运维管理与物业管理有着本质的区别。其中最重要的区别在于它们面向的对象不同。物业管理面向建筑设施，而现代智慧建筑运维管理面向的则是工程维护管理的有机体。

传统的物业管理方式，因为其管理手段、理念、工具比较单一，大量依靠各种数据表格或表单来进行管理，缺乏直观高效的对所管理对象进行查询检索的方式，数据参数、图纸等各种信息相互割裂；此外，还需要管理人员有较高的专业素养和操作经验。由此造成管理效率难以提高，管理难度增加，管理成本上升。FM 是 20 世纪八九十年代从传统的设施设备范围内脱离出来，并逐渐发展成为独立的新兴行业，是一门跨学科、多专业交叉的新兴学科。随着新兴建筑、复杂业务的出现及人们对生活环境、生活品质的高标准需求，FM 的对象和范围也发生了变化：从狭义上被理解为管理建筑、家具和设备等"硬件"到广义上扩展为管理基础设施、空间、环境、信息核心业务及非核心业务支持服务等"软硬件"的结合。而各个机构或个人对 FM 的定义标准仍然不同，但基本思路一致，本书参照国际设施管理协会（IFMA）的定义，即设施管理通过人员、空间、过程和技术的集成来确保建筑环境功能的实现。这一定义说明了设施管理的四要素，即人员、空间、过程与技术，具体到某一设施可表示为设施内部的用户、设施内部空间、核心业务流程及支持性技术。

北美设施专业委员会（NAFDC）将设施管理分为维护与运行管理、资产管理和设施服务三大主要功能。综上，IFMA 在已定义的九大职能的基础上，于 2009 年通过全球设施管理工作分析，对其范围进行了重新界定，包括策略性年度及长期规划、财务与预算管理公司不动产管理、室内空间规划及空间管理、建筑的维修测试与监测、保养及运作、环境管理、保安电信、行政服务等。截至目前，这一范围是最为全面的定义，即广义上对设施管理的定义。

智慧建筑运维

在智慧建筑运行维护阶段，本书所讨论的最主要内容包括运行管理、维保管理、信息管理三个方面，是建筑物正常使用阶段的管理。建筑运维管理内容见图10-1。

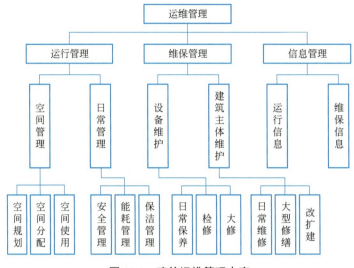

图10-1　建筑运维管理内容

运行管理包括建筑的空间管理与日常管理两个方面。

空间管理主要涉及建筑物的空间规划、空间分配和空间使用，这项工作主要的利益相关者为业主、用户和项目维护方。业主委托项目维护方对建筑的空间进行管理，主要是为了满足用户在建筑使用方面的各种需求，合理规划空间，积极响应用户提出的空间分配请求。

项目管理方需要制定空间分配的基本标准，根据不同用户的各种使用需求，分配空间的使用类型和面积，这样在有用户进驻建筑场所时可以高效地完成空间分配，以提高效能，当然，项目维护方所制定空间管理标准需要提交业主同意才能实行。

日常管理包括安全管理、能耗管理、保洁管理三个方面。安全管理是在建筑日常维护阶段的一项重要内容，项目维护方在保障安保工作有序进行的同时应该制定一套安全管理保障体系，来应对火灾、突发自燃重大安全事故等突发事件，从而与用户和业主形成应急联动的报警系统。能耗管理主要是对建筑物中各类设备设施和人员使用的水、电、气、热等不同能耗数据进行监测、处理、发送等，主要由项目管理方进行数据的采集，经过系统分析处理后发送给业主和用户。保洁管理则是项目管理方或者自主或者外包给专业人员，对建筑日常运行时的公共区域进行卫生保洁工作，以保障建筑整体卫生整洁。

维保管理包括对建筑主体和设备维护。建筑主体的维护一般分为日常维修、大型修缮和改扩建三个方面。项目维护方根据建筑物运行的时间定期对主体结构、门窗、外立面等进行维修检查，制订相关日常维修计划并将执行信息反馈给业主；而大型修缮则以消除安全隐患、恢复和完善建筑本体使用功能为重点对建筑进行大修；在现有建筑不能满足用户或业主的日常需求时，由其提出改扩建要求，项目维护方负责具实施。设备的维护包括日常保养、检修和大修。建筑的日常维修和设备的日常保养均需要项目维护方对房屋易损部位和设备定期开展检查，对涉及公共安全的承重构件和特种设备，委托专业检测机构进行安全鉴定，对接近或达到设计使用寿命的构建和设备，开展详细检查，综合判定其完损情况和损坏趋势，及时修复可能存在的故障。而当用户在使用过程中发现任何问题时即向项目维护方报修，由项目维护方委托专业维修方进行维修。

信息管理是建筑运维协同管理中最重要的部分。在传统意义上的建筑运维管理中各利益相关方只关注自己的工作，信息交互不及时，存在诸多不利。而协同管理要求各利益相关方将工作信息及时有效地在同一个平台上共享。在建筑运行维护的每个步骤都会产生相关信息，项目维护方根据实际情况制定的空间分配标准、建筑及设备维护维修方案、专业维修方的维修记录、业主及用户的使用需求等信息均需要及时存储，以便各方人员查询。信息管理融合于运行管理和维保管理之中。

10.2.2 运维管理和物业管理的区别

物业管理起源于英国古老的管家服务，随着商业地产的兴盛和科学技术的发展，企业机构需求提高，业主期待更加高质量的物业服务。1980年国际设施管理协会（IFMA）提出运维管理概念，运维管理正式成为一门学科体系，然而由于建筑运维业务在国内起步较晚且发展速度缓慢，应用普及率不高，所以人们通常会将日常生活中接触到的物业管理等同于建筑运维管理，但实际两者存在着本质的不同。

运维管理和物业管理在很多方面都存在着差异：

1. 管理对象不同

物业管理面向的是建筑设施，尤其是损坏或需要维护的建筑设施，而运维管理面向的是组织管理有机体，即所有的用户、资产以及人们日常生活和工作空间所涉及的所有活动。

2. 管理定位不同

传统的物业管理公司都属于房地产开发商的二级单位，其服务对象实际上是甲方而非用户，更多地是为了提升建筑产品的核心竞争力。而且物业管理行业向来利润微薄，市场积极性不高，因此始终处于"设施损坏--用户报修--物业维修"的被动阶段，管理水平较低，存在大量资源和人力浪费的情况，创造的实际效益也很有限。而运维管理属于战略性的主动管理，更强调日常监控、主动出击和统筹规划，管理人员会在设施发生故障前就制订日常运维计划，做到全方位预防管控。

3. 管理的目标和内容不同

相较于运维管理，物业管理涉及的管理范畴要小得多，侧重于业主关心的几个方面，例如环境卫生、公共安全、公共秩序设施维修等，目的是保证设备正常使用，为用户创造良好的生活工作环境，帮助物业所有者保持资产的价值。而运维管理是对建筑项目内的一切用户、资产及其活动进行统筹管理，在向用户提供满意服务的同时使建设项目效益最大化，并争取资产增值，其最终目标是实现企业的核心业务发展战略。

4. 管理周期不同

物业管理主要针对建筑物竣工交付使用后的运营阶段而运维管理是针对建设项目全生命周期的一种管理活动。

5. 管理手段不同

物业管理的技术含量低，管理手段和模式单一，大量依靠人力执行决策，信息化水平不高，而运维管理在管理模式上采用精益生产的主导思想。

10.2.3 智慧建筑运维管理的特征

对于智慧建筑，尤其是大型智慧建筑，由于其自身建筑体量大、机电系统复杂、对运维稳定性和安全等级要求高等特点，运维阶段所需要处理的问题比一般建筑更复杂，管理成本也相对较高。智慧建筑运维管理有如下特征：

1. 系统性

智慧建筑的运维管理是一个系统性的工程，其各方面不是独立分割的，而是相互关联、相互影响的，任何一个专业分支出现问题都会对整个运维管理工作的正常运行造成影响，给企业的成本管理带来严峻的挑战。这就需要运维管理方从建筑整体层面出发进行管理工作，整合各个专业，将不同的功能进行有机结合，及时共享、更新数据信息，建立统一化、规范化、整体化的运维服务，以满足用户要求，实现建筑的价值。

2. 唯一性

不同类型的智慧建筑，如医院、学校、体育场馆、博物馆、会展中心、机场、火车站、公园、住宅等，对于运维的需求都不尽相同。不同的业主对智慧建筑单体的设备系统和应用功能的需求不同，即使对同一类型的智慧建筑运维的需求都是独一无二的。因此，每一栋智慧建筑的运维体系都是独立的、唯一的。

3. 多样性

智慧建筑运维管理的功能需求其本质上是业主及用户对于建筑物的使用需求，业主需求的多样性也就导致了建筑运维管理的多样性。运维管理是一个复杂而多样化的过程。

4. 商业性

对于大型智慧建筑，运维管理的目的不仅仅是保证建筑在日常生活中的正常使用，还涉及管理者的经济效益，应在多方面实现高效的管理，降低运营成本，给管理者带来收益。因此，建筑运维管理应与智慧建筑的业务规划同步共同发展。

5. 连续性

建筑运维管理不仅是针对建筑竣工交付后的管理工作，还应与设计、施工阶段相结合，它在建设项目的全生命周期内是连续的，在前期建设阶段就应当充分考虑到运维管理的因素，为后续工作打下良好的基础，才能做到对成本的有效管控，提高经济效益。

6. 技术性

随着信息化时代的发展，建筑设施设备越来越智能化，业主和用户对于建筑运维管理的技术要求也越来越高，建筑规模的不断扩大导致建筑结构的复杂性不断提高，因此运维管理工作也需要更多的新技术支持。

10.2.4 现有智慧建筑运维管理存在的问题

现代建筑设施管理存在组织界面不清晰，信息在建筑全生命周期内流转存在障碍，以及缺乏设施管理评价体系等问题。根据相关文献，大厦型综合楼设施设备管理工作存在的问题有：工作技术人员流动性大、设备管理体制不完善、资料不齐全、设备发生故障不能及时维修、维护成本较大。实际上，现阶段，传统的建筑运维管理方式较为单一，缺乏对不同专业、不同运维需求以及不同参与方信息的有效整合，常常在重复性、机械性的工作中投入大量的人力和时间成本，普遍存在资料信息数字化水平低，建筑全生命周期信息的利用率不高，建筑运维阶段成本高、效率低的现象。

1. 管理理念方面

（1）介入阶段过晚

建筑运维管理是基于建筑全生命周期的管理，要求在规划设计阶段就充分考虑运营维护的成本和功能需求。曹吉鸣、缪莉莉通过问卷调查、走访等方式对上海物业系统设施管理的介入阶段现状进行了统计分析，调查发现有30%以上的被访公司直到项目的竣工验收阶段才介入管理，在工程建设阶段介入的公司占比为38%，而在项目的可研阶段和设计阶段就介入的公司分别仅占16%和6%。

项目介入运维管理的阶段滞后，导致企业无法及时发现前期设计、施工阶段对后期运维的影响，从而增加运营维护的管理成本。目前真正能做到将运维管理工作融入建设项目全生命周期的项目非常少，企业对运维管理带来的优势认识不足，局限于当下利益，缺乏长远战略性思维。但也有过半的企业能在项目的设计和建设阶段开展建筑项目的运维管理，这说明越来越多的人意识到建筑运维管理在项目建设前期的重要性。

（2）管理模式过于被动

现阶段大多数建筑还达不到运维管理的高度，开发商和运维管理方仍在沿用过去的管理模式，也就是物业管理。当设施设备出现问题，用户提出要求时才去解决，以应急处理为主，缺乏管理的主动性和应变能力，对建筑设备存在的隐患缺乏足够的预见性，没有形成合理的预防应对方案，仍然属于被动管理，是一种反馈控制。这不仅影响了建筑物的正常使用，导致大量的用户报修、质量安全等问题，还会导致资源浪费，运营成本增加，甚至会加大安全事件出现的风险。

2. 技术应用方面

建筑运维管理在建设项目全生命周期中占据的时间最长，业务流程复杂涉及不同的参与方，会产生大量信息，各种表格、文档等日常运维数据错综复杂，然而在现阶段的运维管理中，3D技术应用还不够广泛，信息化水平较低，大部分建筑人员仍然使用CAD作为绘图工具，最终生成二维图纸资料。在数据的采集和储存方面，尽管目前已经有了一定的数据库和软件系统支撑，但在不少地方仍然使用人工采集数据和纸质文件保存数据的方式。

（1）信息化技术待普及

凭技术人员的经验来执行决策，这种模式容易导致一系列问题。一方面，运维人员并非设计人员和一线施工人员，对于工程设计、施工等阶段产生的数据了解不够，无法完全看懂信息量庞大的二维图纸，可能会出现记录错误、记录不完整等问题；另一方面，纸质文件占据大的空间，存在记录错误、破损和丢失风险，给数据的保存带来了困难，工作人员难以及时调取。增加了运维人员的工作量，效率大大降低。如果沿用这样的方式，那就必然要求运维管理人员具有较高的专业水平和丰富的工作经验，间接提高了成本。

(2) 缺少可视化工具

当建筑使用年限延长，对设备设施的检查和维修就会成为常态，传统运维管理中对智能化技术的应用不够广泛，缺少可视化三维模型，二维图纸的局限性导致日常维护和检修难度加大，设备维护不及时。比如管网系统的维修管理，尤其是位于地下或隐蔽工程部位的管网，管线种类繁多，位置隐蔽，无法直观地看到管网的布局和走向，当出现故障时难以及时发现问题并精准定位，故障排查困难，造成大量损失，增加运维成本，对于建筑的设备和管线缺乏基于全生命周期的预防式维护管理。

3. 信息共享方面

(1) 信息全生命周期流转不畅

传统运维管理更多针对项目竣工交付使用后的运营阶段，设计和建造信息往往不能完整地保存传递到后期，比如在建设过程中发生了设计变更，这些变更信息很可能无法在项目完工后被妥善整理。但建筑物从规划设计到施工运维是一个完整的过程，且智慧建筑普遍运维周期长，如果出现信息割裂，会导致信息流转发生障碍、集成共享不足，不利于建设项目的全生命周期管理。例如，建设阶段由施工、设计等单位提供的图纸和资料对后期的运维工作有着很大的帮助，但这些资料在信息传递过程中可能会发生遗漏，当建筑物需要改建扩建时，就会出现因图纸缺失而无法施工的情况。因此，有效集成建筑全生命周期内各类数据信息，有助于优化系统管理和协调配合，做到集成管理。

(2) 各专业部门协同性差

智慧建筑涉及建筑结构、给水排水、暖通、消防、强电、弱电等多个专业，成功的建筑运维管理工作需要各方的有效配合，而在传统运维中由于专业性质不同这些资料没有被整合在一起，分散化的数据信息导致运维管理难度加大。此外由于各利益相关方和各专业部门往往只注重于自身的利益和管理工作，缺乏信息共享，相对独立分散的管理模式使信息形成孤岛效应，无法在后期阶段进行传输、共享和再利用。在这样的情况下，每开展一项工作都需要人工查阅多个部门的图纸、资料，纸质资料在传递过程中也极易发生遗失，这无疑给运维管理工作带来了难度。

(3) 管理信息流转存在障碍

随着科技的发展，电子化办公的普及，智慧建筑运维管理已经开始向电子化过渡，专业的运维管理软件开始出现并被广泛应用，一定程度上提高了工作效率，但不同公司开发的软件往往格式各异，且不能兼容，形成的信息无法顺利地传递，也不能得到很好的利用。另外，现行的建设模式决定了智慧建筑各阶段的目标并不一致，而各阶段的参与方又多以本阶段目标为主，对其他各阶段的目标考虑相对较少，这就造成了各阶段形成的信息只能在本阶段流动，无法完整有序地向后一阶段传递、共享，同时各阶段存储格式不兼容的问题也加剧了信息流通过程中的损失，这就使得前期和施工阶段所形成的信息不能全面、完整、有序地传递到运营阶段，给智慧建筑运维管理增加了难度。

4. 人员配置方面

(1) 人员素质不高

一直以来，相比于建筑物的其他阶段，运维管理阶段受到的重视程度明显不足，而实际上运维管理阶段在建设项目的整个全生命周期过程中是连续存在的,需要具备良好专业素养的人才来负责这项工作。但目前运维管理人员的综合素质普遍不高,具体表现为运维管理人员年龄偏大,学历相对较低,多为劳动密集型人员,管理能力相对落后,接受新事物的能力较差,主动预防管理意识薄弱等。

(2) 专业型人才匮乏

运维管理的概念在我国存在的时间并不长,时至今日也没有被所有人真正地理解,而一个优秀的建筑运维管理人员需要对运维管理的理念有深入认识,掌握多门交叉学科的专业技能,同时还要具备一定的管理经验。但目前我国高校和专业机构在这方面的培训课程体系相对落后,大量的智慧建筑快速投入使用,而人才培养速度却远远跟不上,以至于专业人才数量匮乏,供不应求迫使运维管理人才向低端延伸,无法为数以万计的智慧建筑提供服务。

随着经济、社会的发展,大体量、复杂的智慧建筑不断增多,现有智慧建筑运维管理模式的种种问题导致管理效率不高,管理成本居高不下,管理难度越来越大,运维管理已经成为必须改革的重要环节,引入新技术和新模式就成为改革的重点。

10.2.5 BIM 技术在智慧建筑运维管理中的价值

BIM 技术的可视化和信息化特性与智慧建筑运维的复杂化、繁琐化具有良好的匹配度,在运维管理中引入 BIM 技术,不仅能满足建筑物使用人员对建筑物的基本需求,提高了应用效率,降低了使用成本,还能将规划、设计、施工、运维过程中的信息汇总并共享,提升信息的利用率,产生的效益将创造出新的价值。在运维阶段基于"BIM+"的智慧建筑运维管理拥有非常广阔的应用前景。

1. 数据集成管理与共享

建筑信息从项目立项决策阶段就开始产生,设计、施工阶段形成海量的信息,运维阶段也有大量的信息不断补充,这些信息最终汇总到运维阶段,形成运维的基础,而这些信息一旦流转不畅就给运维管理带来阻碍。

目前,立项决策阶段的信息鲜少在运维阶段被挖掘利用,这是后评估工作不够重视所致。设计、施工阶段形成的信息,较多采用"竣工纸质图纸+资料电子文档移交"的模式传递到运维管理阶段。看起来是双保险模式,实际情况是:纸质图纸容易破损丢失;电子文档格式不兼容、不规范,实则是不能高效利用的海量数据。各阶段之间,还是存在"信息孤岛"和"信息断流"问题。建筑信息模型可以将设计、施工及运维阶段产生的各类过程信息进行整合分类,并提供数字化管理。将建筑信息模型用于运维管理可以实现建筑物全生命周期的信息集成,并便捷地实现添加、修改、完善和更新,有利于运维可持续的管理。

BIM 技术为智慧建筑运维管理提供的运维管理建筑信息模型能集成从设计、施工到运维的全生命周期的各种相关数据,为运维管理提供数字化信息,使各应用部门及各信息独立的系统达到信息的共享和业务的协同,实现实时调用、有序管理及充分共享。

2. 信息的有效利用及流转传递

现阶段的运维管理已经引入了一些信息化技术和软件系统,目前通用的运维管理软件系统主要有计算机维修管理系统（CMMS）、计算机辅助设施管理（CAFM）、电子文档管理系统（EDMS）、能源管理系统（EMS）以及楼宇自动化系统（BAS）等。这些系统提供了相对成熟的技术支撑，使运维管理活动逐渐走向数字化、信息化。但目前各系统的资源和信息是相对独立的，业主、用户、专业维修方以及其他相关部门需要各自从独立的系统中获取信息，并依赖运维管理方对大量繁杂的数据做汇总分析，还需要进行数据资源的集成和共享。

BIM技术可以保证建筑产品的信息创建便捷、存储高效、错误率低、传递过程精度高，将BIM技术引入智慧建筑运维管理中，借助其可视化能力和信息集成能力，为智慧建筑运维管理提供一个优秀的资源和信息整合平台。基于BIM的运维管理系统可以实现数据信息资源的集成和共享，使信息能实现全生命周期无障碍流转，并在各参建方之间得以共享和传递，提高运维管理效率。

从管理方而言，一方面运用BIM技术影响传统组织管理体系，管理方不再需要反复地与各专业领域参与者进行沟通交流，只需要通过BIM这个信息库即可获得整个工程全面而真实的信息，这改变了传统的单一交流方式，更趋向于多元化，从而在运维阶段能够高效、准确地进行空间管理、能耗控制、设备维检、资产管理等。另一方面，管理方发布的消息能及时可靠地传递，避免了以往由于消息的延误而造成的损失。同时运用BIM技术实现4D/5D，管理模式将更趋向于精细化、小型化。一个远期、复杂的目标分解后则显得更直观具体，放大效应则更加清晰地显示了近期、分解目标的合理程度并及时进行相应地修订整改，以避免不必要的损失发生。

BIM技术应用于智慧建筑运维管理可以提供运维管理的可视化操作平台，使管理人员可以形象、直观、清晰地掌握建筑物各构件的相关情况，增强相关信息的准确性，并在运维管理过程中极大地降低了管理难度。BIM技术的可视化优势在设备的维护和管理中尤为突出。管理人员可以实时查看建筑运维信息，并准确识别隐蔽设施，精准维护，做到动态跟踪，及时反馈，延长设备使用寿命。

3. 运维管理可视化

智慧建筑人员高度聚集，这就对应急管理工作提出了很高的要求。传统的应急管理决策与模拟，应急管理大多是事先制定好书面应急预案和应急文档，主要关注应急事件发生后的应急响应与及时救援，但在面对突发事件时启动应急预案的响应速度却不够迅速。BIM技术在应急管理模拟与决策方面则有着巨大的优势。如火灾发生后，BIM技术能够以三维可视模式显示火灾发生的位置，并提供受困人员逃跑路线和救援人员进入路线，同时还能向管理人员提供设备、管线情况，为灾情提供实时信息，辅助救援工作的开展。再如发生水管爆裂事件时，目前大都是通过查找相关图纸来确定管线、阀门位置，但往往由于不能快速定位而导致事件发生初期未能进行有效控制，而通过BIM技术则可以快速定位，有效控制损失扩大。

BIM技术除了可以为应急管理决策提供数据支持以外，还可以作为应急模拟的工具，评估突发事件可能导致的损失，对应急预案进行模拟和讨论。

此外，基于BIM技术的智慧建筑运维管理可实现模拟可视化的运维管理培训服务，这种基于可视化和数据整合的培训不同于传统的针对参数和图纸的枯燥讲解，它可以让培训人员直观地了解设备的可视化仿真模型，并可以进行拆解、展示内部结构和构件，同时模拟不同状态时的不同效果。经过这种培训的运维人员其运维管理能力将得到显著提升。

4. 将运维人员的要求从专业人员降为准专业人员

在目前的运维管理中，CAD 图仍被广泛使用，并根据专业分为建筑结构、给水排水、采暖通风、电气等；具体图纸主要分为平面图、立面图、剖面图，并根据需要配备详图、系统图，部分位置还需配合图集等，图纸多而复杂。运维人员需要明确线路、管路的走向，熟悉开关、阀门、控制器等的位置、使用方法、管理范围等，运维人员需要经过专业的培训，具备一定的专业能力。而基于 BIM 的操作平台采用三维立体式表达，将多专业复杂的平面图、立面图、剖面图转换为易于理解的三维图像，大大简化了图纸阅读难度。

尽管传统的运维管理工作有一定的软件技术支撑，但在运行过程中主要还是以管理和技术人员的经验为主导，而 BIM 技术令建筑运维管理更加直观化、模块化，同时采用电子化、信息化的手段来实现运维效率的提高，从专业性强的二维图纸到直观的三维模型，这在一定程度上弱化了专业屏障，降低了行业门槛，提高了运维管理的普及性。

5. 优化人员配置，降低运维人员的工作强度

现阶段建筑项目在运维人员管理模式上大多采用的是直线制、直线职能制或事业部的组织结构，不同专业、岗位都需要安排对应的工作人员，管理方式过于依赖人力，人员需求量大，工作繁杂。而基于 BIM 技术的运维管理系统，一些基础标准化的工作将由软件分析处理，管理者只需要根据处理结果做出相应的决策，组织结构也更加扁平化，需要的人员数量减少，人工成本降低，企业管理效率明显提升。

BIM 技术不仅可以实现数据共享传递，还能提升各部门管理人员的协调效率。将最初的网状沟通方式优化为以 BIM 平台为媒介的放射式沟通模式，这在很大程度上提升了不同部门、不同专业管理人员的工作效率，降低了沟通成本。而传统的沟通模式不仅会浪费大量时间、人力，还会使建设项目运维管理的工作进度严重滞后，甚至导致信息传递的失真或部分遗失。

目前运维人员负责的工作内容十分繁杂，他们需要了解建筑物的各种信息，包括图纸、施工记录、设备保养信息、运维状态等，同时，在运维过程中还要实时了解各种相关信息，如设备位置及状态、空间使用情况等，此外还要负责部分维护维修工作。这造成了运维人员的工作强度较大，从而在一定程度上导致人员流动性升高。而 BIM 技术的引入使得运维系统能方便、快捷地辅助运维工作人员，将复杂的工作交由计算机完成，降低了运维人员的工作强度，提升了管理效率。

6. 节约运维成本

目前的运维管理大多基于二维 CAD 图纸和相关文档表格资料，其产生的过程信息具有孤立、零散、信息表达不一致等特点，运维管理人员在使用这些信息时，需要具备较高的专业水平和长期的工作经验，这间接导致了运维管理人工成本增加。基于 BIM 技术的运维管理系统可以快速查询各种相关信息，节省大量的查找分散图纸、资料、记录的时间，减少了人力、时间的消耗，从而节约运维成本。

10.3　BIM 技术在智慧建筑运维管理中的引入

10.3.1　智慧建筑 BIM 运维管理系统的内容

1. 空间管理

智慧建筑的空间管理主要是实现建筑物公共空间的统计分析、空间规划、空间分配、租赁管理等，提升空间的利用率，明确空间的成本，计算空间收益，实现对空间更好利用。为此，空间管理需要具备以下功能：

（1）空间记录及统计

将同类空间分类统计并生成相应的报表，按使用状态进行分类管理，如将分布在建筑物内各个位置的不同库房进行标识，统一归入建筑物使用功能下的库房功能目录下，以便于管理者合理安排使用。

（2）可视化空间管理

提供可视化状态下空间的位置、大小、形式、使用者信息等资料查询，便于管理者合理调配可使用的空间。例如，拟将 A 会议室进行的会议调配到 B 会议室，可在可视化状态下将 A 会议室的设备、器件在系统内移至 B 会议室进行模拟布局，若能符合要求则进行搬移，若布局不能满足要求则此次搬移不可行；同时还可以查询 A、B 会议室的收费、设备管理情况等信息。

（3）空间定位查询

对建筑物内部的任意构件的位置进行精确定位，提供阀门、配电箱、开关柜等关键设备、配件的准确位置，便于检修和维护，同时可以提供建筑物不同构件、设备的相对位置和距离等，为更换管线等提供数据支持。

（4）指定位置查询

查询单独的楼层、独立的房间或某一个建筑构件等，如运维人员想统计建筑物内分体空调的数量，可直接调取空调的统计表，明确数量、位置、性能等信息。

（5）租赁管理

将智慧建筑闲置空间进行出租可以提高空间的利用率和收益。基于合理的空间规划，对空间的需求、成本和收益进行分析，从而对不同楼层及功能分区的空间进行统一化租赁管理。将商户的资料、租金与物业费用、租赁合同等信息统一汇总到运维平台中，不仅可以查询商户租赁空间的位置、面积等一系列信息，而且当相关数据发生变更时，系统实时调整和更新数据，实现高效的租赁管理。此外，信息化租赁管理可以快速分析不动产财务状况的周期性变化，预判其发展趋势，从中发现潜在的风险和可能出现的机会，从而提高建筑空间的投资回报率。

2. 维护管理

智慧建筑的维护管理分为设备和建筑物主体的维护，包括建立台账日常养护、定义保养周期并按周期维护、组织定期或不定期巡检并形成运行记录、故障维修、局部或全面改造等。维护管理可以帮助管理方更好地利用建筑物和设备，延长建筑物和设备的寿命，使它们保持良好的工作状态，尽可能延长使用年限，减少运维成本。

（1）设备维护

1）对设备基本信息的维护

将设备的属性（包括设备的通用属性，如设备编码、品牌、规格、数量，以及部分设备的分类属性，如设备电容、额定电压、功率、制冷/热量等）保存并定时更新，建立设备基本信息库和管理台账，为后期维护工作打下良好的数据基础。

2）对设备运行信息的维护

对设备运行信息的维护主要是指监控、检测、维护建筑设备的正常运行、维修保养、更新换代等管理行为，包括但不仅限于对给水排水系统、电力系统、暖通空调系统、消防系统以及自动化系统的日常维护和应急处理，对日常巡查、专项检查（包括养护）进行记录，建立完整的设备养护日志及记录，为大修和设备管理提供数据支持。其具体包括：

① 制订完整的设备巡检计划，实时查看设备运行状态，准确采集检测数据，进行智能统计和分析，进行故障率分析，为设备更换提供数据支持，生成运行记录和故障记录；提供故障自动报警功能，如闪烁、声音报警等，能帮助管理者远程发现并调整设备故障。

② 定时委托专业机构对特种设备进行检查，及时发现可能存在的故障；对于报修的设备，快速定位，并提供设备维修相关的资料和记录；在维修后将更换的设备或构件信息录入，便于用户和维修人员查询。

③ 提供设备更换、检修的自动提醒功能。可根据设备开始使用日期、保养说明书及日常保养日志和记录等计算设备更换、检修的日期并设置自动提醒。在系统内根据设备检修要求提前一段时间对管理者进行提醒，预留联系时间且该提醒需检修后人为取消，这样可以保证设备及时获得检修或更换。

④ 对库存设备定时进行清点并检查设备完好情况，登记相关信息，便于安排工作人员对其进行日常养护。实现设备维修的全面管理，从维修的申请、派工、施工到验收的全过程信息化管理，其中保修单、维修记录、验收记录等记录均在系统内填写和传递，完全实现无纸化。

（2）建筑物主体维护

建筑物主体维护一般分为日常维护、大型修缮和改扩建三个方面。日常维护时需要制订日常维修计划，根据计划对建筑主体结构、建筑外立面、门窗等进行检查和维修，而大型的修缮和改扩建必然会用到建筑工程图和设计资料，在有效的信息管理下，运维管理方可以快速调取相关数据，进行施工模拟，制订详细的修缮计划。

3. 安全管理

公共建筑的安全管理主要指应急管理、安全防范等，是建筑物管理的重要方面，一旦建筑物发生公共安全事件，极有可能发生大量的人员财产损失，造成严重影响。安全管理需要实现以下功能：

（1）安防监控

安防监控系统包括消防系统、视频监控系统和门禁系统等。运维人员通过安防监控系统可以进行人流量的统计，保证建筑内人员的生命财产安全，以及各项日常性安保工作有序开展；可以对建筑内的空间、设备进行综合监控管理；可以对建筑内的空调、给水排水、供电、防火等设施设备运行状态进行实时监控，设立预警机制；可以根据情况调整监控布局，防止监控死角，实现建筑内外部空间的全面监管。

（2）灾害应急

结合消防系统应对火灾突发险情，拟定灾害发生时建筑物内人员的逃跑路线，制定全面的安全管理保障体系，比如应急疏散演练、灾害应急处理、灾后恢复管理等。同时，提供紧急情况的智能报警，管理人员通过监控查看现场的实时情况，快速引导人员疏散和安排救援。目前，公共安全管理更多关注事件发生后的及时响应和快速救援。实际上，智慧建筑的运维管理更应该重视灾害自动报警（灾害探测和自动报警）和应急联动（本地实施报警、异地报警、指挥调度、紧急疏散与逃生、事故现场紧急处理）。

（3）灾后恢复

在灾后恢复方面，对损失情况进行快速准确统计，为灾后资产损失状况与赔偿工作提供依据，并进行灾害重建工作的合理规划。

4. 能耗管理

具体内容详见第 9 章。

5. 资产管理

智慧建筑的资产管理主要是对建筑物及其附属设备、设施的使用和状态、数量管理、状态管理、折旧管理、报表管理等。资产管理可以明确资产价值，减少闲置浪费，提升资产使用效率。

（1）日常管理

记录建筑物及其附属设备、设施的基本信息、物业的使用状态；将以图纸和档案形式保存的资料改为以电子文档和数据库模式保存，以方便在需要的时候调取。

对资产信息进行汇总分析，对各类数据进行统计整理，包括对固定资产的新增、删除、修改、借用、归还等日常性工作进行统计、数据分析。

（2）资产盘点

定期对资产情况进行检查统计，将盘点的数据与数据库进行对比分析，并对异常指标做出处理，按部门生成相应的盘点汇总表、盈亏分析表等。

（3）报表管理

所有的情况都必须落实到实际的表单中，专业财务表格可以直观清晰地反应资产信息情况，尤其是对折旧信息的管理，包括计提资产月折旧、打印月折旧报表、对折旧信息进行备份、恢复折旧工作、折旧手工录入、折旧调整等。

10.3.2 智慧建筑 BIM 运维管理系统的框架

智慧建筑 BIM 运维管理平台，主要是以 BIM 模型为基本载体，结合业务需求实现网络协同的功能。平台主要分为三类，第 1 类为 BIM 模型查看工具，主要提供在线查看建筑模型的功能，与业务结合不够紧密。第 2 类为 BIM 平台类产品，可以导入建筑模型，并且在此基础上进行开发的平台，即将业务功能与 BIM 场景进行结合，集成开发实现 BIM 应用系统。第 3 类为 BIM 引擎，将 BIM 模型的展示、操作、信息提取等功能进行封装，以 API 的形式开放给第三方开发者，与业务系统完整分离。

通过搭建智慧建筑 BIM 运维管理系统的基础框架，落实各层次的主要功能及实现途径，并建立与之相适应的运维管理模式及流程，为实现智慧建筑 BIM 综合运维管理打下基础。

1. 设计思路

智慧建筑运营期占建筑物生命周期的绝大部分，同时也是发生费用最高的一个阶段，这个时期必须继承和应用设计和施工阶段的大量信息，也需要不断接收和处理运营阶段产生的运维信息，巨量的信息、多样的格式、长久的时间跨度，增加了运维管理的难度。而智慧建筑 BIM 综合运维系统的核心，就是这些信息的应用及数据的集成和共享，智慧建筑 BIM 运维综合系统的基础框架构建，应考虑以下几点。

（1）数据集成与共享

在运维过程中，不同公司开发的软件生成的数据格式不尽相同，基于同一平台的不同子系统产生的数据格式也可能不同。为了实现基于 BIM 技术的数据和其他格式数据的集成和共享，让设计阶段和施工阶段的有效数据能为运维阶段使用，避免运营期的重新查找和输入，就需要建立一个能在项目全生命周期都能使用的数据库，保证各个阶段数据的收集、集成共享及应用，这也是 BIM 技术应用于智慧建筑运维管理框架的基石。

（2）功能的实现

数据只有变成信息的应用才能创造价值，才有存在的意义。而数据的应用就是把有效的数据提供给运维管理的各个功能子系统，保证各子系统功能的实现。基础框架的中间层是功能层，因为功能层的主要目标是为了实现运维管理中各种功能和各系统的集成。

（3）客户端的设置

客户端是直接与客户接触的端口，其主要目的是提供最好的客户体验和通过权限设置来保证信息安全，在运维过程中让使用者有更好的用户体验是系统能够存在的基础。只有用户体验好才能留住客户，另外客户端也要保证数据安全，让不同级别的用户访问不同的数据，是系统管理的前置条件。

2. 基础框架

目前已有基于 BIM 技术的管理系统，其给运维管理带来了效益。BIM 技术能够更好地进行数据的收集、整理、分析、共享并应用，深度挖掘信息技术在建筑运维管理中的潜在应用价值，更好地实现管理的智能化，降低管理成本，提升管理效率。

为了落实各层次的主要功能及实现途径，结合设计思路，搭建了智慧建筑 BIM 运维管理系统的基础框架，如图 10-2 所示。

（1）基础层

基础层实现"BIM+"多技术，如互联网、移动互联网、物联网，通过计量仪表、环境传感器、视频监控系统、BA 系统、分项计量系统、幕墙检测/监测系统等，为资源集成提供技术支撑。

（2）数据层

数据层主要完成智慧建筑运维管理系统的数据统一处理和存储，实现数据的集成和共享。数据资源包括运用过程中产生的信息，这些巨量的信息需要通过数据层进行数据的存储和管理，并根据要求进行调取。

数据层又分为结构化数据和非结构化数据。结构化数据包括基础类的，比如 BIM 模

智慧建筑运维

图 10-2　智慧建筑 BIM 运维管理系统的基础框架

型、组织架构、业务类型、设备实时数据等，还有应用类的，如业务处理数据、BIM 模型、流程环节数据、人机交互数据、策略标准等。非结构化的数据包括复合文档、音频文件、图像文件、策略标准等。

（3）支撑层

支撑层主要是 BIM 支撑系统和物业管理系统，BIM 支撑系统主要包括流程引擎、图表引擎、数据挖掘、分析引擎等。

（4）智慧应用层

在整体框架的上层是智慧应用层，是系统软件功能的客户端展现。它是与管理操作人员直接连接的界面，主要是允许不同权限的管理人员，浏览不同的数据或进行不同权限的操作，同时提供较好的管理操作体验。

智慧应用层根据授权为不同的管理人员提供所需要的数据信息资料，并且在授权范围内进行更新。比如维保单位要对老旧的设施设备进行更换，则由被授权人员将新设备的信息完整录入系统。

智慧应用层应结合管理内容，业务统计分析要求，将智慧建筑运维实时运行状态与 BIM 模型结合，为管理者提供立体的空间视角。方便管理者随时掌握智慧建筑设备的运维状态，系统也支持 PC 端浏览建筑运维管理三维可视化应用。系统可通过移动端 App 将运维信息随时送达运维管理活动的相关人员。

（5）用户层

用户层是实际应用运维管理系统的相关用户，主要包括业主公司、物业管理公司、项目公司、入驻企业、访客等。

3. 工作流程

在引入智慧建筑 BIM 运维管理系统后，管理团队可以据此及时了解建筑物运维的各种信息，合理安排各种管理计划和任务，因为维护人员也可以在系统的辅助下进行运维工作，并及时反馈运维信息。

运维工作人员通过系统的客户端了解任务，在系统的指导下进行运维工作，并将执行结果反馈给系统。管理部门通过系统安排业务任务，查看各种反馈信息，并在系统辅助下检查运维工作。系统客户端在接受运维人员和管理部门输入的需求后，将其发送给支撑层，并将结果反馈给运维工作人员和管理部门。支撑层接受请求后向数据库提出数据要求，在接到数据反馈后进行处理，并将处理结果反馈给客户端。

智慧建筑 BIM 运维管理系统，打通了管理部门和运维工作人员之间的信息通道，从而高效传递信息并形成闭环管理。智慧建筑 BIM 运维管理系统，通过数据层、支撑层、智慧应用层建立立体的运维体系，提高预警的准确性和效率。通过管理系统的设备运行管理流程，形成人员与设备信息通道的闭环。

10.4 BIM 综合运维系统案例解析

10.4.1 医院建筑概况

某医院建于 1958 年，特色鲜明，共有内、外、妇、儿等临床、医技科室及诊疗平台 60 个。医院占地面积 109 亩，总体建筑面积 25.7 万 m^2，包括设施一流的儿科综合楼、儿外科楼、急诊大楼、门诊大楼、外科大楼、医疗保健综合楼、妇儿楼、口腔皮肤科楼和医技楼，提供了优美、舒适的就医环境。

10.4.2 BIM 智慧运维系统建设

某医院 BIM 智慧运维系统是从全院区的角度策划和设计的，根据需求逐步将各个楼宇的数据接入，逐渐推进智慧运维管理的升级改造。因此，在智慧运维系统建设过程中对系统的总体架构和系统功能进行了详细设计。

结合医院全院区运维需求，设计了基于模型的医院 BIM 智慧运维系统架构，如图 10-3 所示。医院 BIM 智慧运维系统以各楼宇智能化系统、报修服务系统、申康智能化系统等系统为基础，以 BIM 数字孪生模型和智能运维算法为核心，以网页端、大屏驾驶舱、手机端和 iPad 端等为应用。与已有智慧运维系统架构类似，本系统架构分为感知层、模型层（数据层）、平台层和应用层。同时，本系统架构实现从面向单建筑到面向全院区的拓展，提供更加灵活的数据可视化报表和更加全面的数据分析服务。本系统还支持将不同建筑的模型和数据融合为全院区的完整模型，支持全院区集成化管控。

BIM 智慧运维系统建设完成后，系统建设单位配合医院完成了智慧运维管理体系建设和应用推广，具体包括设施设备智慧运维管理、设备维保管理、故障预测与主动式维护、移动式设备管理等功能。医院还专门建设了智慧运维指挥中心，实现后勤管理部、基建部、安保部和资产管理部的集成化管理和决策。

智慧建筑运维

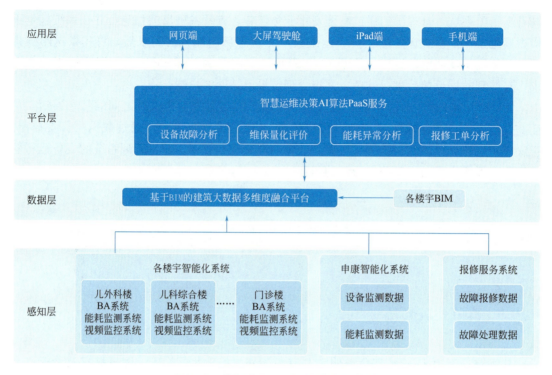

图 10-3　某医院 BIM 智慧运维系统架构

1. 设施设备智慧运维管理

医院后勤管理部使用智慧运维系统进行医院设施设备智慧运维管理，包括运行管理、维保管理，并通过故障预测等功能实现主动式维保管理与决策，从而提升设备管理效率，减少设备故障。

运维管理人员使用智慧运维系统实时远程监测设备运行状态。若监测到设备预警，系统会根据设备位置和类型自动发起和分配故障报修，推送给相应维修班组。系统还会进一步分析检索故障设备的上下游逻辑控制关系，分析故障影响范围，确定故障处理紧急程度。然后维修班组进行现场处理，并使用手机端录入维修过程信息。最后运维指挥中心人员可以通过电话进行回访，也可以邀请报修人员或相关人员通过移动端进行评价，完成工单闭环处理。运维管理人员还会使用智慧运维系统生成设备运行报告周报、月报等。

运维人员在设备日常巡检过程中，也会在模型中录入设备状态数据。若在巡检过程中发现问题，可以在移动端发起故障报修，记录详细的故障信息；然后由指挥中心管理人员根据故障位置和区域分配给相应班组。

2. 设备维保管理

医院应用智慧运维系统实现了设备维保的智慧化管理，包括设备维保计划的工单化管理、维保工单自动推送、维保现场照片上传和处理以及维保工单评价等功能，如图 10-4 所示。除了医院常驻的维保单位某物业公司外，医院的 21 家外包维保单位也使用智慧运维系统的移动端进行维保任务处理。维保工作覆盖医院的空调系统、通风系统、洁净空调

第 10 章　BIM 综合运维系统

系统、变配电系统、电梯、医用气体系统、蒸汽系统、弱电系统和污水处理系统等。

另外，针对建筑设备维保工作质量难以量化评价的问题，医院使用智慧运维系统对维保质量较差情况进行智能识别，从而对维保单位质量进行量化评价，自动识别出了电梯、自动门维保单位维保后一周内相关设备仍出现故障的情况。

3. 故障预测与主动式维护

医院使用设备故障预测功能，根据设备运行状态数据和环境数据，自动识别故障风险。对于比较大的净化空调、电梯和排风机等设备，提前进行维保。以净化空调机组为例，智慧运维系统总共提取了 183 次故障报修的数据，以及 512 次正常运行数据，进行净化空调机组故障预测；智能识别到过滤网压差、送风温湿度或振动幅度超过阈值等情况，预测空调可能出现积灰、堵塞、螺栓松动等故障 25 次，提醒运维人员去主动巡查、清洁、润滑或紧固螺栓，避免空调出现制冷或制热效果差的问题，减少用户报修和应急事件，如图 10-5 所示。

图 10-4　使用移动端进行维保管理　　　　图 10-5　故障智能识别和消息推送

4. 移动式设备管理

另外，医院在儿科综合楼 5 楼应用了移动式设备定位与智能管理技术，实现对转运床、监护仪、呼吸机等 60 个高价值医院专用设备的智能定位、一键盘点和使用效率分析。实际应用表明，通过对移动式设备的室内定位技术，可大幅缩减设备的查找时间，提升了移动式设备管理效率。另外，通过对移动式设备监测大数据的分析，还发现了个别转运床一直在同一个房间，很少转运的

码10-1 移动式设备智能定位与快速盘点

智慧建筑运维

情况。

5. 建筑低碳运维管理

医院后勤管理部经常应用智慧运维系统查询各建筑的用电和用水情况;并应用能耗异常识别算法,及时发现开空调开窗和水管阀门未关等能源浪费问题。譬如,智慧运维系统智能识别到了"五楼空调系统"回路在某天中午用能明显超过正常情况,如图10-6所示。通过实地检查,发现五楼大会议室存在中午开窗开空调的情况。

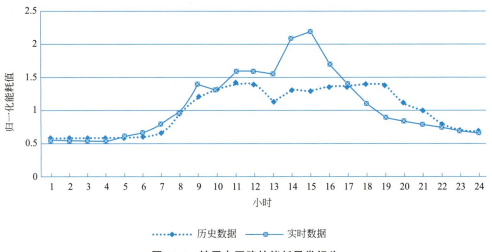

图10-6 某用电回路的能耗异常行为

医院还使用智慧运维系统识别到儿科综合楼空调供回路用水突然增加;系统主动通知空调运维班组进行现场巡查。现场巡查发现儿科综合楼屋顶空调补水管网的阀门未关闭。从发现问题到解决问题时间仅仅半天,这不但减少了水资源浪费,同时还避免了因为屋顶积水导致的其他问题,极大地提升了运维管理效率和水平。

6. 建筑空间运维管理

(1) 空调分配管理

医院资产管理部基于模型完成了医院房间资产验收,建立了三维房间电子台账,并应用智慧运维系统对新建儿科综合楼的房间进行分配、盘点和管理。

(2) 大中修决策

医院基建部使用数字孪生模型代替传统的建筑图纸查询工程信息,辅助大中修和改造的管理与决策。譬如,基建部2020年使用高频反复故障挖掘功能,对2019年的21071条维修工单数据,合计约78万字符的维修描述进行了详细分析。分析发现,医院不仅故障维修总量大(每月2000条左右),重复高频工单也较多(每月10~20组)。通过反复工单和高频工单的识别和定位,决定了5处需要大修的区域,包括某手术室的更衣室、某门诊区的照明系统和某急诊区的座椅等。通过大修改造后,医院2021年单月故障量比2020年单月故障量下降10%左右,其中反复故障下降50%以上。

在建筑维修和改造决策中,工程部门还使用数字孪生模型查询各个房间的墙面、顶面、地面的做法、楼面荷载和防火分区等,辅助改造决策,减少了大量资料查阅时间。

7. 安防与应急管理

（1）智慧安防管理

医院安保部使用智慧运维系统在三维模型中快速定位和查看各个视频监控的点位布置，调取视频监控画面。安保部还使用数字孪生模型监测建筑各个出入口的人流情况。当出入情况超过预计人数时，自动推送预警消息给安保人员，实现主动式安防管理。譬如，实际应用中，智慧运维系统曾经识别到某电梯进入人数超过阈值的情况，主动提醒安保人员查看。安保人员调取该出入口的摄像头，如图 10-7 所示，发现确实存在外部人员为了避开测温和健康码查询等防疫程序，从内部出入口进入医院。因此，安保部通过主动派人管理该输入口，规避了人员交叉感染的风险。

图 10-7　视频监控联动应用

（2）智慧应急管理

在应急管理方面，医院也探索应用了基于 BIM 和视频监控虚实融合的特色人员定位与轨迹追踪技术。安保人员会使用智慧运维系统查看盗窃嫌疑人、遗失儿童等特殊人员在医院的行走轨迹，辅助安全保障和防疫管理，减少了人员排查时间。

码10-2
出入口人流统计分析与预警

在台风、暴雨等自然事件应急处理中，基建部门还使用智慧运维系统查询院区地下管网平面位置、标高、流线和实时流量，以及各个检修点的位置，包括污水管、供水管、强电桥架等，辅助院区应急管理。

通过对某医院智慧运维系统使用两年多来的数据分析发现，智慧运维系统的经济价值显著，主要体现在：

码10-3
院区地下管道模型

1) 通过主动式维护减少了故障报修 10% 左右，其中反复故障减少 20% 以上；
2) 通过可视化、集成化管理，设备维保工作量下降 10% 左右；
3) 通过精细化节能管理减少了用电量 5% 以上。

本章小结

传统运维管理中包含了多种运维管理（FM）信息系统，比如计算机维护管理系统（CMMS）、能源管理系统（EMS）、电子文档管理系统（EDMS）和楼宇自动化系统（BAS）。虽然这些常用的 FM 信息系统也可实现设施管理，但是各个系统中的数据各成一套系统，格式上不能兼容；在进行设施管理时，运用这些系统需要手动输入建筑信息到 FM 系统中，这是一个费力且低效的过程，通常来讲，数据录入会消耗大量的时间。不仅如此，数据录入时易发生错录和漏录的情况。

利用 BIM 技术，可以将建筑设计、建造阶段的信息，与 FM 信息进行整合，以便更好地进行运维阶段的管理。但基于 BIM 及 FM 技术现状，并非所有的数据都能集中输入到一个模型或一个系统中。因此更需要系统间的可互通性，让数据可以从上游系统传递给下游使用。

智慧建筑 BIM 运维管理系统即为将 BIM 技术与运营维护管理系统相结合，对建筑的空间、设备资产等进行科学管理，对可能发生的灾害进行预防，降低运营维护成本。具体实施中通常将物联网、云计算技术等与 BIM 模型、运维系统与移动终端等结合起来应用，最终实现空间管理、维护管理、安全管理、能耗管理、资产管理等功能。

本章实践

实训项目　BIM 综合运维管理系统实训操作

实训要求：

1. 掌握 BIM 运维管理系统的工单流程的日常运维管理方法；
2. 熟悉 BIM 运维管理系统的工单流程。

实训工具与材料：

BIM 运维管理系统的移动端 App，水管、水龙头、维修工具包。

实训步骤：

第一步，工单提交阶段

用户可以通过工单管理 App 提交工单，描述问题和需求。工单应包含必要的信息，如工单类型、紧急程度、详细描述等。工单提交后，系统会自动分配一个工单号，便于后续跟踪和处理。

第二步，工单分配阶段

系统会将工单分配给相应的团队或个人。分配时需要考虑团队或个人的专业性、工作负荷、优先级等因素。分配后，团队或个人会收到通知，开始处理工单。

第三步，工单处理阶段

团队开始处理工单，记录处理过程和结果。处理过程应遵循相应的工单处理流程，例如先进行初步分析和诊断，再制定具体的解决方案，最后进行测试和验证。处理过程中需要注意及时反馈工单处理进展和结果，以便后续跟踪和协调。

第四步，工单审核阶段

工单处理完成后，需要进行审核和确认。审核过程应包括工单处理结果的评估和确认、工单处理记录的归档和保存等环节。审核过程中需要注意保证工单处理结果的准确性和完整性，以及工单处理记录的可追溯性。

第五步，工单关闭阶段

审核通过后，工单可以被关闭。工单关闭后，系统会自动发送关闭通知给用户和相关人员。相关的数据和记录应被归档和保存，以备将来的查阅和分析。

码10-4
第10章
自测题目

第六步，工单统计阶段

系统可以生成各种工单统计和分析报告，帮助管理员了解工单处理情况和团队绩效。统计和分析报告应包括工单数量、处理时长、处理结果、满意度评价等指标，以便对工单管理流程进行优化和改进。

参考文献

[1] 张徐. 智慧楼宇实践 [M]. 北京：人民邮电出版社，2020.
[2] 许锦标，张振昭. 楼宇智能化技术 [M]. 3版. 北京：机械工业出版社，2014.
[3] 范国伟. 智能楼宇与组态监控技术 [M]. 北京：人民邮电出版社，2017.
[4] 白素月. 楼宇智能化技术及应用 [M]. 北京：电子工业出版社，2018.
[5] 沈瑞珠. 楼宇智能化技术 [M]. 2版. 北京：中国建筑工业出版社，2013.
[6] 桑舸，路宗雷. 安全防范系统运行与管理 [M]. 北京：机械工业出版社，2016.
[7] 沈瑞珠. 物业设备及智能化管理 [M]. 北京：中国建筑工业出版社，2014.
[8] 人力资源社会保障部教材办公室. 智能楼宇管理员 [M]. 2版. 北京：中国劳动社会保障出版社，2019.
[9] 刘向勇. 楼宇智能化设备的运行管理与维护 [M]. 重庆：重庆大学出版社，2017.
[10] 王文利，杨顺清. 智慧消防实践 [M]. 北京：人民邮电出版社，2020.
[11] 邵小云. 智慧物业建设与物业数字管理 [M]. 北京：化学工业出版社，2021.
[12] 孟涛，周明春. 数智融合：楼宇智慧化转型之路 [M]. 北京：电子工业出版社，2022.
[13] 周晨光. 智慧建造：物联网在建筑设计与管理中的实践 [M]. 北京：清华大学出版社，2020.
[14] Carol L. Stimmel. 智慧城市建设——大数据分析、信息技术（ICT）与设计思维 [M]. 李晓峰，译. 北京：机械工业出版社，2017.
[15] 刘国海. 集散控制与现场总线 [M]. 3版. 北京：机械工业出版社，2023.
[16] 徐照，徐春社，袁竞峰. BIM技术与现代化建筑运维管理 [M]. 南京：东南大学出版社，2018.
[17] 糜德志，张江波. BIM运维管理 [M]. 北京：化学工业出版社，2021.
[18] 张学生，匡嘉智，李忠. 物联网＋BIM [M]. 北京：电子工业出版社，2021.
[19] 陈凌杰，林标锋，卓海旋. BIM应用：Revit建筑案例教程 [M]. 北京：北京大学出版社，2020.
[20] 刘克剑，李海凌，贾红艳，等. 基于"BIM＋"的公共建筑运维管理 [M]. 北京：机械工业出版社，2022.
[21] 王佳. 智能建筑概论 [M]. 2版. 北京：机械工业出版社，2023.
[22] 沈晔. 智能楼宇管理员（四级）[M]. 北京：中国劳动社会保障出版社，2019.
[23] 王公儒. 网络综合布线系统工程技术实训教程 [M]. 北京：机械工业出版社，2021.
[24] 秦志光. 智慧城市中的大数据分析技术 [M] 北京：人民邮电出版社，2015.
[25] 杜明芳. 智能＋时代建筑业转型发展之道 [M] 北京：机械工业出版社，2020.
[26] 中华人民共和国住房和城乡建设部. 综合布线系统工程设计规范：GB 50311—2016 [S]. 北京：中国计划出版社，2016.
[27] 谢希仁. 计算机网络 [M]. 5版. 北京：电子工业出版社，2008.
[28] 斯托林斯，何军. 无线通信与网络 [M]. 北京：清华大学出版社，2005.
[29] 廖庆涛，陈建华. 物联网导论-智能家居案例教学 [M]. 北京：清华大学出版社，2022.
[30] 聂哲，肖正兴. 人工智能技术导论 [M]. 北京：中国铁道出版社有限公司，2019.
[31] 丁勇，张华玲，等. 建筑能源管理 [M]. 北京：中国建筑工业出版社，2021.
[32] 向雨宸. 基于BIM的建筑能耗管理研究——以某医疗库房项目为例 [D]. 赣州：江西理工大学，2016.
[33] 韩小伟. 基于智慧能源建设的智慧城市发展的研究 [D]. 北京：华北电力大学，2016.